北京文化书系
古都文化丛书

坛庙——敬天爱人

中共北京市委宣传部
北京市社会科学院　　组织编写

龙霄飞　著

北京出版集团
北京出版社

图书在版编目（CIP）数据

坛庙：敬天爱人 / 中共北京市委宣传部，北京市社会科学院组织编写；龙霄飞著. — 北京：北京出版社，2024.4

（北京文化书系. 古都文化丛书）

ISBN 978-7-200-18144-9

Ⅰ. ①坛… Ⅱ. ①中… ②北… ③龙… Ⅲ. ①祭祀—古建筑—介绍—北京②祠堂—古建筑—介绍—北京 Ⅳ. ①K928.75

中国国家版本馆CIP数据核字（2023）第150783号

北京文化书系　　古都文化丛书

坛庙

——敬天爱人

TAN-MIAO

中共北京市委宣传部
北京市社会科学院　　组织编写

龙霄飞　著

*

北 京 出 版 集 团
北 京 出 版 社　　出版

（北京北三环中路6号）

邮政编码：100120

网　　　址：www.bph.com.cn

北 京 出 版 集 团 总 发 行
新 华 书 店 经 销
北京建宏印刷有限公司印刷

*

787毫米×1092毫米　　16开本　　20.5印张　　284千字

2024年4月第1版　　2024年4月第1次印刷

ISBN 978-7-200-18144-9

定价：85.00元

如有印装质量问题，由本社负责调换

质量监督电话：010-58572393；发行部电话：010-58572371

"北京文化书系"编委会

"北京文化书系"
序言

　　文化是一个国家、一个民族的灵魂。中华民族生生不息绵延发展、饱受挫折又不断浴火重生，都离不开中华文化的有力支撑。北京有着三千多年建城史、八百多年建都史，历史悠久、底蕴深厚，是中华文明源远流长的伟大见证。数千年风雨的洗礼，北京城市依旧辉煌；数千年历史的沉淀，北京文化历久弥新。研究北京文化、挖掘北京文化、传承北京文化、弘扬北京文化，让全市人民对博大精深的中华文化有高度的文化自信，从中华文化宝库中萃取精华、汲取能量，保持对文化理想、文化价值的高度信心，保持对文化生命力、创造力的高度信心，是历史交给我们的光荣职责，是新时代赋予我们的崇高使命。

　　党的十八大以来，以习近平同志为核心的党中央十分关心北京文化建设。习近平总书记作出重要指示，明确把全国文化中心建设作为首都城市战略定位之一，强调要抓实抓好文化中心建设，精心保护好历史文化金名片，提升文化软实力和国际影响力，凸显北京历史文化的整体价值，强化"首都风范、古都风韵、时代风貌"的城市特色。习近平总书记的重要论述和重要指示精神，深刻阐明了文化在首都的重要地位和作用，为建设全国文化中心、弘扬中华文化指明了方向。

　　2017年9月，党中央、国务院正式批复了《北京城市总体规划（2016年—2035年）》。新版北京城市总体规划明确了全国文化中心建设的时间表、路线图。这就是：到2035年成为彰显文化自信与多元包容魅力的世界文化名城；到2050年成为弘扬中华文明和引领时代潮流的世界文脉标志。这既需要修缮保护好故宫、长城、颐和园等享誉中外的名胜古迹，也需要传承利用好四合院、胡同、京腔京韵等具有老北京地域特色的文化遗产，还需要深入挖掘文物、遗迹、设施、景点、语言等背后蕴含的文化价值。

组织编撰"北京文化书系"，是贯彻落实中央关于全国文化中心建设决策部署的重要体现，是对北京文化进行深层次整理和内涵式挖掘的必然要求，恰逢其时、意义重大。在形式上，"北京文化书系"表现为"一个书系、四套丛书"，分别从古都、红色、京味和创新四个不同的角度全方位诠释北京文化这个内核。丛书共计47部。其中，"古都文化丛书"由20部书组成，着重系统梳理北京悠久灿烂的古都文脉，阐释古都文化的深刻内涵，整理皇城坛庙、历史街区等众多物质文化遗产，传承丰富的非物质文化遗产，彰显北京历史文化名城的独特韵味。"红色文化丛书"由12部书组成，主要以标志性的地理、人物、建筑、事件等为载体，提炼红色文化内涵，梳理北京波澜壮阔的革命历史，讲述京华大地的革命故事，阐释本地红色文化的历史内涵和政治意义，发扬无产阶级革命精神。"京味文化丛书"由10部书组成，内容涉及语言、戏剧、礼俗、工艺、节庆、服饰、饮食等百姓生活各个方面，以百姓生活为载体，从百姓日常生活习俗和衣食住行中提炼老北京文化的独特内涵，整理老北京文化的历史记忆，着重系统梳理具有地域特色的风土习俗文化。"创新文化丛书"由5部书组成，内容涉及科技、文化、教育、城市规划建设等领域，着重记述新中国成立以来特别是改革开放以来北京日新月异的社会变化，描写北京新时期科技创新和文化创新成就，展现北京人民勇于创新、开拓进取的时代风貌。

为加强对"北京文化书系"编撰工作的统筹协调，成立了以"北京文化书系"编委会为领导、四个子丛书编委会具体负责的运行架构。"北京文化书系"编委会由中共北京市委常委、宣传部部长莫高义同志和市人大常委会党组副书记、副主任杜飞进同志担任主任，市委宣传部分管日常工作的副部长赵卫东同志担任副主任，由相关文化领域权威专家担任顾问，相关单位主要领导担任编委会委员。原中共中央党史研究室副主任李忠杰、北京市社会科学院研究员阎崇年、北京师范大学教授刘铁梁、北京市社会科学院原副院长赵弘分别担任"红色文化""古都文化""京味文化""创新文化"丛书编委会主编。

在组织编撰出版过程中，我们始终坚持最高要求、最严标准，突出精品意识，把"非精品不出版"的理念贯穿在作者邀请、书稿创作、编辑出版各个方面各个环节，确保编撰成涵盖全面、内容权威的书系，体现首善标准、首都水准和首都贡献。

我们希望，"北京文化书系"能够为读者展示北京文化的根和魂，温润读者心灵，展现城市魅力，也希望能吸引更多北京文化的研究者、参与者、支持者，为共同推动全国文化中心建设贡献力量。

"北京文化书系"编委会

2021年12月

"古都文化丛书"
序言

　　北京不仅是中国著名的历史文化古都，而且是世界闻名的历史文化古都。当今北京是中华人民共和国首都，是中国的政治中心、文化中心、国际交往中心、科技创新中心。北京历史文化具有原生性、悠久性、连续性、多元性、融合性、中心性、国际性和日新性等特点。党的十八大以来，习近平总书记十分关心首都的文化建设，指出北京丰富的历史文化遗产是一张金名片，传承保护好这份宝贵的历史文化遗产是首都的职责。

　　作为中华文明的重要文化中心，北京的历史文化地位和重要文化价值，是由中华民族数千年文化史演变而逐步形成的必然结果。约70万年前，已知最早先民"北京人"升腾起一缕远古北京文明之光。北京在旧石器时代早期、中期、晚期，新石器时代早期、中期、晚期，经考古发掘，都有其代表性的文化遗存。自有文字记载以来，距今3000多年以前，商末周初的蓟、燕，特别是西周初的燕侯，其城池遗址、铭文青铜器、巨型墓葬等，经考古发掘，资料丰富。在两汉，通州路（潞）城遗址，文字记载，考古遗迹，相互印证。从三国到隋唐，北京是北方的军事重镇与文化重心。在辽、金时期，北京成为北中国的政治中心、文化中心。元朝大都、明朝北京、清朝京师，北京是全中国的政治中心、文化中心。民国初期，首都在北京，后都城虽然迁到南京，但北京作为全国文化中心，既是历史事实，也是人们共识。北京历史之悠久、文化之丰厚、布局之有序、建筑之壮丽、文物之辉煌、影响之远播，已经得到证明，并获得国际认同。

从历史与现实的跨度看，北京文化发展面临着非常难得的机遇。上古"三皇五帝"、汉"文景之治"、唐"贞观之治"、明"永宣之治"、清"康乾之治"等，中国从来没有实现人人吃饱饭的愿望，现在全面建成小康社会，历史性告别绝对贫困，这是亘古未有的大事。中华民族迎来了从站起来、富起来到强起来的伟大飞跃，迎来了实现伟大复兴的光明前景。

"建首善自京师始"，面向未来的首都文化发展，北京应做出无愧于时代、无愧于全国文化中心地位的贡献。一方面整体推进文化发展，另一方面要出文化精品，出传世之作，出标识时代的成果。近年来，北京市委宣传部、市社科院组织首都历史文化领域的专家学者，以前人研究为基础，反映当代学术研究水平，特别是新中国成立70多年来的成果，撰著"北京文化书系·古都文化丛书"，深入贯彻落实习近平总书记关于文化建设的重要论述，坚决扛起建设全国文化中心的职责使命，扎实做好首都文化建设这篇大文章。

这套丛书的学术与文化价值在于：

其一，在金、元、明、清、民国（民初）时，北京古都历史文化，留下大量个人著述，清朱彝尊《日下旧闻》为其成果之尤。但是，目录学表明，从辽金经元明清到民国，盱古观今，没有留下一部关于古都文化的系列丛书。历代北京人，都希望有一套"古都文化丛书"，既反映当代研究成果，也是以文化惠及读者，更充实中华文化宝库。

其二，"古都文化丛书"由各个领域深具文化造诣的专家学者主笔。著者分别是：（1）《古都——首善之地》（王岗研究员），（2）《中轴线——古都脊梁》（王岗研究员），（3）《文脉——传承有序》（王建伟研究员），（4）《坛庙——敬天爱人》（龙霄飞研究馆员），（5）《建筑——和谐之美》（周乾研究馆员），（6）《会馆——桑梓之情》（袁家方教授），（7）《园林——自然天成》（贾珺教授、黄晓副教授），（8）《胡同——守望相助》（王越高级工程师），（9）《四合院——修身齐家》（李卫伟副研究员），（10）《古村落——乡愁所寄》（吴文涛副研究员），（11）《地名——时代印记》（孙冬虎研究员），（12）《宗教——和谐共生》（郑永华研究员），（13）《民族——多元一体》（王卫华教授），（14）《教育——兼济天下》（梁燕副研究员），（15）《商业——崇德守信》（倪玉平教授），（16）《手工业——工匠精神》（章永俊研究员），（17）《对外交流——中国气派》（何岩巍助理研究员），（18）《长城——文化纽带》（董耀会教授），（19）《大运河——都城命脉》（蔡蕃研究员），（20）《西山永定河——血脉根基》（吴文涛副研究员）等。署名著者分属于市社科院、清华大学、中央民族大学、首都经济贸易大学、北京教育科学研究院、北京古代建筑研究所、故宫博物院、首都博物馆、中国长城学会、北京地理学会等高校和学术单位。

其三，学术研究是个过程，总不完美，却在前进。"古都文化丛书"是北京文化史上第一套研究性的、学术性的、较大型的文化丛书。这本身是一项学术创新，也是一项文化成果。由于时间较紧，资料繁杂，难免疏误，期待再版时订正。

本丛书由市社科院原院长王学勤研究员担任执行主编，负责全面工作；市社科院历史研究所所长刘仲华研究员全面提调、统协联络；北京出版集团给予大力支持；至于我，忝列本丛书主编，才疏学浅，年迈体弱，内心不安，实感惭愧。本书是在市委宣传部、市社科院的组织协调下，大家集思广益、合力共著的文化之果。书中疏失不当之处，我都在在有责。敬请大家批评，也请更多谅解。

是为"古都文化丛书"序言。

阎崇年

目　录

前　言

　　北京是一座有着悠久历史与众多古迹的都城，文化渊远，韵味浓厚，特色鲜明。举凡历史、宫殿、园囿、文学、戏曲、曲艺、饮食、民居等方面都有着令人羡慕和敬仰的成就，得到了世人的承认，有着深远的影响。而北京的坛庙文化也同样有着自身的特色，虽然曾一度被冷落，但仍然是北京古都文化的重要元素之一。关于北京的坛庙，我们常常可以听到"五坛八庙""九坛八庙"的说法。无论是五坛说还是九坛说，都代表了北京明清时期最主要的坛庙建筑，更是民间对于北京坛庙种类的高度概括，也显示出了北京坛庙文化的帝都特色和皇家风范。

　　坛庙是中国古代文化中一个重要的组成部分，尤其在建筑文化中更是不可或缺的内容。坛庙在形式上是建筑，而在内涵上是文化，是以一定的建筑形式为载体的文化。它是"一种介于宗教建筑与非宗教建筑之间，具有一定国家宣教职能的建筑"①。

　　坛庙在中华文明的历史长河中发挥了国家礼制教化的重要作用。文献记载和近年来的考古发现让我们越来越多地了解了从远古时期到明清时期各类坛庙的存在情况，但这些坛庙更多地留存在历史文献的书页中和考古发掘的探方中。能够让我们立体地、真切地感受坛庙魅力的还是古都北京所遗存至今的各类坛庙。

　　北京的坛庙有明确记载始于东晋时期，间经北朝，而至辽、金时

---

　　① 　孙大章主编：《中国美术全集·中国建筑艺术全集第9卷·坛庙建筑》论文第1页，中国建筑工业出版社2000年版。

期，记载渐多且有遗迹可循。元、明、清三代则文献史料记载清晰，实物遗存历历可数，众多坛庙建筑名称逐渐规范并确定下来。

北京坛庙的种类多样，坛、庙并立。以天、地、日、月为代表的自然神灵坛庙具有崇高的地位；以太庙为代表的祖先庙则体现出了帝都的皇家特色；数量众多的圣哲先贤祠庙遍布京城内外，其中又以孔庙、关帝庙为代表的儒家祠庙十分突出；而以文天祥、于谦、顾炎武等为代表的忠臣、名贤祠庙更为普通百姓所津津乐道。

北京坛庙的建筑样式丰富，几乎涵盖了中国古代建筑中的各种类型。主体建筑中的屋宇殿阁多样，楼亭台榭兼有，而牌坊、石桥、连廊等因需而建，因地制宜。建筑格局或繁复如层层院落环套层叠，或简单仅一进小院一间小屋，依祭祀对象的不同而异。建筑等级鲜明，既有彰显皇家地位的重檐庑殿顶、重檐歇山顶，也有平民百姓的悬山顶、硬山顶；既有黄琉璃瓦、绿琉璃瓦、蓝琉璃瓦顶，也有黄琉璃瓦绿剪边顶、黑琉璃瓦绿剪边顶等，更多的还是灰色瓦顶的普通样式。

北京的坛庙体现出了鲜明的规矩和秩序。坛庙依照祭祀的等级而有大、中、小祀的分别，不同等级的坛庙由不同的人主持祭祀，中央王朝和地方政府、皇帝和各级官员在坛庙祭祀中都有着不同职责并扮演不同的角色。北京的坛庙既有属于皇家的坛庙，也有地方政府负责的坛庙，还有民间的坛庙，而北京由于其作为都城的特殊性使得这里的坛庙性质变得复杂而多样。

北京的坛庙彰显着中华民族自古以来的"礼"，这种礼贯穿于坛庙的各个方面，尤其以祭祀礼仪最为隆重、繁复和严格。单纯的坛庙建筑并不能完全体现它的功能与价值，而要与具体的祭祀礼仪结合起来才能达到其目的。礼对于古人来说是日常生活中的重要内容，而坛庙礼仪则成为古代政治生活中必要的内容。坛庙之礼不厌其烦、事无巨细，神位的尺寸与文字的书写、祭品的备办、祭祀日期的确定、祭祀礼仪的演习、斋戒的地点、人员与内容、祭祀大典礼仪程序都有着严格而繁缛的规定。

北京作为封建王朝晚期的都城，特别是明、清两朝具有鲜明特色的各类重要坛庙被很好地保存了下来，让我们看到了北京坛庙脉络的清晰有序，类型的多种多样，建筑的多姿多彩，规制的明确严格以及礼仪的繁复庄严。

北京的坛庙文化涉及历史、建筑、礼制、艺术、宗教等方方面面的内容，要想将北京的坛庙介绍明白就要追根溯源挖掘坛庙产生的历史文化背景，梳理北京坛庙的发展沿革与变化，明确北京坛庙的不同种类，更要阐述坛庙所包含的文化与精神。坛庙是北京古都文化中尚待深入挖掘和探索的内容，北京坛庙不是冷冰冰的砖木瓦石，而是充满了人文内涵和彰显着中华民族礼法、秩序、审美与情趣的建筑。

北京坛庙从历史中走来，必将有益于当下。

第一章

国之大事——坛庙与祭祀

坛庙是中国古代"礼"的范畴内的一类建筑，更进一步说是与儒家道统相关的一类祭祀性建筑，更多地体现出国家宣教的职能。坛庙的这种"礼"主要是通过烦琐而严格的祭祀活动来实现的。各式各样中国传统的建筑形式是坛庙存在的外在形式，而不同等级、不同名目、不同仪轨的祭祀活动则实现了"礼"的内核的宣扬、传播和教化。

第一节　坛庙释义

坛庙是古代举行祭祀典礼的一类建筑，其建筑形式有坛和庙的分别，而庙又衍变出祠的类型。

"坛"是中国古代举行祭祀天、地、社稷等活动的台形建筑。东汉许慎在《说文解字》中说："坛，祭场也，从土，亶声，徒干切。"原来是指在平坦的地面上用土堆筑的高台。在我国古代，坛的主要功能是用于祭祀，所以就有了"祭坛"的名称。但在盟誓、朝会、封拜之时，古人也经常筑坛行事以示郑重。后来，坛逐渐成为中国封建社会最高统治者专用的祭祀性建筑；规模由简而繁，体形随祭祀对象的特征而有变化，或是圆形，或是方形。

"庙"在《说文解字》中是这样表述的："庙，尊先祖皃（即貌）也，从广，朝声，眉召切。"它的原始意义是指天子、诸侯祭祀祖先的处所，又叫大庙、宗庙。如青铜器"吴方彝"上的铭文有："王各（来到）庙"，"敢簋"上的铭文有"王各与成周大庙"，这里的"庙"指的都是帝王的宗庙。

"祠"可以说是从"庙"衍变出来的一种建筑形式，包含于"庙"之中，常常以祠庙并称。"祠"本是一种祭祀的名称，《说文解字》上说："春祭曰祠，品物少多文词也"，后又演化出"祖庙""祠堂"的意思。它的世俗化色彩更浓一些。"庙"内所祭祀的对象往往被认为是"神灵"，神化的内容显然比"祠"更多一些。

坛庙作为古代一类祭祀建筑的统称，既有相同的地方，也有相异之处。从建筑形态来说，坛是露天建筑，完全裸露在自然环境中，庙则是有屋顶围墙的封闭空间。"坛"与"庙"的意义随着时间的推移也在不断发展与变化，内容更为丰富。坛所供奉和祭祀的对象更多的是来自自然界的神灵，如天、地、风、雨等，以及传说中被神化的具有自然力的先人，如神农、蚕神、城隍等；庙所供奉和祭祀的对象则以世间的人为主，如帝王、祖先、忠臣、名人等，他们中的某些人如关羽也被神化而具有了非凡的神力。从神坛、宗庙、祠庙等祭祀建筑逐渐延伸到各类纪念性建筑，而且主要是指在儒家道统大圈子内的各类纪念性建筑，一般把这些体现礼制、宗法、秩序的用于祭祀礼仪的建筑，并冠之以坛、庙、祠等名称的，称为坛庙。

第二节　崇拜与祭祀

本书所说的坛庙，就其类别而言，都属于古代用于祭祀的礼制建筑，因此，本书的话题自然要从祭祀谈起。

所谓祭祀，通常是指人们在某个特定的场所，借助于某些特定的物品和形式而向某个或某些特定对象表达情感和愿望的行为。这种行为无疑具有宗教性，但更具有政治性和文化意味。一般说来，这种行为的最早发生，可以追溯到史前时期人类的自然崇拜和祖先崇拜。

由于受到社会生活内容简单和思维能力低下等诸多因素的制约，处在旧石器时代中晚期（距今25万年至1万年）的远古人类，既不能正确地认识和理解自身构造的特点和机能，也不能正确地认识和理解各种自然现象、自然物和自然力的奥秘，同时又不能正确地认识和理解人与自然的相互关系。在他们看来，包括人类自身在内的大自然当中的一切，都具有某种莫测的神秘性，其中，有关人类自身的生老病死及梦境幻觉的感受和体验，是最让他们困惑和不安的。于是，他们便产生了种种猜想和臆测，认为人和各种动植物、自然现象、自然物、自然力都是由两部分组成的，即除了可供人们观察、触摸、感知的外在的形态、光泽、色彩、声音等以外，还都有其内在的灵魂。这种被称为"万物有灵观念"的东西，是原始自发宗教的基础，也是自然崇拜和祖先崇拜得以发生的前提条件。

自然宗教是原始自发宗教的重要部分，而自然崇拜则是其最基本的表现形态。在进入新石器时代以后，随着原始农业和原始畜牧业的发生与发展，自然界对人类社会生活的影响力愈加增大，丰收与歉收、绝收，羊肥马壮与牲畜的大批死亡，都直接取决于大自然是风调雨顺、水丰草美还是旱涝不均、风雪严寒。这种情况，自然造就了人们对自然力和自然现象既崇拜又畏惧的心理，认为一些自然力和自然现象具有生命、意志、灵性和神奇的能力，可以轻易地降祸或降福给人类，因而便将它们作为崇拜的对象，向它们顶礼膜拜，表示敬畏并祈求它们的保护和降福于己。自然崇拜包括了对天、地、日、月、星、风、云、雷、雨、虹、山、石、水、火及多种动物、植物的崇拜形式。一般说来，由于所在地理环境和经济类型的不同，具体的崇拜对象也各不相同，近山者崇拜山神，近河、海者崇拜水神。越是与自身生活关系密切的自然物和自然现象就越是容易成为崇拜的对象。由于社会生活内容的丰富性，自然崇拜的对象往往并非仅有一种。

祖先崇拜亦是原始自发宗教的重要构成部分，它是鬼魂观念不断发展的产物。最初，在灵魂不死观念的支配下，人们以为"人死曰鬼"，相信死人的灵魂即鬼魂仍是与自己存在着血缘关系的氏族成员，他们虽然生活在另一世界，但却仍然需要活人的关怀和照顾，同时也在时刻关注并影响着活人的生活。于是，人们便以较为简单的丧葬礼仪来表达对鬼魂的好感。后来，随着人们社会生活、社会关系的日益复杂和生产、活动能力的提高，史前人类的鬼魂观念也日趋复杂。一方面，在人们的头脑中幻化出了作祟能力大、报复性强的恶鬼和厉鬼；另一方面，有些死者在世时的创造能力和英雄事迹又被夸大、被神化。对于前者，人们充满畏惧之心；对于后者，人们则充满了崇敬之情。所以，在丧葬礼仪及习俗日趋复杂并备受重视的同时，祖先崇拜也开始出现。不过，并非所有死去先人的鬼魂都是崇拜的对象，只有本氏族的始祖或曾经对本氏族建有功勋者的鬼魂才能享受后人的礼拜。所以如此，是因为人们相信只有这些强有力的鬼魂才对本氏族成员具有降福和庇佑子孙后代的神秘力量。从时间上看，祖先崇拜的出现要晚于自然崇拜，一般是在进入父系氏族制度（父权制）时期以后才发生的。

无论是自然崇拜还是祖先崇拜，都是一种团体性、公众性的宗教意识，崇拜自然和祖先也并非为了个人的利益，而是为了本氏族、本部落的公共利益。在自然崇拜和祖先崇拜的形成过程中，有关的祭祀活动便已开始，考古学家发掘出来的一些遗迹，已经对此提供了充足的证据。例如：

在甘肃省永靖县大何庄齐家文化遗址中，发现了4处利用天然砾石排列而成的石圆圈，它们的直径约4米，周围分布着许多墓葬，而且还发现了卜骨和牛、羊骨架，这可能是一种为追悼死者而举行的祭祀活动的遗迹。

在河南省杞县鹿台岗龙山文化遗址发现了一组建筑遗迹，外室呈方形，内为一直径约5米的圆室，圆室内有两条直角相交的十字形纯净黄土带，与太阳经纬方向一致；附近又有一组祭坛，中间是一个直径约1.5米的大圆土墩，10个直径0.5米的小圆土墩均匀地环绕在其周围，这似乎与先民们对太阳的观察和崇拜有关。

更能够说明问题的材料，是辽西地区红山文化晚期的一系列发现。在阜新县胡头沟、凌源县城子山、凌源与建平县交界处的牛河梁以及喀左县的东山嘴，都发现了祭祀遗址。其中，前两处遗址规模较小，只有一个石围圈；东山嘴的规模较大，主体建筑为一方形和一圆形的坛状基址，出土了一批泥塑人像和其他物品；而牛河梁规模最大，它以"女神庙"为中心，周围分布着许多积石冢群。有关专家认为，这几处遗址是互有联系的整体，胡头沟、城子山可能是属于一个村落或村落群的祭祀遗址，东山嘴遗址则是统一若干个村落群的组织中心的祭祀场所，而牛河梁遗址则是红山文化系统相当大的部分地区居民的祭祀中心。

从逻辑上推论，史前人类早期的祭祀活动应该是非常简单的，大概只是通过语言和动作向崇拜对象表示敬意、感激、祈求、屈服；祭祀活动也是直接面对自然物、自然现象或先人遗体、遗物来进行。后来才有祭品和牺牲的供奉，逐渐发展起一些较为复杂的祭祀礼仪，有了相对固定和专门的祭祀场所和祭祀建筑。上述祭祀遗迹，显然已是史前社会后期的产物。

进入文明时代以后，有关祭祀的礼仪、制度在漫长的历史进程中发生了许多复杂的变化。对此，本书不做详细的考究而只给予概略的叙述。

大致说来，中国古代的祭祀文化是在夏商时期初具轮廓，至西周时期基本定型，中间经过了孔子等先秦儒家的整饬，在秦汉以后得到不断发展。

夏商时期是中国的奴隶制时代，原始自发宗教已经过渡为早期的人为宗教。王权政治的建立，使得这一时期的祭祀文化较史前的祭祀礼仪发生了许多重大的变化。

首先，有关天神地祇人鬼的信仰在此一时期已进一步规范化和制度化。《尚书·尧典》中所载虞舜"禋于六宗"（六宗即所谓日、月、星三天宗及河、海、岱三地宗）的说法，很可能反映了夏商时期宗教分野规范简明的史实。据甲骨卜辞所示，殷商时期除了自然崇拜和祖神崇拜之外，还出现了一个与商族存在特殊关系的上帝，它是管理下国和自然的主宰，附着颇多浓厚的超自然的色彩。对于它的崇拜与祭祀，具有维护商王统治的浓重的政治色彩。

其次，在天神地祇人鬼的祭祀中，对"人鬼"即祖神的祭祀尤其受到当时人们的重视。《礼记·表记》云："殷人尊神，率民以事神，先鬼而后礼，先罚而后赏，尊而不亲。"[1]从殷墟的考古发掘可知，殷商晚期的统治者为祭祀先王、先妣而兴建了专门的宗庙，对高祖远公和先公、先王、近祖这两类祖神的祭礼，既繁缛又隆重。其中，对先公、先王、近祖的祭仪多达140种以上，有单独向某一位祖先致祭的独祭，也有合多位祖先而同时致祭的合祭。它又分为按先公、先王的世系顺序先后致祭的顺祀（从祀）与逆先公、先王世次而祭的逆祀两种。此外还有将独祭与合祭之顺祀结合转化而来的周祭。

再次，由于去古未远，夏商时期的祭祀还较多地保留着史前祭祀野蛮、残忍的特征，带有浓重的血腥味道。在河南偃师二里头遗址1号宗庙遗址周围，发现了五六十个个体的人骨架，他们或被置于浅坑，或没于坑穴，有的双手被绑，有的身首异处，显然是用于祭祀的人牲。安阳小屯宗庙区所有建筑基址中都有人祭遗迹，其中的乙七基址发现了人牲约600个。在侯家庄王陵区的西北岗，发现了中国古代

---

[1] ［清］孙希旦撰，沈啸寰、王星贤点校：《礼记集解》，北京：中华书局，1989年，第1310页。

规模最大的人牲祭祀场，它长450米，宽250米。考古学家们共发掘出了1400多个祭祀坑。全躯者每坑1—10人，身首分离者每坑1—10人，无头躯体者一般每坑10人，埋头骨坑每坑3—39个不等，被杀者多是成人，但也不乏6—10岁的儿童。据卜辞的记载可以知道，用于祭祀的人牲，多是羌人战俘，也有一些奴隶，每次祭祀杀人，少者几个，多者数百，甚至有一次杀人1000的惊人记录。根据卜辞中不完全的统计，商王祭祀共用人牲14000余人，而武丁一代就用人牲9000多人。这累累的白骨，不仅说明了夏商奴隶主阶级的凶残，也反映了那个时代的宗教狂热。

由于历史和文化传统的差异，同时也是出自对殷商亡国教训的借鉴，由周公主持制定的西周王朝的祭祀礼仪和制度，在对殷商祭祀文化有所继承的情况下，更多地表现出了周人自己的特征。

首先，在尊天敬德保民思想的指导之下，西周的祭祀礼仪和制度的宗教色彩淡化了许多，但其维护现实统治的政治意向却有增无减。西周的统治者有意把祭祀礼仪制度纳入到王权政治的体系当中，把祭神视为统治权力的一种，使周天子和各级诸侯成为天神、地祇、人鬼的主祭人，而各种神职人员则退居配角位置。

其次，西周的祭祀文化虽然具有某种公众性和团体性，但已与现实社会的等级制度密切相连。不同等级的人士，在祭祀对象、祭祀规格等诸多方面都存在着具体而明确的限制。《礼记·王制》称："天子祭天地，诸侯祭社稷，大夫祭五祀。天子祭天下名山大川，五岳视三公，四渎视诸侯。诸侯祭名山大川之在其地者。"[1]类似的说法还有一些，都反映了祭祀礼仪等级森严、名目繁多的史实。从《礼记·祭法》"有天下者祭百神。诸侯在其地则祭之，亡其地则不祭"[2]等文字中，我们可以看到，政治地位愈高，祭祀的对象也就愈崇高、愈多，

① ［清］孙希旦撰，沈啸寰、王星贤点校：《礼记集解》，北京：中华书局，1989年，第347页。

② ［清］孙希旦撰，沈啸寰、王星贤点校：《礼记集解》，北京：中华书局，1989年，第1194页。

而随着政治地位的不断变动，祭祀权的归属也在不断游移。

再次，西周的祭礼显示出兼容并包和重视功利的原则。《礼记·祭法》有云："夫圣王之制祭祀也，法施于民则祀之，以死勤事则祀之，以劳定国则祀之，能御大灾则祀之，能捍大患则祀之。是故厉山氏之有天下也，其子曰农，能殖百谷……汤以宽治民而除其虐，文王以文治，武王以武功去民之菑，此皆有功烈于民者也。及夫日、月、星辰，民所瞻仰也，山林、川谷、丘陵，民所取财用也，非此族也，不在祀典。"①按此说法，凡生前建有功业者均可上升为神格而受祭，一些传说中的英雄人物，不论其是否为本族或本国的先祖都可入祀。这显然是为了适应周人统治疆域不断扩大的现实需要而设。而将那些与民众关系密切的天地神祇列入祀典，也同样是出自一种非常实际的考虑。

最后也是最为重要的。在周人的祭典中，天地神祇之祭的名目虽多，礼祀虽隆，但最重要、最频繁、最复杂的祭祀礼仪莫过于祭祖。周成王以后，周王直接被尊为"天子"或是"天之元子"，周王成为上帝和天的人格体现，具有极大的神圣性。由于实行宗法制度，周天子还是天下的大宗，所以，通过尊祖敬宗的强调，可以极大地强化周天子的地位。基于这种考虑，西周王朝的祭祖礼仪便成为实际上的凌驾于一切祭礼之上的最高层次的祀典。为此，周人新创了"天子七庙"的宗庙制度，设计了春礿（yuè）、夏禘（dì）、秋尝、冬烝（zhēng）等名目繁多、形制复杂的宗庙祭祀之礼。

正是由于西周时期的祭祀制度和礼仪具有极强的现实性和政治性，成为维护王权统治的有力工具，所以才会有《左传》中"国之大事，在祀与戎"的说法。而将祭祀与战争相提并论，也充分说明了祭祀礼仪的极端重要性。

进入东周以后，随着周天子地位的不断下降及诸侯、卿大夫地位

---

① ［清］孙希旦撰，沈啸寰、王星贤点校：《礼记集解》，北京：中华书局，1989年，第1204—1205页。

的不断上升，逐渐出现了被称为所谓"礼崩乐坏"的极度混乱的局面。反映在祭祀礼仪方面，首先是出现了大量的、普遍的以下僭上的违制现象，传统祭礼的等级限制遭到了严重的破坏。同时，由于此一时期社会思潮是由崇尚神明转向世俗，有关天道、天命、神灵的信仰开始受到一些人的怀疑，从而在某种程度上冲淡了祭礼的神圣色彩。但在春秋后期君主专制制度日益强化和发展的情况下，社会上又出现了一股重建秩序的热潮，以孔子为代表的先秦儒家在恢复周礼古制的旗帜下，提出了一系列的社会改良主张，他们对祭祀礼仪的整合，对后世产生了深远的影响。

从孔子的"未知生，焉知死""祭神如神在"等言论及"子不语怪力乱神"的记载中不难看出，他并非是一个坚定的有神论者。受其影响，先秦儒家虽然以"复礼"相号召，但却不满于西周时期祭祀活动的太过频繁。他们认为，"祭不欲数，数则烦，烦则不敬。祭不欲疏，疏则怠，怠则忘"①，主张祭祀应当有节制地定时举行，反对无限制的"淫祀"，"是故君子合诸天道，春礿、秋尝"②。先秦儒家反复强调祭礼的重要性，认为"凡治人之道，莫急于礼，礼有五经，莫重于祭"③，而在诸种祭礼当中，又尤其重视对祖神的祭礼。这里的祖神不是创造并管理人类、世界、万物的最高主宰，也不是高居于众神之上的至上神，而是具有很浓重的血缘情感味和世俗生活性。所以，先秦儒家实际关注和重视的，仅仅是祭祖这种形式而并不过分注意神明是否真实存在。《礼记·檀弓》对此讲得非常明白，"唯祭祀之礼，主人自尽焉尔，岂知神之所飨？亦以主人有齐敬之心也"④。显然，祭

---

① ［清］孙希旦撰，沈啸寰、王星贤点校：《礼记集解》，北京：中华书局，1989年，第1207页。

② ［清］孙希旦撰，沈啸寰、王星贤点校：《礼记集解》，北京：中华书局，1989年，第1207页。

③ ［清］孙希旦撰，沈啸寰、王星贤点校：《礼记集解》，北京：中华书局，1989年，第1236页。

④ ［清］孙希旦撰，沈啸寰、王星贤点校：《礼记集解》，北京：中华书局，1989年，第256页。

祖的目的并非一定是达于神明，更主要、更重要的是要唤起、激发致祭者内心虔敬的情感，唤起、激发致祭者为忠臣、为孝子的良知。不宁唯是，在对天神、地祇的祭祀当中，先秦儒家也同样贯注了一种着眼于现实的理性精神。总之，经过先秦儒家整合捏塑后的祭礼，由于时代的变迁而失去了先前可与战争相提并论的畸重，同时也失去了先前浓艳的宗教装扮，但仍然保留了先前祭礼所有的维护现实生活的政治、宗法秩序的功能。《礼记·祭统》说得好，"夫祭有十伦焉：见事鬼神之道焉，见君臣之义焉，见父子之伦焉，见贵贱之等焉，见亲疏之杀焉，见爵赏之施焉，见夫妇之别焉，见政事之均焉，见长幼之别焉，见上下之际焉。此谓之十伦"[①]。请看，所有与维护社会现实秩序有关的伦理义蕴、道德价值、政治原则，统统都被糅进这古老的祭礼当中。而且，儒家已经把祭祀的目的从以悦天地鬼神为主，完全转变为以治人、济世为主，从而使祭礼成为教化之本。它的政治性、伦理性、功利性，难道不是一目了然吗？

正是由于儒家的祭祀观念和祭祀礼仪很好地适应了最高统治者维护其家天下的基本需要，所以，自从西汉武帝"罢黜百家、独尊儒术"以后，它们便成为历朝历代官方祭礼的主流，长期支配了古代中国人社会政治、人格自我、生死过程的客观性存在；而道教、佛教及其他宗教的观念和礼仪则始终只能扮演从属、点缀的角色。

大致说来，秦汉以后的祭祀活动分别在宫廷、官府和民间三个层次上进行。宫廷祭祀和官府祭祀都是历朝历代推行礼乐教化的重要内容，虽然在具体的规定和制度上互有不同并不断衍化变革，但都是以儒家的祭祀观念和礼仪为指导，强调通过对天地神祇及其他人物的祭祀而表现皇权的神圣与崇高，维护封建社会的等级秩序，宣扬封建的政治思想和伦理道德观念。就其外部特征而言，宫廷和官府祭祀往往与一系列繁缛、复杂的礼仪制度、隆重宏大的场面及庄严、肃穆甚至

---

① ［清］孙希旦撰，沈啸寰、王星贤点校：《礼记集解》，北京：中华书局，1989年，第1243页。

是沉重压抑的气氛相关联，同时又往往伴随着巨大的人力、物力、财力的投入。至于民间的祭祀，则是另一番情形。它们一般不具备明显的政治性，但其主旨仍然是社会、家庭的伦理道德观念的彰扬和强化。在不同的地区和民族之间，同类的祭祀活动却往往在形式、规模等诸多方面表现出了明显的差异，从而使得民间祭祀的地区性、民族性特征十分突出。另外，民间祭祀虽然没有脱离儒家学说的规范，但同时却又受到佛、道及其他宗教和迷信的强烈影响，因而在祭祀对象、方式等方面表现了驳杂不纯的特点。民间祭祀并不乏神秘与庄严，但往往又与热烈的气氛和喧闹的场面相伴随，祭神之日通常又是百姓的节庆之日，这种人神同乐的娱乐性，使得民间的祭祀平添了许多生动和趣味。

顺便要提及的是，中国古代的祭祀活动大多是与乐舞表演同时进行的。在宫廷祭祀当中，不同的祭祀对象，往往使用不同的音乐和舞蹈，其仪式规定非常繁缛。例如，西周时期在祭祀黄帝、尧、舜、禹等所谓以文德服天下的君王时，使用了《云门》《大章》《大韶》《大夏》等文舞。商汤和周武王是以武功夺取天下的，因而要以《大濩（huò）》《大武》等武舞配祭。民间祭祀乐舞相对说来较为简单，音乐旋律和舞蹈形式大抵以自由奔放、激动热烈为特色，与宫廷祭祀乐舞雍容和顺、典雅庄严的风格形成了鲜明的对照。由于乐舞的使用，古代祭祀礼仪便成为了颇具观赏性和艺术审美特征的文化行为。

总之，中国古代祭礼的内容是十分丰富多彩的，本书的介绍，只能是挂一漏万的提示而已。

第三节　祭坛与祠庙

专供祭祀之用的建筑，是在祭祀活动已经充分展开之后才出现的。在自然崇拜的早期，祭祀自然神没有固定的场所，只要感觉有此需要，人们可以随时随地祭献，而对于祖神的祭祀，起初也多是在墓地或就在日常所居的房屋内进行。从考古发掘所得到的材料来看，至少从新石器时代的中晚期（距今6000年左右）开始，中国就出现了专门的祭祀性建筑。

从有关的考古发现可以看出，早在距今大约4500年的史前时期，祭坛建筑在材料、形制、规模等方面已表现出了相当的复杂性。红山文化的祭坛以石头为基本材料，形制以圆形为主，但在具体构造和建筑规模上却有很大差别。辽宁阜新胡头沟的祭坛，是以埋葬一个死者的墓坑为中心，按6.5米左右的半径放置一圈彩陶碎片，再于这个碎陶片圈上建成一个石围圈。石围圈的两端并不闭合，一端延伸至圈外，好似围圈的入口，在圈外还建有一座石椁墓。辽宁喀左东山嘴遗址的主体部分是用石块堆砌的一座方形和一座圆形的坛状建筑。此外，由于这里曾是人们长期使用的祭场，所以还存在着若干个不同时期的方形或圆形基址。这种方圆结合的形式，是明清时期北京天坛建筑的基本模式。但东山嘴遗址并非祭天的场所，从其出土的那些丰乳肥臀的裸体孕妇泥塑来看，这里祭祀的对象应当是"地母"神。浙江余杭瑶山的良渚文化祭坛平面略呈方形，每边长约20米，坛面中心是一座红土台，围绕红土台有一灰土带，其外则是原先铺有砾石的黄褐土。根据考察，构筑这座祭坛所用的红土、灰土和砾石都是从其他地方搬运过来的，工程量是很大的。而在余杭发现的反山墓地，实际上是良渚文化时期人工堆筑的一座大坟山。考古学家根据某些遗迹推测，这座东西原长约100米、南北宽约30米、高在6.35—7.30米的大土山，最早可能也是一座祭坛。在上述复杂性之外，我们还发现这些祭坛大多与墓葬有着某种联系，这或许反映出早期祭坛在祭祀对象上的宽泛性和多样性。

中国历史上祭坛作为礼制建筑出现，并对其形制、仪式做出相应规定大约是在西汉晚期。成帝建始元年（前32）按阴阳方位建天地之祠于长安城南北郊。平帝元始四年（4），当时身任宰衡的王莽提出设坛祭祀；并指出"圆丘象天，方泽则地"，这样便有了"圆入觚，径五尺，高九尺"的上帝坛与"方五丈六尺"的后土坛，并规定冬至祭天，夏至祭地。此后南郊祭天、北郊祭地成为定制。但不同时代、不同时期祭坛的层数、高度、坛壝及具体地点都不尽相同。早期的祭坛主要祭天地，后汉时在宗庙右侧建社稷坛，之后逐渐建立朝日坛、夕月坛、先农坛、先蚕坛、高禖坛等奉祀不同对象的祭坛。祭坛的主要种类从魏晋时期开始基本确定下来，历代延续下来。明、清两代分布于北京城内外的重要祭坛有天坛、地坛、日坛、月坛、祈谷坛、社稷坛、先农坛、天神坛、地祇坛、太岁坛、先蚕坛，其中天、地、日、月坛分别位于都城的南、北、东、西四郊。但在不同时期，依照当时的具体情况又会设立新的祭坛种类，如隋代有雨师坛、风师坛，唐、五代时有神州坛、五帝坛、腊坛等。

中国古代祭坛的建筑与其他古代建筑有着明显的不同，全部建筑分布较为松散，崇尚自然，极力营造一种静谧、肃穆、庄重的氛围。

祭坛建筑有着广义与狭义的分别。坛既是祭祀建筑的主体，也是整组建筑的总称。狭义的祭坛仅指祭祀的主体建筑——或方形或圆形的具有一定高度的台子，而广义的祭坛则包括了主体建筑和各种附属建筑。按后一种含义来看，祭坛则包括了为祭祀服务的具备不同功用的诸多附属建筑。主体建筑四周要筑一至二重低矮的围墙，古代称"壝"，四面开门，墙外有殿宇，收藏神位、祭器；又设宰牲亭、水井、燎炉和外墙、外门。壝墙和外墙之间，密植松柏，气氛肃穆。有的坛内设斋宫，供皇帝祭祀前斋戒之用。整个建筑群的组合既要满足祭祀仪式的需要，又要严格遵循礼制。以现存北京的明清天坛为例：狭义的天坛即指圜丘坛，而广义的天坛则包括了圜丘坛、斋宫、祈年殿、皇穹宇、宰牲亭及其他所有建筑物。

中国古代的祭祀性建筑，包括了许多种类。众多的佛寺、道观、石窟寺、摩崖、陵寝等，均可划入广义上的祭祀性建筑的范围。不过，本书所谈的是狭义上的祭祀性建筑，即以祭祀发生时的基本对象为标准。这些体现礼制、宗法、秩序的用于祭祀礼仪的建筑，并且主要以表现儒家道统为主的各类坛庙建筑，依其祭祀对象的不同，可以分为三大类：

第一类为祭祀自然神的坛庙，包括天、地、日、月、风云雷雨、社稷、先农之坛以及五岳、五镇、四海、四渎之庙等。其中，天地、日月、社稷、先农等由皇帝亲祭，其余则由皇帝遣官致祭。中国古代还有一种名为"明堂"的重要建筑物，是帝王于秋季大享祭天、配祀祖先、朝会诸侯及颁布政令的场所，今北京天坛祈年殿即是明堂建筑的变形。

第二类为祭祀祖先的宗庙祠庙，包括帝王宗庙（太庙）及臣民家庙（祠堂、宗祠）两种。帝王宗庙被视为统治的象征，具有特殊的神圣性和极其崇高的地位。而家庙（祠堂、宗祠）则被视为家族的根本，是每一位家族成员的精神支柱。

第三类为祭祀圣哲先贤的祠庙，包括孔庙及儒家贤哲庙、古圣王庙、贤相良将庙、清官廉吏庙、著名文学艺术家庙、忠臣义士烈女庙等。此类纪念性建筑，在历史上出现的数量最多，分布的范围最广，涉及的对象最宽泛，对古人的社会生活影响亦最大。这些祠庙，除去帝王敕建或官府修造的以外，有相当多的建筑是民众或私家所建，所以既有形似宫殿的堂皇巨制，也有园林式、民居式的典雅之作，并且还依随地区的不同而呈现出鲜明的个性，表现出丰富多彩的风格，是古代官府祭祀和民间祭祀的基本演仪所。

对于古人来说，这些坛庙建筑是神秘、神圣和崇高的，他们心目中的坛庙，是神灵与苍生的感应场，是进行人神对话与交流的圣域。随着时代的变迁，古时的坛庙建筑已经完全失去了祭祀功用，其原始的面目也有了或多或少的改观。更为重要的是，由于科学的昌明，现代人的世界观、自然观、生死观都大大不同于古人了，对于祭神、祭祖的认识也大大不同于古人。那么，保存至今的古代坛庙建筑的价值何在？我们又应当如何去看待它们呢？

如前所述，古人对天神、地祇、人鬼的祭祀，是与一系列复杂的社会思想、社会观念及典章制度密切相关的。因此，作为祭祀场所的坛与庙，绝不仅仅是一些物质的构架，从其选址、规划、造型到材料的使用、技术的处理，都深深地受到了某种思想、观念及制度的影响，并且强烈地表现出了这种思想、观念及制度的特点，从而为我们研究古代的政治制度、社会思潮及精神文化提供了具体、形象、直观、生动的原始材料。例如，北京明清太庙那三座黄琉璃瓦庑殿顶的大殿，为中国古代等级社会的基本特点做了形象的说明；而天坛圜丘坛及地坛方泽坛的圆、方形结构，则是中国古代"天圆地方"观念的具体表现。所以，即便是从纯史学研究的角度来看，这些坛庙建筑也具有极高的物质史料的价值，在许多地方都超过了文献材料。

祭祀建筑对于古人具有特殊的、重大的意义，因此，古人往往不惜投入大量的人力、物力、财力，运用当时最为成熟的技术和艺术，使用最好的建筑材料，去营造坛与庙。这样就使各种祭祀建筑，特别是祭坛、宗庙、大规模的宗祠等建筑代表了某一历史时期（或地区）建筑艺术的最高成就。如北京天坛的祈年殿，就可以说是中国古代造型最优美、韵律最生动、色彩最雅丽、象征最丰富的单体建筑，而皖南地区的一些宗祠则是古徽州民居建筑当中的佼佼者。所以，坛庙建筑不仅可以从一个侧面反映某一历史时期的社会生产力水平，而且也为人们研究中国古代建筑提供了技术、艺术等许多层面的重要鉴证，具有极高的科学、历史和艺术价值。

此外还要看到，在古代的祭祀建筑中，除了帝王祭祀的坛庙场所严禁百姓入内之外，其他各类祠庙大多是对公众开放的。千百年来，分布在全国各地的祠庙都是当地的名胜，它们不仅保存了许多和古代帝王、达官显贵、文人墨客有关的诗、文、绘画、碑刻，成为当地文物的荟萃之所，而且还对当地的民风、民俗的发展起到了不可忽视的作用。有些祠庙甚至已经成为某一地方的象征，被当地人士视为荣誉和骄傲，发生在河南南阳和湖北襄阳两地之间关于诸葛亮躬耕地的争论，就是很好的例证。所以，参观某一处祠庙，往往是我们了解某一地方的历史沿革、风土民情的最好方式之一。尤其是在今天，古时的祠庙大多为地方的综合或专题博物馆的所在，徜徉其间，肯定会使我们在较短的时间内获得多方面的收获。

本书即以前述三类祭祀性建筑为基本线索，从北京古都发展的进程中，以北京地区相关的坛庙建筑分门别类，从历史发展、礼制秩序、建筑艺术、文化内涵等角度做详细的梳理和解读。从而不仅为读者提供一些较为具体的知识，而且还可以帮助读者从总体上观察、把握这一类祭祀性建筑的特征，进而对中国传统文化中此部分相关内容加深认识和理解。

第二章

崇礼明道——北京坛庙沿革

前面关于祭祀的内容中已经谈到在新石器时代的齐家文化、龙山文化、红山文化等就出现了远古的祭坛遗迹，而更多的考古发现也证实了这一点。那么，北京的坛庙历史可以追溯多远？由于历史文献和文物的缺失，北京的坛庙发展在辽、金以前的情况语焉不详，仅可凭有限的资料略知一二；辽、金之后，北京坛庙的发展演变就十分清晰了，大量的文献和实物资料让我们看到了北京坛庙在建置、种类、规模、礼制等方面的翔实内容。

第一节　辽以前坛庙

北京有人类活动的历史同样可以追溯到新石器时代，山顶洞人、东胡林人以及雪山遗址、镇江营遗址等，有古人活动的地方可能就会有祭祀的影子。当公元前11世纪的时候，北京出现了周武王分封的诸侯国——燕和蓟，相关遗址考古发现出土了大量和祭祀有关的青铜礼器等。古人云，"国之大事，在祀与戎"，有祀就一定会有与之相伴的建筑，这些建筑或许就是具有坛庙意义的建筑。虽然不能从文献和实物确证此时已经有了明确的坛庙建筑，但在此时人们的生活中已经有了祭祀这样重要的内容，坛庙建筑的遗迹或许有待我们更细心的考古工作去发现吧。

有确切文字可考的关于北京坛庙建筑的记载是在东晋十六国时期。东晋时期，北京地区为幽州，前燕慕容氏曾经统治这一地区，并以蓟为都城。此一时期，曾为有功之臣建造用于纪念和祭祀的祠庙，但由于战乱不断，统治者变换频繁，这些祠庙也未能很好保存。

《晋书·载记第十》有这样的记载："使昌黎、辽东二郡营起廆庙，范阳、燕郡构皝庙，以其护军平熙领将作大匠，监造二庙焉。"[1]在范阳、燕郡建造"皝庙"，皝指当时十六国时期前燕的国君慕容皝。皝（297—348），字元真，鲜卑族，昌黎棘城（今辽宁义县西北）人，333—348年在位，是慕容廆的第三子。后赵建武三年（337）称燕王，死后被追谥为六明皇帝，庙号太祖[2]。这样看来，在范阳、燕郡建造的皝庙就具有了太庙的性质，可以说是北京地区有确切记载的坛庙建筑的开始。此后，北京地区关于坛庙的记载也不断出现。

《魏书》列传第三十五记载："勰为中军大将军，辟行参军。迁司徒东阁祭酒、尚书左外兵郎中，转秘书丞。出为燕郡太守。道将

---

① 《晋书》卷一百十载记第十，北京：中华书局，1974年，第2839页。

② 吴海林、李延沛：《中国历史人物辞典》，黑龙江人民出版社，1983年，第122页。

下车，表乐毅、霍原之墓，而为之立祠。"①乐毅是战国时期燕国的名将，能征善战，因战功而受封于昌国。霍原为西晋燕国广阳人，少年时就很有志力，山居多年，有门徒百数，是当时的名士。道将，即卢道将，字祖业，卢渊的长子，《魏书》上说其人"涉猎经史，风气謇谔，颇有文才"。在王翾出任燕郡太守时，道将提出要表彰乐毅和霍原，并为他们建造祭祠。同样的记载也见于《北史》卷三十列传第十八②。

《周书》卷四十五列传第三十七上说："卢光字景仁……大司马贺兰祥讨吐谷浑，以光为长史，进爵燕郡公。武成二年，诏光监营宗庙，既成，增邑四百户。"③

由此可见，东晋十六国及北朝时期，北京地区的坛庙偶有建造，主要是祠庙，并未见祭坛的相关记载。祠庙的建造是一种零星零散的随意状态，并没有因国家和政府的诏令而成规模建造，更没有一定的制度来举行相关的仪式。

① 《魏书》卷四十七列传第三十五，北京：中华书局，1974年，第1050—1051页。
② 《北史》卷三十列传第十八，北京：中华书局，1974年，第2074页。
③ 《周书》卷四十五列传第三十七，北京：中华书局，1971年，第807—808页。

第二节　辽金坛庙

天福三年（938），后晋石敬瑭把燕云十六州割让给契丹。契丹将幽州定为五京之一的南京，在此营建宫室作为陪都。在宫室的设计和建造中并没有明确的坛庙规制，并不是说辽在南京就没有坛庙性质的建筑。《辽史》中多次出现关于"御容殿"和帝王致奠皇帝御容的记载。卷十六本纪记载："自内三门入万寿殿，奠酒七庙御容，因宴宗室"[①]；卷二十四本纪记载："岁寒食，诸帝在时生辰及忌日，诣景宗御容殿致奠"[②]；卷四十地理志南京道中记载："皇城内有景宗、圣宗御容殿二，东曰宣和，南曰大内。"[③]御容殿就是供奉祖先画像的殿堂。辽南京皇城内设有景宗、圣宗的御容殿，并且在生辰及忌日进行祭祀致奠。由此可以看出，这些供奉有帝王画像的御容殿具有了宗庙的作用和意义，并且也发挥了帝王宗庙的功能。

宋宣和七年（1125），金攻占宋燕山府后，改称燕京。金海陵王于天德三年（1151）四月正式下诏迁都燕京，并派人营造宫室，定名为中都。金中都是北京历史上作为都城大规模营建坛庙建筑的开始。这一时期，对于坛庙的规制有了具体而详细的规划与设计。太庙居于皇城之内，而郊坛位于都城之外，依照方位布置。

据《金史·礼志》记载，金朝建立之初并没有太庙，皇统三年（1143）在上京开始设立太庙，"贞元初，海陵迁燕，乃增广旧庙，奉迁祖宗神主于新都，三年十一月丁卯，奉安于太庙"[④]。金中都太庙的位置根据文献资料及考古发现可以确定，在对金中都城的考古发掘可知，"皇城大致位于中都城内偏西南处，周长九里，有四门：东为宣华门，西为玉华门，南为宣阳门，北为拱辰门。皇城的中央为宫

---

① 《辽史》卷十六本纪第十六圣宗七，北京：中华书局，1974年，第189页。
② 《辽史》卷二十四本纪第二十四道宗四，北京：中华书局，1974年，第286页。
③ 《辽史》卷四十志第十地理志四南京道，北京：中华书局，1974年，第494页。
④ 《金史》卷三十志第十一礼三，北京：中华书局，1975年，第727页。

城。在皇城南门宣阳门内，正中是御道，御道两侧是千步廊，西千步廊之西是中央吏、户、礼、兵、刑、工六部所在；东千步廊之东为太庙"①。《金史》上也明确提到，"海陵天德四年，有司言：'燕京兴建太庙，复立原庙。三代以前无原庙制，至汉惠帝始置庙于长安渭北，荐以时果，其后又置于丰、沛，不闻享荐之礼。今两都告享宜止于燕京所建原庙行事。'于是，名其宫曰衍庆，殿曰圣武，门曰崇圣。"②而根据《金图经》的记载也说明了金太庙的位置，"迨亮徙燕，遂建巨阙于内城之南，千步廊之东，曰太庙，标名衍庆宫"③。太庙在皇城宣阳门内东北、宫城应天门外的东南、东千步廊北头。金代太庙的规模和形制历史记载并不详细，而从金人南迁开封后建立的太庙可以约略知道中都太庙的体貌。到大定十二年（1172），"太庙之制，除祧庙外，为七世十一室"，已经形成了规制。对于太庙中供奉的情况《金史》也有记载，"大定二年，以睿宗御容奉迁衍庆宫。五年，会宁府太祖庙成，有司言宜以御容安置。先是，衍庆宫藏太祖御容十有二：法服一、立容一、戎衣一、佩弓矢一、坐容二、巾服一，旧在会宁府安置；半身容二、春衣容一、巾而衣红者二，旧在中都御容殿安置，今皆在此"④。由此可知当时太庙曾供奉太祖的御容有"半身容二，春衣容一、巾而衣红者二"。

金代在太庙之外，依附于太庙还建有别庙，"大定二年，有司拟奏闵宗无嗣，合别立庙"⑤，别庙主要有武灵皇帝的孝成庙⑥、昭德皇后庙⑦、宣孝太子庙⑧等。

北京从金代中都时期开始建造了各种祭坛。金人原本就有拜天的

---

① 齐心主编：《图说北京史》，北京：北京燕山出版社，1999年，第188页。

② 《金史》卷三十三志第十四礼六，北京：中华书局，1975年，第787—788页。

③ 刘祚臣：《北京的坛庙文化》，北京：北京出版社，2000年，第12—13页。

④ 《金史》卷三十三志第十四礼六，北京：中华书局，1975年，第788页。

⑤ 《金史》卷三十三志第十四礼六，北京：中华书局，1975年，第796页。

⑥ 《金史》卷三十三志第十四礼六，北京：中华书局，1975年，第796页。

⑦ 《金史》卷三十三志第十四礼六，北京：中华书局，1975年，第797页。

⑧ 《金史》卷三十三志第十四礼六，北京：中华书局，1975年，第799页。

礼仪，海陵王天德年间（1149—1152）以后开始有了南北郊祀的制度，到大定、明昌年间（1161—1195）才建设完备，"天德以后，始有南北郊之制，大定、明昌其礼浸备"①。金朝统治者按照中国礼制在四方建造祭坛。郊坛在南，位于都城南门丰宜门外东南（今丰台区石门村附近），"圆坛三成，成十二陛，各按辰位。壝墙三匝，四面各三门。斋宫东北，厨库在南。坛、壝皆以赤土垲之"②；南方五行属火，与地支巳相对③，故曰"当阙之巳地"。方丘在北，位于都城北门通玄门外西北（今广安门北滨河路白云观附近），"方坛三成，成为子午卯酉四正陛。方壝三周，四面亦三门"④；北方五行属水，与地支亥相对，故曰"当阙之亥地"。朝日坛在东，又叫大明，位于都城东门施仁门外东南，"门壝之制皆同方丘"⑤；东方五行属木，与地支卯相对，故曰"当阙之卯地"。夕月坛在西，又叫夜明，位于都城西门彰义门外西北，"掘地污之，为坛其中"⑥；西方五行属金，与地支酉相对，故曰"当阙之酉地"。

在太庙、郊坛、方丘、朝日、夕月四坛之外，金朝还建有高禖坛、社稷坛、风师坛、雷雨坛、武成王庙、孔庙等坛庙建筑。

高禖坛在景风门外东南（今丰台区北甲地一带），与圜丘东西相望。"明昌六年，章宗未有子，尚书省臣奏行高禖之祀，乃筑坛于景风门外东南端，当阙之卯辰地，与圜丘东西相望，坛如北郊之制。岁以春分日祀青帝、伏羲氏、女娲氏，凡三位，坛上南向，西上。姜嫄、简狄位于坛之第二层，东向，北上。"⑦

社稷坛则是分开建造的，分为社坛与稷坛两座。社坛建造于大

① 《金史》卷二十八志第九礼一，北京：中华书局，1975年，第691页。

② 《金史》卷二十八志第九礼一，北京：中华书局，1975年，第693页。

③ 刘筱红：《神秘的五行——五行说研究》，南宁：广西人民出版社，1994年，第49页、第53页。

④ 《金史》卷二十八志第九礼一，北京：中华书局，1975年，第693页。

⑤ 《金史》卷二十八志第九礼一，北京：中华书局，1975年，第693页。

⑥ 《金史》卷二十八志第九礼一，北京：中华书局，1975年，第693页。

⑦ 《金史》卷二十九志第十礼二，北京：中华书局，1975年，第722—723页。

定七年（1167），是在上京建造社稷坛后于中都建造的。《金史》说："贞元元年闰十二月，有司奏建社稷坛于上京。大定七年七月，又奏建坛于中都。社为制，其外四周为垣，南向开一神门，门三间。内又四周为垣，东西南北各开一神门，门三间，各列二十四戟。四隅连饰罘罳，无屋，于中稍南为坛位，令三方广阔，一级四陛。以五色土各饰其方，中央覆以黄土，其广五丈，高五尺。其主用白石，下广二尺，剡其上，形如钟，埋其半，坛南，栽栗以表之。"①后世所说的五色土则设置于社坛中，而稷坛则在社坛的西面，"近西为稷坛，如社坛之制而无石主"②。社坛与稷坛的相关附属建筑也都建造完备，"四墙门各五间，两塾三门，门列十二戟。墙有角楼，楼之面皆随方色饰之。馔幔四楹，在北墙门西，北向。神厨在西墙门外，南向。瘗在南围墙内，东西向。有望祭堂三楹，在其北，雨则于是堂望拜。堂之南北各为屋二楹，三献及司徒致斋幕次也。堂下南北相向有斋舍二十楹。外门止一间，不施鸱尾"③。

在主要的坛庙建筑都已经规划和建造后，礼官在明昌五年（1194）提出：国家对于风、雨、雷师的祭祀还没有设立，应该由有关部门确定礼仪规制，朝廷同意后，"乃为坛于景丰门外东南，阙之巽地，岁以立春后丑日，以祀风师。牲、币、进熟，如中祀仪。又为坛于端礼门外西南，阙之坤地，以立夏后申日以祀雨师，其仪如中祀，羊豕各一。是日，祭雷师于位下，礼同小祀，一献，羊一，无豕"④。这样，风、雨、雷师也都有各自的祭坛和礼仪规制，作为中祀举行。

此时，祭坛的名目和种类已经大致完备，而对于祠庙而言，除太庙建造完备外，对于其他重要名人也建庙祭拜，主要有宣圣庙（孔庙）和武成王庙。

---

① 《金史》卷三十四志第十五礼七，北京：中华书局，1975年，第803页。
② 《金史》卷三十四志第十五礼七，北京：中华书局，1975年，第803页。
③ 《金史》卷三十四志第十五礼七，北京：中华书局，1975年，第803—804页。
④ 《金史》卷三十四志第十五礼七，北京：中华书局，1975年，第809页。

大定十四年（1174），国子监上言，对于当时祭祀文宣王孔子的规制与古礼不合，提出"伏睹国家承平日久，典章文物当粲然备具，以光万世。况京师为首善之地，四方之所观仰，拟释奠器物、行礼次序，合行下详定"，同时，对于配祀孔子的人员及服制也提出了建议："兼兖国公亲承圣教者也，邹国公力扶圣教者也，当于宣圣像左右列之。今孟子以燕服在后堂，宣圣像侧还虚一位，礼宜迁孟子像于宣圣右，与颜子相对，改塑冠冕，妆饰法服，一遵旧制。"①可见，当时对于文宣王孔子的祭祀已有时日，孔庙的规制也很鲜明。

孔庙为文，与之相对还有武庙。这个武庙不是后来的关公庙，而是武成王庙。泰和六年（1206），"诏建昭烈武成王庙于阙庭之右，丽泽门内"，而对于庙内的配祀名臣也一并规划，"以秦王宗翰同子房配武成王，而降管仲以下。又跻楚王宗雄、宗望、宗弼等侍武成王坐，韩信而下降立于庑。又黜王猛、慕容恪等二十余人，而增金臣辽王斜也等"②。

除此以外，还有诸神杂祠，与北京相关的就是泸沟河神庙。"大定十九年，有司言：'泸沟河水势泛决啮民田，乞官为封册神号。'礼官以祀典所不载，难之。已而，特封安平侯，建庙。二十七年，奉旨，每岁委本县长官春秋致祭，如令"③。

---

① 《金史》卷三十五志第十六礼八，北京：中华书局，1975年，第816页。
② 《金史》卷三十五志第十六礼八，北京：中华书局，1975年，第818页。
③ 《金史》卷三十五志第十六礼八，北京：中华书局，1975年，第822页。

第三节　元代坛庙

忽必烈建立元朝，定都北京，号曰大都。大都城的规划和建造按照《周礼·考工记》中儒家传统的城市设计方案，即"匠人营国，方九里，旁三门，国中九经九纬，经涂九轨，左祖右社，前朝后市，市朝一夫"，而其中的"左祖右社"（太庙在左，社稷在右）即是主要坛庙规划的重要原则，一直沿用至清代。元朝虽然是少数民族入主中原建立的王朝，但是对汉族的一系列祭祀礼仪加以仿效，先后建立了太庙、郊坛、社坛、稷坛、先农坛、先蚕坛、孔庙等坛庙，岁时奉祀。

一、太庙

元代北京坛庙的建造从太庙开始。

元朝本是蒙古族建立的王朝，原本对于祖先的祭祀较为简单，入主中原逐渐吸收汉族文化后才开始有了宗庙制度，祭祀祖先的礼仪制度才逐渐完善。太庙的建立要早于大都城的建造。忽必烈来到燕京后就在中都旧地祭拜祖先并建造太庙，"世祖中统元年秋七月丁丑，设神位于中书省，用登歌乐，遣必阇赤致祭焉。必阇赤，译言典书记者。十二月，初命制太庙祭器、法服。二年九月庚申朔，徙中书署，奉迁神主于圣安寺。辛巳，藏于瑞像殿。三年十二月癸亥，即中书省备三献官，大礼使司徒摄祀事。礼毕，神主复藏瑞像殿。四年三月癸卯，诏建太庙于燕京"[1]。可见忽必烈对于太庙的建造是逐步实施的，先定礼仪、祭器与法服，再迁神主，最后开建太庙。四年即中统四年（1263），此时大都城尚未建造，太庙仍在燕京旧城之中。忽必烈对于太庙的建造既是入主中原后受到汉文化、汉礼仪影响的表现，而同时更有汉族文臣的建议。翰林侍讲学士兼太常卿徐世隆上奏说："陛下

---

[1] 《元史》卷七十四志第二十五祭祀三，北京：中华书局，1975年，第1831页。

帝中国，当行中国事。事之大者，首惟祭祀，祭必有庙。"①同时还绘图奉上，并请求敕有司兴建。忽必烈"从之，逾年而庙成。遂迎祖宗神御，奉安太室，而大袷礼成"②。忽必烈诏建太庙在前，徐世隆进言上图随后，而很快太庙就在至元三年（1266）"冬十月，太庙成"③。这还仅仅是元太庙在旧城的建造，在大都城建造完成后，又新建太庙。至元十四年（1277）八月乙丑"诏建太庙于大都"④，至元十七年（1280）"十二月甲申，告迁于太庙……甲午，和礼霍孙、太常卿撒里蛮率百官奉太祖、睿宗二室金主于新庙安奉，遂大享焉。乙未，毁旧庙"⑤。新太庙基本建成后，燕京的旧庙被拆毁，"二十一年三月丁卯，太庙正殿成，奉安神主"⑥。至此，在至元二十一年（1284）太庙全部完工。

元太庙的规制则前后不断增改，新太庙的建成也逐渐固定了规制，基本格局如下：

> 前庙后寝。正殿东西七间，南北五间，内分七室。殿陛二成三阶，中曰泰阶，西曰西阶，东曰阼阶。寝殿东西五间，南北三间。环以宫城，四隅重屋，号角楼。正南、正东、正西宫门三，门各五门，皆号神门。殿下道直东西神门曰横街，直南门曰通街，甓之。通街两旁井二，皆覆以亭。宫城外，缭以崇垣。馔幕殿七间，在宫城南门之东，南向。齐班厅五间，在宫城之东南，西向。省馔殿一间，在宫城东门少北，南向。初献斋室在宫城之东，东垣门内少北，西向。其南为亚终献、司徒、大礼使、助奠、七祀献官

① 《元史》卷一百六十列传第四十七徐世隆，北京：中华书局，1975年，第3769页。
② 《元史》卷一百六十列传第四十七徐世隆，北京：中华书局，1975年，第3770页。
③ 《元史》卷七十四志第二十五祭祀三，北京：中华书局，1975年，第1832页。
④ 《元史》卷七十四志第二十五祭祀三，北京：中华书局，1975年，第1833页。
⑤ 《元史》卷七十四志第二十五祭祀三，北京：中华书局，1975年，第1835页。
⑥ 《元史》卷七十四志第二十五祭祀三，北京：中华书局，1975年，第1835页。

等斋室，皆西向。雅乐库在宫城西南，东向。法物库、仪鸾库在宫城之东北，皆南向。都监局在其东少南，西向。东垣之内，环筑墙垣为别院。内神厨局五间，在北，南向。井在神厨之东北，有亭。酒库三间，在井亭南，西向。祠祭局三间，对神厨局，北向。院门西向。百官厨五间，在神厨院南，西向。宫城之南，复为门，与中神门相值，左右连屋六十余间，东掩齐班厅，西值雅乐库，为诸执事斋房。筑崇墉以环其外，东西南开棂星门三，门外驰道，抵齐化门之通衢①。

新太庙宏伟壮丽，位于大都城东齐化门内路北，与之后建立的社稷坛一东一西，符合《周礼》"左祖右社"的规制，并为后世所遵循。当然，此时的"左祖右社"在皇城之外，与明清时期太庙与社稷坛位于皇城之内还有不同。

二、神御殿

蒙古元人统治者祭祀祖先的场所在太庙之外，还有一种叫作神御殿的建筑。"神御殿，旧称影堂。所奉祖宗御容，皆纹绮局织锦为之。"②这种神御殿并不是固定的专门建筑，也不是所有祖先都存放在一处，而是设立于大都著名的寺庙中，如："世祖帝后大圣寿万安寺，裕宗帝后亦在焉；顺宗帝后大普庆寺，仁宗帝后亦在焉；成宗帝后大天寿万宁寺；武宗及二后大崇恩福元寺，为东西二殿；明宗帝后大天源延圣寺；英宗帝后大永福寺；也可皇后大护国仁王寺。"③虽然这些御容分别放置在不同的寺庙中，并没有专门的建筑，但仍然是元代宗庙的组成部分，更是元代坛庙的重要内容之一。

---

① 《元史》卷七十四志第二十五祭祀三，北京：中华书局，1975年，第1842—1843页。

② 《元史》卷七十五志第二十六祭祀四，北京：中华书局，1975年，第1875页。

③ 《元史》卷七十五志第二十六祭祀四，北京：中华书局，1975年，第1875页。

三、社稷坛

在传统儒家礼仪中,"左祖右社"的观念是将宗庙与社稷同等看待的,而蒙古元人虽占据中原之地,但对于汉族传统理念是逐步接受的;他们长年以游牧为生,没有固定的居所,因此对于中原王朝关于社稷代表国家的观念既不理解也不重视,因此对于社稷坛的建造远没有像对太庙那样看重。社稷坛的建造要比太庙晚了很多年。

元世祖忽必烈早在至元七年(1270)十二月的时候,就下诏令"岁祀太社太稷"①,在至元十一年(1274)八月"颁诸路立社稷坛壝仪式",五年之后"中书省下太常礼官,定郡县社稷坛壝、祭器制度、祀祭仪式"②,但直到至元三十年(1293)才采用御史中丞崔彧的建议,"于和义门内少南,得地四十亩,为壝垣,近南为二坛,坛高五丈,方广如之"③。和义门是大都城西面靠北的城门,即今天的西直门,社稷坛即建造在城门之内往南,著名的大圣寿万安寺(今白塔寺)北侧④。此时的社稷坛仍然是东西分立,"社东稷西,相去约五丈。社坛土用青赤白黑四色,依方位筑之,中间实以常土,上以黄土覆之。筑必坚实,依方面以五色泥饰之。四面当中,各设一陛道。其广一丈,亦各依方色。稷坛一如社坛之制,惟土不用五色,其上四周纯用一色黄土。坛皆北向,立北墉于社坛之北,以砖为之,饰以黄泥;瘗坎二于稷坛之北,少西,深足容物"⑤。与之配套的其他建筑也都一应俱全,而且对于坛内所种的树木也做了具体的规定,"社树以松,于社稷二坛之南各一株。此作主树木之法也"⑥,明确将松树作为了"社树"。

---

① 《元史》卷七十六志第二十七祭祀五,北京:中华书局,1975年,第1879页。
② 《元史》卷七十六志第二十七祭祀五,北京:中华书局,1975年,第1901页。
③ 《元史》卷七十六志第二十七祭祀五,北京:中华书局,1975年,第1879页。
④ 齐心主编:《图说北京史》,北京:北京燕山出版社,1999年,第215页。
⑤ 《元史》卷七十六志第二十七祭祀五,北京:中华书局,1975年,第1879页。
⑥ 《元史》卷七十六志第二十七祭祀五,北京:中华书局,1975年,第1880页。

四、郊坛（天坛）

元代的郊坛即天坛，郊坛的建造又晚于社稷坛。忽必烈在位期间并没有真正建造郊坛，而是在城南丽正门外搭了一座简单的祭台。至元十二年（1275）十二月"于国阳丽正门东南七里建祭台，设昊天上帝、皇地祇位二，行一献礼"[1]，遇到国家有大的典礼，都到南郊的祭坛告谢。真正意义上的郊坛建造于至元三十一年（1294）元成宗即位后，"夏四月壬寅，始为坛于都城南七里。甲辰，遣司徒兀都带率百官为大行皇帝请谥南郊，为告天请谥之始"[2]。元成宗大德九年（1305）七月再建新郊坛于都城东南，"辛亥，筑郊坛于丽正、文明门之南丙位，设郊祀署，令、丞各一员"[3]，由郊祀署专门管理祭祀事务。郊坛虽以祭天为核心，但同时是天地合祀。元大都的天地坛与金中都的天地坛有着明显的不同。金代天、地坛设在都城的南与北，而元代则把天地祭祀合并于南郊坛一处，即将地坛并入天坛之中，而形式完全采取天坛的形式。"大德六年春三月庚戌，合祭昊天上帝、皇地祇、五方帝于南郊，遣左丞相哈剌哈孙摄事，为摄祀天地之始"[4]。而关于祭祀皇地祇的方丘的建造也是争论不断，一直没有定论；"仁宗延祐元年夏四月丁亥，太常寺臣请立北郊。帝谦逊未遑，北郊之议遂辍"[5]，单独祭地的方丘始终没能建立起来。

五、先农坛、先蚕坛

元代祭祀先农开始于至元九年（1272）二月，"命祭先农如祭社之仪"[6]，之后多次在耤田[7]祭祀先农，直到武宗至大三年（1310）夏四

① 《元史》卷七十二志第二十三祭祀一，北京：中华书局，1975年，第1781页。
② 《元史》卷七十二志第二十三祭祀一，北京：中华书局，1975年，第1781页。
③ 《元史》卷二十一本纪第二十一成宗四，北京：中华书局，1975年，第464页。
④ 《元史》卷七十二志第二十三祭祀一，北京：中华书局，1975年，第1781页。
⑤ 《元史》卷七十二志第二十三祭祀一，北京：中华书局，1975年，第1785页。
⑥ 《元史》卷七十六志第二十七祭祀五，北京：中华书局，1975年，第1791页。
⑦ 耤田：又作籍田、藉田。耤、籍、藉意思都是借助，借助民力来耕田。所引文献中或用籍田，或用藉田，原引文献一仍其旧不作更改，行文叙述中一概写作耤田。

月，"从大司农请，建农、蚕二坛。博士议：二坛之式与社稷同，纵广一十步，高五尺，四出陛，外墙相去二十五步，每方有棂星门"①。而先农和先蚕的坛位都设在耤田内，当时并没有建筑外墙。

六、风、雨、雷师坛

元代仍有对于风、雨、雷师的祭祀，"自至元七年十二月，大司农请于立春后丑日，祭风师于东北郊；立夏后申日，祭雷、雨师于西南郊"②，并在仁宗延祐五年（1318）"乃即二郊定立坛墠之制"③。

七、宣圣庙

宣圣庙即孔庙，"太祖始置于燕京"④，并按时祭奠行礼。到元成宗时"始命建宣圣庙于京师"⑤，到大德十年（1306）秋天，孔庙建成。对于孔子的祭祀与加封也不断，"至大元年秋七月，诏加号先圣曰大成至圣文宣王。延祐三年秋七月，诏春秋释奠于先圣，以颜子、曾子、子思、孟子配享"⑥。而这座元代的孔庙至今仍然留存，坐落于东城国子监街内，与国子监毗邻而居。

八、武成王庙

元代继续金代祭祀武成王的礼制，"立庙于枢密院公堂之西，以孙武子、张良、管仲、乐毅、诸葛亮以下十人从祀。每岁春秋仲月上戊，以羊一、豕一、牺尊、象尊、笾、豆、俎、爵，枢密院遣官，行三献礼"⑦。

---

① 《元史》卷七十六志第二十七祭祀五，北京：中华书局，1975年，第1791页。
② 《元史》卷七十六志第二十七祭祀五，北京：中华书局，1975年，第1903页。
③ 《元史》卷七十六志第二十七祭祀五，北京：中华书局，1975年，第1903页。
④ 《元史》卷七十六志第二十七祭祀五，北京：中华书局，1975年，第1792页。
⑤ 《元史》卷七十六志第二十七祭祀五，北京：中华书局，1975年，第1792页。
⑥ 《元史》卷七十六志第二十七祭祀五，北京：中华书局，1975年，第1792页。
⑦ 《元史》卷七十六志第二十七祭祀五，北京：中华书局，1975年，第1903页。

九、三皇庙

元代在京师建有三皇庙。成宗元贞元年（1295），"初命郡县通祀三皇，如宣圣释奠礼"[①]，至正九年（1349），"御史台以江西湖东道肃政廉访使文殊讷所言具呈中书。其言曰：'三皇开天立极，功被万世。京师每岁春秋祀事，命太医官主祭，揆礼未称。请如国子学、宣圣庙春秋释奠，上遣中书省臣代祀，一切仪礼仿其制。'……明年，祭器、乐器俱备，以医籍百四十有八户充庙户礼乐生。……退习明日祭仪，习毕就庙斋宿"[②]。这些记载明确说明当时建有三皇庙，并按时祭祀。

十、其他祠庙

除了以上祭坛和祠庙外，在元大都新旧两城中还有大量的祭祀祠庙建筑，这在《析津志辑佚》[③]中多有记载。主要的祠庙有：

铁牛大力神庙，在南城施仁门内东南；

杜康庙，在北城光禄寺内，供奉酒神杜康；

岳庙，南北两京共有四处，一在燕京阳春门，一在长春宫东，一在燕京太庙寺西，一在北城齐化门外二里许；

梓潼帝君庙，一在都城湛露坊北，一在通州羊市南；

舜帝庙，在燕京金故宫西泽潭西；

清白神庙，在南城圣安寺东，奉祀章庙幕官；

崔府君庙，在南城南春台坊街东，火巷街南；

昆吾公庙，在南城宣曜门外，官窑场南；

白马神君庙，在旧城东城路北，是慕容氏都燕时祭祀白马的地方；

三灵侯庙，在南城天宝宫近西，街南大巷；

萧何庙，在北省的西垣；

东西二感圣庙，在京都城隍庙南；

---

① 《元史》卷七十六志第二十七祭祀五，北京：中华书局，1975年，第1903页。

② 《元史》卷七十七志第二十七下祭祀六，北京：中华书局，1975年，第1915页。

③ ［元］熊梦祥：《析津志辑佚》，北京：北京古籍出版社，1983年，第54—62页。

刘便宜祠堂，在旧城白云祝即今白云观的西北隅，是为祭祀元太祖迎请丘处机的使臣刘仲禄而建的；

太师梁忠烈王祠堂，在玉虚观，祭祀太祖第八子宗弼。

以上这些祠庙的存在，可以看出元代五方杂处，祠庙供奉的对象，既有自然的神、普通的人（官员）而为神的，也有物（铁牛、马）而为神的，从朝廷官府到平民百姓对各路不同的神仙都有崇奉。

第四节　明代坛庙

　　明代灭元后，建都南京，元大都改名北平，北平也就失去了国都的地位，直到明永乐皇帝朱棣迁都北平，并改名北京后，再次作为国都并开始营建宫殿坛庙等一系列的建筑。"明代北京皇城、宫殿、庙社、坛场的修建，是与修筑大城（内城）城垣同时进行的。虽说是从永乐五年（1407）开始，但是大规模的营建则是从永乐十五年（1417）展开的，到永乐十八年（1420）才基本竣工，前后历时十四年之久。"①据《明史》"礼志"的记载，明代北京建造的坛庙名目主要有太庙②、太社稷坛③、圜丘坛④、方泽坛⑤、先农坛⑥、山川坛⑦、太岁坛⑧、先蚕坛⑨、朝日坛⑩、夕月坛⑪、高禖坛⑫、神祇坛⑬、星辰坛⑭、风云雷雨坛⑮、城隍庙⑯、奉先殿⑰、历代帝王庙⑱、孔子庙⑲、旗纛

　　①　曹子西主编：《北京通史》第六卷，北京：中国书店，1994年，第64页。
　　②　《明史》卷五十一志第二十七礼五，北京：中华书局，1974年，第1315页。
　　③　《明史》卷四十七志第二十三礼一，北京：中华书局，1974年，第1228页。
　　④　《明史》卷四十七志第二十三礼一，北京：中华书局，1974年，第1227—1228页。
　　⑤　《明史》卷四十七志第二十三礼一，北京：中华书局，1974年，第1228页。
　　⑥　《明史》卷四十七志第二十三礼一，北京：中华书局，1974年，第1229页；《明史》卷四十九志第二十五礼三，北京：中华书局，1974年，第1271页。
　　⑦　《明史》卷四十七志第二十三礼一，北京：中华书局，1974年，第1229页。
　　⑧　《明史》卷四十七志第二十三礼一，北京：中华书局，1974年，第1229页。
　　⑨　《明史》卷四十九志第二十五礼三，北京：中华书局，1974年，第1273页。
　　⑩　《明史》卷四十七志第二十三礼一，北京：中华书局，1974年，第1229页。
　　⑪　《明史》卷四十七志第二十三礼一，北京：中华书局，1974年，第1229页。
　　⑫　《明史》卷四十九志第二十五礼三，北京：中华书局，1974年，第1276页。
　　⑬　《明史》卷四十九志第二十五礼三，北京：中华书局，1974年，第1280页。
　　⑭　《明史》卷四十九志第二十五礼三，北京：中华书局，1974年，第1281页。
　　⑮　《明史》卷四十九志第二十五礼三，北京：中华书局，1974年，第1282页。
　　⑯　《明史》卷四十九志第二十五礼三，北京：中华书局，1974年，第1285页。
　　⑰　《明史》卷五十二志第二十八礼六，北京：中华书局，1974年，第1333页。
　　⑱　《明史》卷五十志第二十六礼四，北京：中华书局，1974年，第1293页。
　　⑲　《明史》卷五十志第二十六礼四，北京：中华书局，1974年，第1296页。

庙①、马神祠②、京师九庙③（真武庙、东岳泰山庙、都城隍庙、汉寿亭侯关公庙、京都太仓神庙、司马马祖先牧神庙、文丞相祠、元世祖庙、洪恩灵济宫）、厉坛④等。

明北京的坛庙建筑都按照明南京太祖时的规制建造，但其宏伟壮丽的程度远远胜过南京。据《明太宗实录》记载，永乐十八年（1420）十二月癸亥，"初营建北京，凡庙社郊祀坛场、宫殿门阙，规制悉如南京，而高敞壮丽过之"⑤。

朱棣迁都北京后，也按照太祖南京的规制建造太庙，"成祖迁都，建庙如南京制"⑥。太庙的方位依然遵循《周礼·考工记》"左祖右社"的规制和格局，但其建筑的具体位置则较元朝发生了明显的变化。元朝大都太庙建造于皇城之外，大都城东齐化门内，而明代北京太庙则建造在皇城之内，紧邻宫城。社稷坛也是如此，"永乐中，北京社稷坛成，制如南京"⑦，"在宫城西南"⑧，毗邻宫城。太社稷坛之外，还在西苑建有帝社稷坛⑨。圜丘坛与山川坛在城南，东西相对。圜丘坛明初又称天地坛，合祀天地神祇，山川坛则祭祀包括山河、太岁、神祇等，先农坛也在其内。先农坛建于永乐中，"如南京制，在太岁坛西南"⑩。神祇坛则合祀多种神祇，包括"太岁、春夏秋冬四季月将为第一，次风云雷雨，次五岳，次五镇，次四海，次四渎，次京都钟山，次江东……次安南、高丽、占城诸国山川，次京都城隍，次六纛大神、旗纛大将、五方旗神、战船、金鼓、铳砲、弓弩、飞枪飞石、

① 《明史》卷五十志第二十六礼四，北京：中华书局，1974年，第1301页。
② 《明史》卷五十志第二十六礼四，北京：中华书局，1974年，第1303页。
③ 《明史》卷五十志第二十六礼四，北京：中华书局，1974年，第1305页。
④ 《明史》卷五十志第二十六礼四，北京：中华书局，1974年，第1311页。
⑤ 中央研究院历史语言研究所校印：《明太宗实录》卷二三二，第三页，总第2244页。
⑥ 《明史》卷五十一志第二十七礼五，北京：中华书局，1974年，第1315页。
⑦ 《明史》卷四十七志第二十三礼一，北京：中华书局，1974年，第1229页。
⑧ 《明史》卷四十七志第二十三礼一，北京：中华书局，1974年，第1228页。
⑨ 《明史》卷四十七志第二十三礼一，北京：中华书局，1974年，第1229页。
⑩ 《明史》卷四十九志第二十五礼三，北京：中华书局，1974年，第1271页。

阵前阵后诸神"①，可谓名目繁多而芜杂；到永乐迁都北京以后，"永乐中，京师建山川坛并同南京制，惟正殿钟山之右，益以天寿山之神"②，只是把原来南京祭祀的"钟山"之神的右侧增加了北京的"天寿山"之神。永乐时期，北京又建造了真武庙、汉寿亭侯关公庙、宋文丞相祠、洪恩灵济宫等，形成了京师九庙。其他坛庙一如南京的旧制。

明代北京坛庙的建造经历前后两个不同的阶段，成祖朱棣迁都北京是第一阶段，世宗嘉靖皇帝即位是第二阶段，前后有着较大的变化。成祖开始到嘉靖之前，坛庙建造基本按照南京太祖的旧制，并无大的改变。嘉靖皇帝即位掌政后，对于北京的坛庙进行了大规模的调整与改造。

嘉靖皇帝对于北京坛庙的改造开始于他的"大礼议"，为他的生父在太庙之外建立了"献皇帝庙"，"嘉靖二年四月始命兴献帝家庙享祀，乐用八佾"③，"四年四月，渊已授光禄寺署丞，复上书请立世室，崇祀皇考于太庙……乃准汉宣故事，于皇城内立一祢庙，如文华殿制。笾豆乐舞，一用天子礼。帝亲定其名曰世庙"④。"十五年十二月，新庙成，更创皇考庙曰睿宗献皇帝庙"⑤。伴随着献皇帝庙建造的同时对太庙进行了彻底的改造。为了能将其生父入祀太庙，嘉靖皇帝拆掉了永乐时期建造的太庙，又建造新的太庙，嘉靖十四年"二月尽撤故庙改建之。诸庙各为都宫，庙各有殿有寝"⑥，把太庙一分为九，建立9座庙分祭历代祖先，这样使得每一位先帝都能拥有自己的独立庙堂。但在嘉靖二十年（1541）四月的时候，其中8座庙遭雷火击毁，皇帝和大臣们认为这是祖先不愿分开，通过上天来警告。于是，嘉靖

① 《明史》卷四十九志第二十五礼三，北京：中华书局，1974年，第1280页。
② 《明史》卷四十九志第二十五礼三，北京：中华书局，1974年，第1280页。
③ 《明史》卷五十二志第二十八礼六，北京：中华书局，1974年，第1336页。
④ 《明史》卷五十一志第二十七礼五，北京：中华书局，1974年，第1337页。
⑤ 《明史》卷五十一志第二十七礼五，北京：中华书局，1974年，第1319页。
⑥ 《明史》卷五十一志第二十七礼五，北京：中华书局，1974年，第1319页。

皇帝在两年后又重建太庙，"乃命复同堂异室之旧，庙制始定"①。

　　明初在南京建有历代帝王庙，永乐迁都北京后，并没有建造新的帝王庙，而是派遣南京的太常寺官员前往祭拜。嘉靖九年（1530），"罢历代帝王南郊从祀。令建历代帝王庙于都城西，岁以仲春秋致祭"②，嘉靖十一年（1532）夏天历代帝王庙建成，命名为"景德崇圣之殿"。

　　嘉靖皇帝对于坛庙制度的用心可以说是不遗余力，"既定《明伦大典》，益覃思制作之事，郊庙百神，咸欲斟酌古法，厘正旧章"③。他在对太庙进行改造的同时，对于郊祀制度进行调整，"分建四郊"④，开始四郊分祀的做法。嘉靖九年（1530），下诏："南郊祀天，北郊祀地，决当依据。若分东西，造为私论，此则甚于王莽合祀之言。宜分南北之郊，以二至日行事……朝日、夕月俱以春秋仲月行礼，以尽报神之典。于朝阳、阜成二门外建坛。"⑤由此，圜丘坛、方泽坛、朝日坛、夕月坛先后建成。嘉靖皇帝又给这些建筑确定了名称，"世宗厘祀典，分天地坛为天坛、地坛，山川坛、耤田祠祭署为神祇坛，大祀殿为祈谷殿，增置朝日、夕月二坛，各设祠祭署"⑥。

　　按照明代礼制，"其坛在宫城西南者，曰太社稷"⑦，而嘉靖皇帝又设立了名为帝社稷的建筑。嘉靖九年（1530）皇帝谕令礼部更正社稷坛的配位礼仪，在太社稷之外又立了帝社稷，"其坛在豳风亭之西者，曰帝社稷。东帝社，西帝稷，皆北向"⑧。这一设置，到隆庆皇帝

① 《明史》卷五十一志第二十七礼五，北京：中华书局，1974年，第1319页。

② 《明史》卷五十志第二十六礼四，北京：中华书局，1974年，第1293页。

③ 《明史》卷四十八志第二十四礼二，北京：中华书局，1974年，第1247页。

④ ［明］李东阳等撰，申时行等重修：《大明会典》卷八十二·郊祀二，扬州：江苏广陵古籍刻印社，1989年，第1281页。

⑤ 中央研究院历史语言研究所校印：《明世宗实录》卷一一一，第七—八页，总第2628—2629页。

⑥ 《明史》卷七十四志第五十职官三，北京：中华书局，1974年，第1797页。

⑦ 《明史》卷四十九志第二十五礼三，北京：中华书局，1974年，第1265页。

⑧ 《明史》卷四十九志第二十五礼三，北京：中华书局，1974年，第1268页。

一即位，就因"自古所无，嫌于烦数"而被取消了。

至于先农坛，嘉靖十年（1531），皇帝认为"其礼过烦，命礼官更定"，而"御门观耕，地位卑下，议建观耕台一"，皇帝诏准建了观耕台。

先蚕的祭祀，明初并没有列入国家祀典。到嘉靖皇帝时，他认为："古者天子亲耕，皇后亲蚕，以劝天下。自今岁始，朕亲祀先农，皇后亲蚕，其考古制，具仪以闻。"①嘉靖九年（1530）他采纳都给事中夏言的建议，命令礼部建造先蚕坛。而对于先蚕坛的建造地点，君臣们发生了争执。大学士张璁等主张在安定门外建坛，而詹事霍韬认为安定门外道远不便。户部也认为："安定门外近西之地，水源不通，无浴蚕所。皇城内西苑中有太液、琼岛之水。考唐制在苑中，宋亦在宫中，宜仿行之。"②而嘉靖皇帝认为"唐人因陋就安，不可法"，仍然决定在安定门外建造先蚕坛，并亲自确定坛的规制。先蚕坛建成后，皇后按典仪举行了亲蚕大礼。但到第二年，嘉靖皇帝"以皇后出入不便，命改筑先蚕坛于西苑"③，并在嘉靖三十八年（1559）停止了亲蚕礼仪的举行。

高禖之礼古已有之，但嘉靖皇帝认为"今实难行"而没有具体实行。嘉靖九年（1530）青州的儒生李时飏上书请祠高禖，但嘉靖皇帝并没有马上采纳，但不久又确定祭祀高禖，"设木台于皇城东，永安门北，震方"④。这个高禖坛还不是永久建筑，只是在举行仪式时临时搭设的木台而已，与其他的砖石坛台有很大的区别。虽是祭祀高禖神，但台上的神位是皇天上帝，高禖的神位却设在坛下西向的位置，由皇帝带领众妃嫔祭拜。

嘉靖十年（1531），皇帝命礼部确定太岁坛的规制。礼官上言认为："太岁之神，唐、宋祀典不载，元虽有祭，亦无常典。坛宇之制，

① 《明史》卷四十九志第二十五礼三，北京：中华书局，1974年，第1273页。
② 《明史》卷四十九志第二十五礼三，北京：中华书局，1974年，第1273页。
③ 《明史》卷四十九志第二十五礼三，北京：中华书局，1974年，第1275页。
④ 《明史》卷四十九志第二十五礼三，北京：中华书局，1974年，第1276页。

于古无稽。太岁天神，宜设坛露祭，准社稷坛制而差小。"①嘉靖皇帝允许，于是在正阳门外西建造太岁坛，与天坛相对；中间是太岁殿，东侧是春、秋月将二坛，西侧是夏、冬月将二坛。

嘉靖十一年（1532），世宗把原来设立的山川坛改为天地神祇坛，"改序云师、雨师、风伯、雷师"②。左侧为天神坛，南向，共有祭祀云师、雨师、风伯、雷师的四坛；右侧为地祇坛，北向，共有祭祀五岳、五镇、基运翊圣神烈天寿纯德五陵山、四海、四渎的五坛。同时又以京畿山川、天下山川从祀。到嘉靖十七年（1538）的时候，"加上皇天上帝尊称，预告于神祇，遂设坛于圜丘外壝东南，亲定神祇坛位，陈设仪式"③。到隆庆元年（1567）时，由于天神地祇已经从祀于南北郊坛，因而停止了神祇坛的祭祀。

祈谷的祭拜在明初没有设定。嘉靖十年（1531）开始在孟春上已日"行祈谷礼于大祀殿"。而对于祈雨的大雩礼则有雩坛，嘉靖九年（1530）世宗想在奉天殿丹陛上举行大雩礼，大臣夏言建议设立雩坛祈雨，于是皇帝下令，"乃建崇雩坛于圜丘坛外泰元门之东"④。嘉靖十七年（1538），皇帝亲自在此举行雩祭大礼。

从即位的"大礼议"开始，嘉靖皇帝十分看重礼制与礼仪，有时候还有些执着。他对于北京坛庙格局的改造孜孜不倦，在他的坚持下改变了明初的规制，改变了永乐迁都北京后坛庙的基本分布格局，逐步形成了左祖右社、四郊分祀、先农先蚕并举、祈谷雩礼并行、天地神祇同祀的新格局。这一格局井井有条，规模宏大，一直影响着明代后期以至清代的坛庙建置与礼制。

① 《明史》卷四十九志第二十五礼三，北京：中华书局，1974年，第1283页。
② 《明史》卷四十九志第二十五礼三，北京：中华书局，1974年，第1280页。
③ 《明史》卷四十九志第二十五礼三，北京：中华书局，1974年，第1281页。
④ 《明史》卷四十八志第二十四礼二，北京：中华书局，1974年，第1257页。

第五节　清代坛庙

清军入关占据北京后，并没有毁坏明代的宫殿坛庙格局和建筑，对于坛庙的礼拜和祭祀也一直没有停止。顺治元年（1644），清军入关进入北京后就建造了满族特有的神庙——堂子，"九月甲午，车驾入山海关。丁酉，次永平。始严稽察逃人之令。己亥，建堂子于燕京"[1]。而对于明代汉族已有的坛庙也照样继承祭拜，"冬十月乙卯朔，上亲诣南郊告祭天地，即皇帝位，遣官告祭太庙、社稷"[2]，以此来宣告清王朝定鼎北京的开始。同年十一月"丁未，祀天于圜丘"[3]。对于太庙也是如此。早在这一年六月甲申就"迁故明太祖神主于历代帝王庙"[4]，到九月壬子时候"奉安太祖武皇帝、孝慈武皇后、太宗文皇帝神主于太庙"[5]。这样满洲的先帝神主被安放到了北京太庙中，明代的太庙也顺理成章地成为了清代满族的太庙。

清代统治者对于明代北京已有的坛庙礼制建筑可以说是全盘继承和接受，加以维护和修缮，并在此基础上不断增建和完善，对于礼仪制度更是屡加修订增删和整顿。从顺治到雍正时期，北京的坛庙建筑基本延续明代的格局和规模，中间偶有增加和完善。"顺治初，定云、雨、风、雷。既配飨圜丘，并建天神坛位先农坛南，专祀之。雍正六年，谕建风神庙。……规制仿时应宫，锡号'应时显佑'，庙曰宣仁。前殿祀风伯，后殿祀八风神。……乃锡号云师曰'顺时普应'，庙曰凝和；雷师曰'资生发育'，庙曰昭显；并以时应宫龙神为雨师，合祀之。"[6]建造专庙祭祀云、雨、风、雷诸神，这是清王朝对于云、

---

① 《清史稿》卷四本纪四世祖本纪一，北京：中华书局，1976年，第88页。
② 《清史稿》卷四本纪四世祖本纪一，北京：中华书局，1976年，第88页。
③ 《清史稿》卷四本纪四世祖本纪一，北京：中华书局，1976年，第92页。
④ 《清史稿》卷四本纪四世祖本纪一，北京：中华书局，1976年，第87页。
⑤ 《清史稿》卷四本纪四世祖本纪一，北京：中华书局，1976年，第88页。
⑥ 《清史稿》卷八十三志五十八礼二，北京：中华书局，1976年，第2513—2514页。

雨、风、雷祭祀予以重视的表现，改变了以往云、雨、风、雷从祀的局面。

到乾隆皇帝时期开始对明代遗留坛庙进行了大规模的整顿和增建改建，同时也是北京皇家坛庙群最后定型的时期。

圜丘坛："乾隆八年，修斋宫，改神乐观为所。十二年，修内外垣，改筑圜丘，规制益拓。……复改坛面为艾叶青石，皇穹宇台面墁青白石，大享殿外坛面墁金砖。坛内殿宇门垣俱青琉璃。十六年，更名大享殿曰祈年。覆檐门庑坛内外墙垣并改青琉璃，距坛远者如故。寻增天坛外垣南门一，内垣钟鼓楼一，嗣是祭天坛自新南门入，祭祈年殿仍自北门入。二十年，改神乐所为署。五十年，重建祈谷坛配殿。"①对于圜丘坛，增修建筑，修筑内外垣墙；扩大了圜丘坛的规制，坛面上层的直径尺寸从清初的五丈九尺扩大为九丈，其他层的尺寸也随之扩大；对于坛面的砖数也做了规定，"坛面甃砖九重，上成中心圆面，外环九重，砖数一九累至九九"②，也就是每圈砖的数量使用阳数，都是九的倍数；之后又将圜丘坛面原有的砖改为艾叶青石，皇穹宇台面用青白石铺墁，大享殿外坛面则墁以金砖；大享殿也改成了现在我们熟悉的名字——祈年殿。新修了外墙南门作为祭祀天坛的入口，而祈年殿的祭祀则仍旧从北门进入；内墙中增建了钟鼓楼，对于明代的神乐观先改为神乐所，再改为神乐署。

方泽坛：雍正八年（1730），按照旧制重建斋宫。乾隆十四年（1749），"以皇祇室用绿瓦乖黄中制，谕北郊坛砖墙瓦改用黄"③。第二年，把原来坛面的黄琉璃"改筑方泽墁石，坛面制视圜丘"④；对于坛面石块的数量也如圜丘坛一样做了规定用阴数，"上成石循前用六六阴数，纵横各六，为三十六。其外四正四隅，均以八八积成，纵横各二十四。二成倍上成，八方八八之数，半径各八，为六八阴数，与地

---

① 《清史稿》卷八十二志五十七礼一，北京：中华书局，1976年，第2488页。
② 《清史稿》卷八十二志五十七礼一，北京：中华书局，1976年，第2488页。
③ 《清史稿》卷八十二志五十七礼一，北京：中华书局，1976年，第2489页。
④ 《清史稿》卷八十二志五十七礼一，北京：中华书局，1976年，第2489页。

耦义符"①。不久，又在东、西、南墙门外建筑了南、北瘗坎各二处。

社稷坛：乾隆二十一年（1756），将瘗坎迁到了坛外西北角。而对于之前按照旧制建造的社稷坛垣墙也进行了改建，"旧制墙垣用五色土，至是改四色琉璃砖瓦"②，把原来用土筑的垣墙改成了由琉璃砖瓦建造。

朝日坛：乾隆二十年（1755），依照天坛的制式修建坛工，"改内垣土墙甃以砖，其外垣增旧制三尺"③。

先农坛：乾隆时期将原来的斋宫改叫庆成宫，"更命斋宫曰庆成宫"④。

先蚕坛：明代嘉靖时在西苑建造先蚕坛，后来停用了。乾隆九年（1744），"建西苑东北隅，制视先农"⑤，东边为采桑台，前面为桑园台，中部为具服殿、茧馆，后面是织室；有配殿，四周环以宫墙，外墙周长一百六十丈。墙东有浴蚕河，河上有桥，桥东有蚕署、蚕室二十七等建筑。

乾隆时期对于坛庙的改造和整顿主要是对原有坛庙的维修、翻新与拓展，更换已经残破缺损的构件，重作油漆彩画，"或拓展其址，或新其门窗，或增其设施，或易其瓦色，不一而足"⑥。到乾隆时期，北京的坛庙规划有度，格局得以定型，建筑宏伟壮丽，气象不凡，是封建时代皇家坛庙最为辉煌的时期。

乾隆朝之后的清王朝基本延续此时的格局和规模，每有修缮和局部的重建，但随着国力的衰微，以及不断的天灾和清末的外祸，特别是英法联军和八国联军的侵入给北京坛庙造成了毁灭性的破坏。王朝统治者自顾不暇，对于坛庙更疏于管理和保护，导致逐渐破败和损毁。

① 《清史稿》卷八十二志五十七礼一，北京：中华书局，1976年，第2489页。
② 《清史稿》卷八十二志五十七礼一，北京：中华书局，1976年，第2490页。
③ 《清史稿》卷八十二志五十七礼一，北京：中华书局，1976年，第2490页。
④ 《清史稿》卷八十二志五十七礼一，北京：中华书局，1976年，第2491页。
⑤ 《清史稿》卷八十二志五十七礼一，北京：中华书局，1976年，第2491页。
⑥ 刘祚臣：《北京的坛庙文化》，北京：北京出版社，1999年，第30页。

第六节　民国坛庙

辛亥革命后，1912年，民国建立，中国历史上绵延千载的封建祭祀在革命的炮火中终止了，封建王朝的坛庙已经不能发挥其原有的功能。北京原有的封建王朝的坛庙被民国政府接管，交由内务部礼俗司（后为内政部）管理。

内务部接管坛庙后，为使其发挥应有的公众作用，为更广大的民众所享受，各大坛庙陆续开放为公园。

1913年1月，天坛、先农坛首先短暂开放。

1914年，社稷坛开放为中央公园，后改名为中山公园。

1917年，先农坛开辟为城南公园。

1918年1月，天坛正式开放。

1922年，中华教育改进社借用历代帝王庙办公。到1931年7月，坛庙登记记载帝王庙内有三个单位：中华教育改进社、河北省国术馆和北平幼稚师范学校筹备处。

1924年，逊清小朝廷被赶出紫禁城，原来为清皇室所有的太庙也被民国政府收回，并开放为和平公园。

1925年，地坛开放为京兆公园，原来的方泽坛成为了讲演台，皇祇室辟为了图书馆，还建立世界园、体育场等。

民国时期，大多数坛庙或向公众开放，或由文化机构使用，都改变了原来祭祀的用途而发挥了新的作用。这一时期，还成立了专门对坛庙进行管理的机构——坛庙管理所，开展对于民国接收清朝坛庙的清查、维护、使用和管理。

20世纪20年代末，北京坛庙虽然相继开辟为公园，但公园的开放和运营并没能很好地维持。由于社会的动荡，游园人数逐渐减少，公园经费紧张，对于原有坛庙的维护与维修也不能到位。一些坛庙建筑损毁严重，古树被伐，竟然出现坛墙、地亩被拍卖出让的事情。30年代中期，虽然政府对破败的坛庙进行了维修，但很快由于日本侵华战争的爆发而被迫中断了，坛庙也屡遭侵略者的破坏。战争结束后，北平市政府重新组建了管理坛庙事务所，恢复了对于坛庙公园的管理。

第三章

多元一统——北京坛庙文化

北京的坛庙在发展演变过程中，在种类、建制、礼仪等方面不断完善和丰富，逐渐形成了具有鲜明北京特色的坛庙文化。这一坛庙文化显示出了明显的帝都特色和皇家风范。对北京历史上曾经有的和留存至今的坛庙进行梳理，依类排比，详析特色，从种类的多样上、皇家与地方的并存上、礼仪规制的不同等级上以及对坛庙的严格管理上，让我们领略多元一统、兼容并包的北京坛庙文化。

第一节　北京坛庙的种类

北京作为五朝古都处处浸润着都城文化的特色，显露出帝王皇家的风范，坛庙也不例外。这里曾经的和现存的各类坛庙规格高、品类全、建筑精、仪式繁、延续久，成为现存其他古都在祭祀文化方面不能相比的一个重要内容。

研究或介绍北京的坛庙，分类是比较好且较为科学的方法。北京的坛庙按照不同的方式可以分为若干种类。坛庙种类的划分以祭祀对象最为直接也最为普遍。坛庙的建造是为了举行祭祀仪式，用以寄托情思，被祭祀的对象自然就是最为重要的内容了。这样以祭祀对象的不同，一般可以分为自然神灵坛庙、祖先庙和圣哲先贤庙。坛庙建筑的营建与管理归属于不同的机构，依据坛庙的性质和管理机构的不同又可以分为中央皇家坛庙、地方官府坛庙和民间平民祠庙。以往对于坛庙，特别是北京坛庙的研究都集中在了天坛、地坛、太庙等皇家坛庙以及民间祠庙的层面，而忽略了对于府、州、县等地方官府所设立和管理的坛庙的重视与研究，本书将在"北京坛庙的衍变"一节予以说明。坛庙中祭祀的对象个个不同，在历代帝王和朝廷看来，他们都有着各自的分别和等级的差异，因此依据被祭祀对象等级的不同而划分出了对于坛庙祭祀等级的高低，这样也就有了大祀坛庙、中祀坛庙和小祀坛庙，由于等级的不同因此也就有了礼仪规制的分别。

本书对于北京坛庙种类的说明以祭祀对象的不同而分为三种，分别介绍如下。其他分类方法所涉及的内容和特点将在相关章节中做进一步的说明。

一、自然神灵坛庙

进入文明时代以后，大型的坛庙建筑和使用逐渐被统治者所垄断，其所祭祀的对象，也逐渐集中在天、地、日、月、社稷、先农等几种最高的自然神和带有浓重的自然神色彩的高级神祇上。由人间最高的统治者（或其代表）来主祭自然界中最高的神祇，这就使坛庙建筑在古代祭祀中占据了最高的地位与规格，拥有了一种不同凡响的神圣与至上。正是由于这种特殊性，各种主要的坛庙建筑一般都设在都城之内。北京即拥有诸多祭祀自然神灵的坛庙，这便是以天坛、地坛、社稷坛为代表的一系列坛庙建筑。

祭祀风、云、雷、雨、五岳、五镇、四海、四渎等自然神灵的坛庙，往往与道教有着很密切的关系。如我们常见的火神庙、水神庙等，往往也是道教的庙宇。这一类祠庙有它们的特殊性，既具有泛道教的特性，同时又与以儒家学说为统治思想的统治者之间有密不可分的关系。北京城中的凝和庙（在东城区北池子大街，俗称云神庙，祭祀云神）、宣仁庙（在东城区北池子大街，俗称风神庙，祭祀风神）、昭显庙（在西城区北长街，俗称雷神庙，祭祀雷神）虽然是祭祀风、云、雷等自然神灵，但它们却都是皇家的神庙，是直接属于统治阶级的，实质上是为加强和巩固统治权服务的。

北京传统坛庙祭祀的自然神灵的对象主要有以下内容。

1. 天

古代对于天的称呼，据《周礼》上记载，共有三种：一是天或昊天，二是上帝，三是五帝，但三者的内涵又有所不同，礼制也各有不一。昊天是圜丘所祭祀的"天"，是自然的天体，而上帝、五帝是人格化的天神，意思是说天的威力大，如同人间的帝王一般。

2. 地

大地是自然万物的载体，五谷生长、万物繁衍，都依赖于大地，因而古代有"父天而母地"的说法，于是对地神的祭祀也极为隆重。地神，古代称作"地示（qí）"，又写作"地祇"，它包括的内容很多。方丘祭地是对与"上天"相对的"大地"的祭祀，祭五岳、五镇、四渎、四海是对某一处山川神的专门祭祀。社稷同样是地神的一种。社指某一片土地的神。稷指谷神，因为五谷生长于大地之上，所以也属于地神，常与"社"连为社稷，表示国家的政体，同时也就成为了国家的代称。

3．日

日，即太阳。黑夜过后，红日升起，光芒四射，光明与温暖充满大地，这对古人来说是不可思议的，也就会引起更多的注意。太阳在古代神话中是常见的题材。太阳能够运行周天，人们认为是有鸟背着在走，因此就有了"金乌"来代称太阳。古人对太阳的祭祀是十分重视的。

4．月

月，即月亮。它的圆缺变化明显，变化周期短，易于观察，成为人们确定时间的重要标志之一。月亮在古人的心目中占据了一定位置，这样就有了对月的崇拜，进而对其加以祭祀。

5．星辰

古人很早就认识到了星辰有指示方向的作用，不同的地区通过对星辰位置的观察，可以辨别方向，确定时间与季节。古人认为星辰主宰着国家的兴亡、人的命运，特别是汉代谶纬学说的盛行，把先秦时代观察星辰确定时间的作用加进了复杂的社会内容和迷信成分，逐渐在社会上流行开来，导致了人们对星辰的进一步神化与崇拜。

6．风云雷雨

对风云雷雨的祭祀是基于它们的破坏性，以及由此产生的畏惧心理。它们有声有色，与日月星辰对比明显，个个都像喜怒无常的恶神，使得人们不得不小心翼翼，对其祀奉有加。

7．农神

农神，也叫"田祖"，又称为"先啬"，汉以后称为"先农"，通常即指教民耕作的神农氏。农神与下面的蚕神和高禖神虽然所祭祀的对象都是传说中的先人，但都具有超人的自然神力，故而也归入自然神灵之列。

8．蚕神

相传西陵氏嫘祖是黄帝的妃子，她是养蚕缫丝的始祖，因而被尊为蚕神，受到历代妇女的祭祀。《后汉书·礼仪志》注引《汉旧仪》"今蚕神曰菀窳妇人，寓氏公主，凡二人"。菀窳，《晋书·礼志》上作"苑寙"。

9．高禖

高禖是祈求生子的祭祀。宋罗泌《路史·余论二》"皋（通高）禖古祀女娲"①，《风俗通》"女娲祷祠神祈而为女媒，因置昏姻"②，因此古代一般把女娲作为高禖之神加以祭拜。高禖是远古妇女祈求生育祭祀的延续与发展，然而对高禖的祭祀，是随着时代变化与民族的不同而有所差异的。据闻一多先生《高唐神女传说之分析》讲，夏代人祭祀的高禖神是涂山氏，即女娲，商代人祭祀的高禖神是简狄，周代人祭祀的高禖神是姜嫄。这样看来，古代各民族所祭祀的高禖都是该民族的女性始祖。

二、祖先庙

凡人即有祖先，而中国的传统历来重视对先人的祭祀，这便是祖先崇拜和对祖先的祭祀，祖先庙与祠自然应运而生。北京的祖先祠庙主要有两类：一类就是帝王的皇家宗庙，一类是官民的家庙与家祠。前者以太庙和历代帝王庙为代表，后者以醇亲王祠、平民家祠为代表。

---

① 四库全书《路史》卷三十九余论二。
② ［清］马骕撰，王利器整理：《绎史》卷三太古第三，北京：中华书局，2002年，第21页。

1. 帝王宗庙

宗庙是古代帝王、诸侯祭祀祖先的场所，被视为统治的象征，具有特殊的神圣性和极其崇高的地位。从考古发现和文献记载的情况看，至迟在夏王朝的后期便已经出现了专门的宗庙建筑；在殷商晚期，宗庙制度已初具轮廓，宗庙建筑的规模也相当可观；西周以后，随着宗法制度的进一步完善，宗庙不仅被用作祭祖和宗族行礼的场所，而且更成为政治上举行重要典礼和宣布重大决策的地方：朝礼、聘礼及对臣下的策命礼等，都必须在宗庙举行，所有的军政大事也必须到宗庙向祖先的亡灵请示报告。这样，宗庙在实际的政治生活中与朝廷并重，而且在礼制上的地位更在朝廷之上，成为国家和政权的最高象征。

在漫长的历史时期内，历朝历代的统治者修建了大量的宗庙建筑，但它们当中的绝大多数都已毁坏无存了，只有很少的一部分以残破的形态掩埋于地下。自20世纪20年代在安阳小屯发掘殷商晚期宗庙遗址以来，我国的考古工作者又先后在西安发现了王莽宗庙遗址，在偃师发现了夏王朝的宗庙遗址，在周原发现了西周的宗庙遗址，在凤翔发现了秦国的宗庙遗址，在杭州发现了南宋的太庙遗址。这些遗址的发现为探讨宗庙建筑的起源、各时期宗庙建筑的特点提供了重要的线索，同时也为我们探讨和研究现存北京的太庙提供了参考和对照。

帝王宗庙较为明晰的基本情况可以追溯到商代。商之前的夏代宗庙制度，由于材料太少，我们无从谈论。殷商时期，可能实行的是"五庙"制，即商王立考庙、王考庙、皇考庙、显考庙和太祖庙。太祖庙又称太庙，奉祀始祖，显考庙奉祀高祖父，皇考庙奉祀曾祖父，王考庙奉祀祖父，考庙又称祢（nǐ）庙，奉祀父亲的神主。周初沿用商制，但随着世系的延续，至西周中期时，对周朝有开国之功的文王和武王已逾四亲以上，如依旧制便不能再享庙祭。因此，周天子便为文、武二王专门增设了两个世室庙，形成了"天子七庙"的新

图1 "七庙"布局图

制（图1）。依文献所述，这种调整后的新制是序昭穆的：即从太祖计算世系，第二、四、六世为昭，第三、五、七世为穆，太祖居中；左边排列昭庙，右边排列穆庙，太祖庙百世不迁。七世以上远祖的神主则需移入太祖庙中专设的夹室中享受合祀，以便让后来死去的人进入宗庙奉祀。

战国中期以后，随着君主专制制度的确立，朝廷完全取代了宗庙的核心地位。宗庙只作为祭祀祖先和王族内部举行传统礼仪的处所，政治地位大大下降，但在礼制上仍具有神圣性与崇高性。

秦统一中国后，仿效周制而建七庙。西汉除沿用旧制外，又别出心裁，不仅在京师建庙，在陵旁立庙，而且还把祖庙建到了先帝曾经巡幸过的郡国，使宗庙数量大增，造成了惊人的浪费。东汉明帝时又改革了宗庙制度，不但废除了西汉的制度，而且还取消了"天子七庙"的古制，实行"同堂异室"的祭奉，即把许多祖先的神主集中在太庙内供奉。与此同时，汉明帝又建立了以朝拜和祭祀为主要内容的陵寝制度，使帝王祭祖的重心从都城内的宗庙转移到墓园附近的陵寝。这种做法，后代虽有改变，但在多数时间内被沿用不替。

前已述及，宗庙是古代宗法血缘政治的标志，是王权统治的精神支柱，所以，古代统治阶级都十分重视宗庙的营建。从考古发现可知，当商周时，宗庙已赫然位于都城的中心，是当时规格最高、规模最大的建筑，同时也是形制最复杂、布局最严整、装饰最奢华的建筑。其后，由于宫殿成为都城规划的中心，宗庙建筑的规格有所下降，但依然是宫廷区的重要组成部分。后代往往依从《周礼·考工记》中所述"左祖右社"的说法，把宗庙建于宫城的左前方，这是一种充分体现了尊祖敬宗观念的规划方法。把宗庙置于宫城之外，是表示后辈不敢亵渎祖先，而在宫城左前方建宗庙，是因为"天道尚左"（《逸周书·武顺篇》），宗庙所在，即是天道所在。这种做法，大约从东汉时期开始实行，一直延续到明清时期。明清太庙就是在历代宗庙的基础上逐渐完善和定型的。据文献记载，历代统治者所建的宗庙都极尽华美之能事，而北京的明清太庙则为此提供了最好的实证。

2．家庙家祠

与帝王宗庙相对的是上自贵族官僚，下至黎民百姓的祖庙，这些庙被称作家庙、家祠。北京的家庙、家祠与其他类型的坛庙相比较来说不是十分明显，就目前的遗存来看数量很少。这主要是由于北京的家祠规模一般都较小，远没有达到南方地区宗祠的宏大规模。普通人家都是各自家祭，而没有形成宗族、宗亲的规模祭祀。《燕京岁时记》中说道："春分前后，官中祠庙皆有大臣致祭，世家大族亦于是日致祭宗祠，秋分亦然。"[1]可见对于世家大族来说还是有实力建造自己的宗祠并按时致祭的。从建筑本身上来看，老百姓家的祠堂常常是依附于已有的宅院、楼堂而设立。"士大夫庙祀，率如朱子《家礼》，民间不敢立祠堂，礼多简朴"[2]，因而较少留存专门的祠堂建筑。

虽然北京目前留存的较为明确的家庙、家祠建筑较少，但历代以来，上自公侯官员，下至平民百姓，对于祖先的祭拜是没有中断的，因此也很有必要了解作为坛庙之一种类型的民间家祠、家庙的历史与祭祀的基本情况。

建庙祭祖的始源甚古，但在很长的历史时期里，臣民祭祖在建庙

---

① ［清］潘荣陛：《帝京岁时纪胜》、［清］富察敦崇著：《燕京岁时记》，北京：北京古籍出版社，1981年，第57页。

② 吴廷燮等纂：《北京市志稿·礼俗卷》，第7页，北京：北京燕山出版社，1997年。《中国地方志集成·北京府县志辑5》之《康熙宛平县志》卷之一，上海书店、巴蜀书店、江苏古籍出版社，2002年，第11页。

数量、庙制规格、祭祀世系等诸多方面都受到了很多限制。大致说来，当先秦之世，中低等贵族可设家庙祭祖，庶民百姓则无权建筑祖庙，只能在居室致祭。战国以后，社会逐渐发展起"墓祀"的做法，即在墓葬所在的地方祭祀先人，并成为一种风俗，所以从西汉中期开始，出现了当时称为"祠堂"的墓前建筑。魏晋至隋唐时期，臣民又以建造家庙奉祀祖先为主，一直到北宋时期延续不变，但臣民家庙仍有严格的等级限制，不得僭越，所以家庙的数量既少，规模又小，不成气候。

自南宋朱熹著《家礼》以后，臣民家庙改称祠堂，其建筑布置也有明确的规制。进入明朝以后，民间兴建祠堂的风气逐渐兴盛起来。嘉靖时允许民间可以"联宗立庙"，这样不仅导致了宗祠遍天下的局面，而且民间祭祖不得逾越高祖以下四代的限制也被突破。清代以后，民间建祠依然迅猛发展，在山东、安徽、广东、福建等许多地方都出现了一些规模宏大、建筑精美的大祠堂。

祠堂建筑的种类，依宗族组织可分为宗祠（总祠）、支祠和家祠。一宗合族而祀者称宗（总）祠，其规模一般都较大，所奉祀的对象都是始祖。有的大宗祠甚至是由数县范围内同族人士合资兴建，称之为统宗祠。分支分房各祀者为支祠，所祀为其支祖。各个家庭为其直系祖先所设供奉之所为家祠，又称家堂。

祠堂的建筑布置，一般分为三种形式：一是以朱熹《家礼》为蓝本的祠堂。即在正寝之东设置四龛以奉高、曾、祖、考四世神主，这种布局基本上是唐宋时期三品官家庙的形制。宋元及明初的大部分祠堂均属此类。二是由先祖故居演变而来的祠堂。它主要为祭祀分迁始祖及各门别祖的祠堂，其平面布局依各地民居模式的不同而不同。三是独立于居室之外的大型祠堂。其中轴线上的一般布置为大门（享堂）、寝堂。享堂是祭祀祖先神主，举行仪式及族众聚会之所。寝堂则为安放祖先神主之所。一些名宦世家或富商巨贾，往往还在祠堂前增建照壁、牌楼等物，画栋飞甍（méng），精美壮观。

祠堂是祭祖的圣地，祖先的象征，所以在朱熹的《家礼》中就明确规定："君子将营宫室，先立祠堂于正寝之东"①，在遇上灾害或外人侵盗时，要"先救祠堂，迁神主、遗书，次及祭品，然后及家财"②，把祠堂放在高于一切、关乎宗族命运的神圣地位。至于祭祖，那更是一件需要按时进行的庄重大事，来不得半点马虎和怠懈。

　　祭祖仪式在祠堂内进行，正厅设有神龛。所谓"龛"，是指附着在墙上的殿阁，神主牌位放在当中，前面用帷幕遮蔽，后来简化成一种特制的巨大长方形木桌摆放神位。始祖的神位居于中间，高祖、曾祖、祖、父四代神位按左昭右穆的次序分列两边，超过四世的先祖神位则迁至配龛中，而始祖是永远不动的，这就是民间所说的"五世则迁"与"百世不迁"。神位是有木座的长方形小木牌，或白底黑字，或红底黄字，上面一般写明第几世祖及其正妻的名讳、生卒年月、葬地等。神龛前设有香位，放置香炉，摆放供品。祭祖选在重要的岁时节令和祖先的忌日进行，春、秋两次大祭备受重视。祭祀之前，参加拜祭的家族成员要沐浴、斋戒，以示对祖先的尊敬。仪式由族长或宗子（嫡长子）主持，设有陪祭、读祝、纠仪、瑕辞、赞引、分引、执事等人员。祭祀过程严格而繁缛，但与皇室祭祖相比，只是小巫见大巫而已。祭祖的最后是"祖宗赐食"，或分胙食，或全族聚饮，特别以后者更多些，借此可以联络家族成员之间的情感，充分表现血缘亲情。

　　古代臣民祭祖的形式和规模与社会地位的高低有极大的关系。宗祠不是家家都能兴建的，它往往存在于士家大族阶层，祭祀权当然掌握在他们手中。对于参加祭祀的人员也有严格规定，只有本族成员才能参加祭祖仪式，而女子是禁止参加的。对那些行为不端或有劣迹的族人也是禁止他们祭拜祖先的，因为他们的恶行玷污了祖先，这在当时，无疑是最严厉的惩罚。子孙参加祭祖活动既是权利，又是义务。祭祖加深了人们对家族的依附，有了精神的寄托；祭祖使人感到了约

---

　　① ［宋］朱熹撰，朱杰人等主编：《朱子全书》第柒册《家礼》，上海：上海古籍出版社、合肥：安徽教育出版社，2002年，第875页。

　　② ［宋］朱熹撰，朱杰人等主编：《朱子全书》第柒册《家礼》，上海：上海古籍出版社、合肥：安徽教育出版社，2002年，第879页。

束与限制，同时更多的是自尊与自豪，至少可以在心理上获得某种满足感与荣誉感。

祠堂在中国古代封建等级社会中，是维护礼法的一种处所，它是一个家族的象征和中心，所谓"族必有祠"，明、清时期的农村地区更为普遍。每逢祭祖之前，族长会向族人进行"读谱"，即讲述家族历史，宣读族规，宣讲劝诫训勉之词和先贤语录，让族人加强传统宗法思想和家族观念，使祠堂成为学习传统礼法的课堂。族中遇到大事都会由族长召集族人聚于祠堂，讨论族中事务。若族人违反家法族规，祠堂名正言顺地又成为家族法庭，对违反者进行审判，实施惩罚。祠堂用血缘的纽带把同族牢固地联结在一起，形成一个严密的家族组织，俨然就是封建中国的缩影。

家庙（祠）是民间祭祖的地方，中国从南到北都有它的存在，北京作为首善之区也不例外，但北京的家庙（祠）自有它的特点。家庙（祠）在北京的祠庙文化中不占有突出的位置，现存的遗迹也很少，即使存在也不为人所知了。在北京真正意义上的家庙（祠）并不是很多，称作某某祠堂，某某家庙、家祠的很少。像南翔凤胡同的杨氏家庙、兵马司胡同的彭氏家庙、旧鼓楼大街前马厂的赵氏家庙、大拐棒胡同的钟氏家祠是屈指可数的几处。而更多的家庙（祠）是借其他神灵的庙宇用作祭祖的场所，它们往往是借庙祭祖、依神托灵共同庇佑，实际上有家庙（祠）的功能。像白塔寺夹道的金光氏家祠就是以千佛殿作为家祠，内供释迦佛和祖宗牌位。而更多的不称某某家庙（祠），代之以某某庙、寺，这类庙既有道家的，也有佛家的。如以二郎庙、真武庙、关帝庙、土地庙、报恩寺、大悲院等作为家祠，在这些庙内，既供二郎神、真武大帝、关帝、土地、佛祖，也供祖宗牌位。从总体上看，家庙（祠）在北京祠庙文化中的影响是不大的，地位并不显赫，但又有不同于其他地方的自身特点。

三、圣哲先贤庙

圣哲先贤是古代具有美好德行、能够垂范后世、受到历代人们赞颂的先人，为他们建的祠庙主要包括圣德贤王祠庙、各类名人祠庙。名人祠庙又可以分为忠臣祠庙和文人祠庙两类，这两类还可细分为贤相良将庙、清官廉吏庙、文学艺术家庙、学者庙、义士庙、贞烈庙等。这一类祠庙是为发扬历史上名人的可贵精神及杰出贡献而建立的，它具有广泛的纪念性、教化性、地方性、民间性与游览性。

1. 圣德贤王庙

圣德贤王是指我国古史传说时代的一些部族领袖人物，由于在远古时期他们在当时人们的生活、生产、战争中发挥了重要的作用，乃至具有决定性的意义，因而受到民众的爱戴和敬仰。

北京地区也流传着很多关于古代圣德贤王的传说故事，不同时期建有祭拜的祠庙。元代城内有舜帝庙，平谷有轩辕庙。东直门内的药王庙里供奉神农、伏羲。虽然目前较为重要的这一类祠庙已经留存无几，但也曾是北京坛庙文化中一个重要的种类，不能不说。

大约从公元前3500年开始，我国的远古文化进入到了考古学家所说的"铜石并用时代"。在这一时期，我国的先民们已经掌握了红铜的冶炼技术并制造了一些简单的小型铜器，石器的制作技术也日臻完善，农业、畜牧业生产及手工业制作的水平进一步提高，人们的物质生活内容日益丰富起来。与此同时，父权制家庭逐渐成为社会基本生产单位，同一地区、同一人群内部在财产、贫富方面的分化日趋明显，而不同地区之间在经济、文化类型方面的差异也更加扩大。到了这一时期的后半段，即公元前2600年左右，从前分散的部落逐渐结合成部落联盟，一批军事首领占有了更多的财富和更大的权力，以掠夺财富为目的的战争愈演愈烈，最终导致了原始社会的解体。大约在公元前2100年，中国历史上第一个奴隶制王朝——夏便宣告诞生。

上述夏代以前的历史，现代史学家一般称之为中国古史的传说时代。在我国古籍中保存了一批与此段历史有关的神话故事和历史传说，人们常说的"三皇五帝"是这些故事和传说中的主角。

由"三皇五帝"构成的中国最早的古史系统，经历了一个由较简单到较复杂，由缺乏系统到比较有系统，由神性很浓到人性突出的逐渐演化过程。就现有的材料看，这个过程大约从西周时期即已开始，直到东汉时期才基本结束。在这个过程中，抱有不同政治目的的人们在不同的历史时期对早期的神话传说进行了大量增删改易。历史学家顾颉刚先生认为，"时代愈后，传说的古史期愈长""时代愈后，传说中的中心人物愈放愈大"①，从而构造出了一个十分繁复混乱的古史体系。

"三皇五帝"的说法最早出现于战国中期，但并未实定其人名。大约在战国中晚期形成了数种不同的"五帝"说，秦汉以后又有新的"五帝"说问世。战国末年始有"三皇"一词，至汉代才形成了五种置于"五帝"之前的"三皇"说。在众多歧说当中，成于西汉末年的《世经》一书依从五德相生的顺序编排了一个上古帝王系统：太昊炮牺（伏羲）氏—共工—炎帝神农氏—黄帝轩辕氏—少昊金天氏—颛顼高阳氏—帝喾高辛氏—帝挚—帝尧陶唐氏—帝舜有虞氏—伯禹夏后氏—商汤—周文王—周武王—秦伯—汉高祖刘邦。其后，伪《尚书序》以此为据，将伏羲、神农、黄帝指为三皇，将少昊、颛顼、帝喾、尧、舜指为五帝。魏晋以后的史籍皆承袭此说，这一"三皇五帝"的世系被长期奉为古代的信史，而其他"三皇五帝"人物也并未退出上古历史的舞台。对于"三皇五帝"，我们的古人投入了很高的热情，不仅把许多与人类社会关系重大的发明创造都归功于他们，而且还把他们所代表的社会阶级视为中国古史上的黄金时代；不仅对他们歌功颂德，而且还对他们顶礼膜拜。这种情况的出现，实在是有其较为复杂的原因的。我们知道，对于人类自身由来及其早期历史发展的好奇心，是我们人类精神文化产生和发展的基本动力之一，而我国古代关于"三皇五帝"的讨论，正是这种关注自身由来的好奇心的产物。此外，还要看到，美化、神化、圣化上古时代的帝王，其实着眼

---

① 顾颉刚：《顾颉刚全集》（顾颉刚古史论文集·卷一），北京：中华书局，2010年，第181页。

点往往是现实的社会与现实的生活。对"三皇五帝"的尊崇，实际上寄寓着一种美好的政治理想。所以，我们不能把古人对于"三皇五帝"的崇拜简单地理解为对某些个人的崇拜，而应把它理解为对历史的尊重，对英雄的崇拜，对美好生活的向往。现存于世的这些圣德贤王庙，诸如神农祠、黄帝庙、尧庙、舜庙等，就是对于"三皇五帝"的认同和纪念，这种认同对中华民族的形成与发展，起到了巨大的积极作用，这种作用一直延续到今天。

当代史学家都不再把"三皇五帝"视为确曾存在过的历史人物，但他们并不否认"三皇五帝"在历史阶段和文化进程上的象征意义。一般来说，"三皇"所指诸人应是中国史前各个不同文化阶段的象征，而"五帝"所指诸人则可能是原始社会末期军事民主制下的部落联盟首领的化身。所以，尽管"三皇五帝"并非是真实的历史，但毕竟还不乏历史的真实，把他们作为华夏人文初祖来加以纪念，是历史的传统，也是现实的需要。

2．名人祠庙

北京地区现存坛庙最多的一类就是名人祠庙，这类祠庙所奉祀的都是从生活中来的人，最能引起普通民众的同情与共鸣。这一类祠庙的建造情况也较为复杂。首先，从建造的地点看，有四种情况。一是祠庙所在地原来就是其人居住的地方，在本人死后才改宅为祠的，如西裱褙胡同的于谦祠和祖家街的祖大寿祠就是这种情况；二是祠庙所在地为其人殉难之所，人死后建祠加以纪念，如府学胡同内的文天祥祠和法源寺后街的谢叠山祠就是这样；三是此人曾在这一地区任职做官，对当地有所贡献，因而建祠纪念，如顺义北小营乡的张堪庙，就是因张堪曾任渔阳太守，并对当地的社会生产做出了重要贡献；四是专门辟地建祠，祠庙所在地与祠主并非有什么直接关系，仅是出于崇仰纪念的缘故而选择一个合适的地点建祠造庙，如地安门西大街的贤良祠、古北口的杨令公祠以及大量的文庙和关帝庙都属于这种情况。其次，从建造的方式看，也有三种情况。一是朝廷敕命修建的祠庙。

这一类祠庙的祠主往往与朝廷有较为密切的关系，或有功于皇室，或有功于社稷，都在不同程度上做出了在统治者看来是重要的"贡献"，因而朝廷下令为其修祠造庙，有的甚至还被列入国家祀典，备显荣耀。如西总布胡同的李鸿章祠是朝廷特准在北京建立的汉族官员的专祠，宽街的僧格林沁祠是光绪年间皇室下令建造的。二是民间人士出于敬仰之情而自发地建造的祠庙。这一类祠庙的祠主往往在普通民众中有很高的声誉，如古北口的杨令公祠和顺义的张堪庙即是如此。三是由家族自建。这一类祠庙主要是因家族资金雄厚，为光宗耀祖而建，如朝阳区豆各庄的张义祠堂就是因张义生前主持为慈禧修建陵墓而致富，这样才修了祠堂。

北京的名人祠庙主要包括了忠臣祠庙、文人祠庙两大类，成为北京祠庙文化的主流。同时北京还有大量的会馆名贤祠庙和行业祖师祠庙存在，这两类祠庙往往被淹没在会馆和行业神的祭祀中而不突出，但它们也是北京祠庙文化中特色鲜明的两类，也可以归入名人祠庙之中。

（1）忠臣祠庙

对于今天的人们来说，"忠臣"似乎是个并不陌生的字眼，比干、周公、苏武、关羽、岳飞、文天祥、史可法等人的姓名及事迹，经常被我们当作忠臣的典范而如数家珍般地提起。然而，若要较为清晰、准确地解答关于忠臣的问题，却是一件不大容易的事情。

忠臣义士代代有，英名节烈世世传。有多少忠臣义士在中华大地上谱写着壮丽的篇章，为后人传颂。作为文物，许多忠臣祠庙很好地保存至今，成为人们祭拜、缅怀的场所。这些受到奉祀的忠臣义士，或与某些重要历史事件相关，或是与某一地点相联系。在这些忠臣祠庙中，表现出的是一种强烈的爱国主义精神。虽然作为臣子常常是属于某一个政权、民族或君主的，但同时他也是这一统治阶级群体中的一员，他们的所作所为其实也都是在维护着本阶级的利益。忠君与爱国在中国长期的王朝统治中是被看作一体的，历史上许许多多的忠臣在当朝统治者看来一定都是爱国主义者。进一步看，许多忠臣都有着齐家治国平天下的远大政治理想和抱负，以及忧国忧民、先忧后乐的崇高个人品质。同时，很多人又来自于民间或者长期在民间为官，了解百姓疾苦，因此，他们往往能够从朝廷之外的角度看问题，在一定程度上反映广大劳动人民的某些要求，甚至在有些时候还能够为了百姓的福祉挺身而出。这样，历史上被称作忠臣的这些人都能够得到老百姓的认可和赞扬，愿意为他们建祠立庙，供奉祭拜。他们虽然属于统治阶级，但却表现出一种巨大的人格力量，人们在瞻拜他们的祠庙时，常常会感受到这种人格力量的震撼！

"忠臣"一词见诸史籍，最早是在我国的春秋后期，是伴随着君主专制主义理论不断系统化而出现的概念。至西汉后期，刘向在《说苑》一书中，详细解释了忠臣的含义："卑身贱体，夙兴夜寐，进贤不解（懈），数称于往古之行事，以厉主意，庶几有益，以安国家社稷宗庙，如此者忠臣也。"①这里所说的忠臣，是专指那类主要通过向君主荐贤举能和提供历史咨询来效力于君主、国家的官僚。他们是刘向所划分的六种正派大臣当中的一种，是与"圣臣""良臣""智臣""贞臣""直臣"等相提并论的。刘向的说法，虽然出自他对现实政治生活的观察和总结，但毕竟还是属于某种政治学说的理论范畴，与现实政治中的"忠臣"概念，有着不小的区别。而且，在现实政治中围绕着忠臣所产生的许多复杂的情况，也不是刘向的"忠臣"概念所能反映和包容得了的。

历史上所谓"忠臣"产生的土壤，是中国古代长期的王朝统治。为了维护自己的统治，各个历史时期王朝统治者们建立了庞大而坚强的国家机器，各种行政机构和组织中的各级文官武将，即是国家机器当中的主体部分，他们都有其鲜明的阶级性和时代性。因此，历史上的所谓忠臣，首先和主要的表现为对其所属的阶级的忠诚，他们的活动，虽然在客观上有益于民族或民众，但就其本质或主观动机来讲，

---

① ［汉］刘向撰，向宗鲁校正：《说苑校正》卷第二，北京：中华书局，1987年，第34—35页。

也仅仅是为着维护本阶级的根本或长远的利益；其次还要看到，"忠臣"的前提，是君主专制体制下的姓氏正统论以及由此扩大而来的民族正统论。历朝历代的所谓忠臣，都有其相对性，他们或是刘汉、李唐、赵宋、朱明等政权的忠臣，或是汉、女真、蒙古、满等民族的忠臣，甚至还可以仅仅是某一位君主的忠臣。这样的大背景是不可忽略的，这也是我们讨论、分析、判断忠臣这一命题时的前提。忠臣是具有时代的局限性的！

在君主专制主义制度下建立起来的君臣关系，尽管不时被人披上层层美丽的外衣，但实际上却是一种典型的主奴关系。对臣下握有生杀予夺大权的君主，要求臣下不仅对自己所代表的政权，而且还要对其本人时刻保持在思想、感情、言论、行动上的绝对忠诚。为了确保这种忠诚，我国古代的统治者采取了许多措施。

首先是高官厚禄的刺激。通过大量政治利益和经济利益的赏赐，使臣下对自己感恩戴德并与自己建立起"一荣俱荣、一损俱损"的连体关系。其次是法律手段的制约。在中国古代的法律体系中，犯上作乱、为臣不忠是十恶不赦的大罪，不仅犯罪者要受到最为严厉的惩处，而且还要株连其九族。在此之外，统治者还往往采用秘密的特务手段，对臣民进行监督。再次是思想上的教育和控制。至迟从西周君主被尊称为"天子"之时，君主受命于天和君主圣明无匹的观念就成为历朝历代统治者的护身法宝。与此相应，孔门儒学所提倡的"臣事君以忠"[①]的观念也成为中国古代社会的政治传统之一。特别是自秦汉以后，随着皇帝制度的确立和中央集权的不断加强，以尊君抑臣为基本内容的君臣纲纪更成为封建时代最大的道德规范。忠君与敬天、孝亲并列，被视为人伦的根本，从而在思想意识的深层造成了对君主的敬畏和服从，使许许多多的臣子把精忠事君当成了自己人生的最高理想。

---

① ［宋］朱熹：《四书章句集注》（新编诸子集成 第一辑），北京：中华书局，1983年，第66页。

除此之外，我国古代的许多统治者还普遍注意通过对忠奸的褒贬来对社会公众进行忠君的宣传和教育。清朝的乾隆皇帝在这方面的作为，很具有代表性。他令人先后编写了《胜朝殉节诸臣录》、《逆臣传》和《贰臣传》，把明末诸臣分为"尽节"、"降附"和"降后复叛"三大类。他对史可法等拼死抗清，为明朝殉难的诸臣给予高度赞扬，将他们写入《胜朝殉节诸臣录》，将洪承畴、尚可喜等降清并为清朝建功立业之人视为"大节有亏之人"，写入了《贰臣传》以示贬抑。至于吴三桂、耿精忠诸人，因其先降后叛而被收入《逆臣传》加以鞭挞。通过对明末诸臣的褒贬，表达了他对臣下"励名教而植纲常"的希望。类似于这样宣传历史上著名的忠臣事迹的事例还有不少，今天保存在全国各地的，修筑于不同时代的忠臣祠庙，即是很好的物证。从某种意义上我们可以说，那一座座由官方出资或许可修造的忠臣祠庙，不仅仅是统治者自诩政治清明的表现，而且也是他们试图对民众进行忠君卫上教育，宣传封建主义伦理道德的讲堂，具有十分突出的政治性。关于这一点，我们可以从对郑成功的祭祀活动中寻得很好的说明。

郑成功是著名的民族英雄，他赶走了荷兰殖民者，使宝岛台湾回到了祖国的怀抱，为维护祖国的统一做出了巨大的贡献，理应受到人们的纪念。然而，由于郑成功在明末清初时期曾经武装反抗满族的统治，所以，清初统治者将郑成功视为忤逆，在占领台湾之后便下令捣毁了岛上各地的郑成功祠庙，不许百姓祭祀。但郑成功的功劳和影响都很大，民间对他的秘密祭祀始终没有断绝，而满族统治者在自认江山已经坐稳之后，也对民间的祭祀活动采取了默许的态度。至乾隆年间，台南的郑成功庙奉旨扩建，意味着官方对祭祀郑成功的解禁。道光、同治时期，清廷承受了西方列强日益增大的侵略与威胁，在这种情况下，曾经战胜过西方殖民者的郑成功的地位便大大上升，对他的祭祀被正式列入国家祀典。光绪元年（1875），郑成功被追封为延平郡王而享受官方的祭祀。这些变化，完全是随着政治形势的变化而完成的。

作为文物，许多历史时期的忠臣祠庙在今天得到了很好的保护并成为人们观光、游览的场所。那么，这些忠臣祠庙在现今人们的精神生活和文化生活中的作用何在？

首先应当看到，在这些忠臣祠庙中，洋溢着一种强烈的爱国主义精神。如前所述，历史上的所谓忠臣，往往是相对于某一个政权、民族或君主而言的，作为统治阶级当中的一员，这些忠臣的活动都是为了维护本阶级的利益。但是，在我国古代"国君一体"的情况下，忠君与爱国往往是合二为一的，历史上著名的忠臣，无一例外的都是爱国主义者。他们当中的许多人，在抵御外侮、保家卫国方面做出了惊天地、泣鬼神的壮举，无愧于民族英雄的称号。他们誓死捍卫国家利益和民族尊严的精神，永远值得我们效法和学习。

其次应当看到，历史上的许多忠臣都是政治理想远大、个人品质相对高尚的。因此，他们常常可以突破阶级和时代的局限，在客观上或多或少地反映广大劳动人民的要求，甚至在有些时候还维护了广大劳动人民的利益，所以他们当中的许多人都赢得了百姓的称赞和崇敬。他们虽然服务于统治阶级的政权，但却不失为官清廉、为政勤恪、为人正直的作风和品格，表现出了一种巨大的人格力量。在他们的祠庙中，人们不难体察到这种人格力量并由此受到一次心灵上的洗礼。

对于历史上的清官、忠臣应如何看待和评价，曾在我国学术界引起过热烈的争论，有人对清官充分肯定，有人则对此不以为然。客观而论，历史上对清官的崇拜，寄寓了百姓的许多希冀，但同时也是他们无力保护和解救自己的映照。因为清官毕竟还是官，他们与平民并非同一阶层，而且清官的数量又是如此之少，不是所有的地方都有清官为百姓来解决问题。今天我们纪念历史上著名的清官如包拯等人，其出发点是为了弘扬爱国、勤政、清廉等符合当今时代的精神。

（2）文人祠庙

与忠臣相伴而行的文人群体中的杰出者，保持着强烈的忧患意识，是社会的良心和时代的脊梁，"先天下之忧而忧，后天下之乐而乐"成为这一群体的鲜明写照。文人，又可称为士人、文士，他们的主体，近似于现今人们所说的知识分子。

文人是一个宽泛的群体，既包括了古代的士人，也涵盖了古代的知识分子群体。"知识分子之所以受到尊重，基本上是由于他们代表了'道'"，"中国古代知识分子所恃的'道'是人间的性格，他们所面临的问题是政治社会秩序的重建"①。这些文人、知识分子实际上还是"臣"，但都是有气节之臣，"对'气节'之臣的崇尚，可以说在中国儒家传统文化中也是渊源有自，孔子作《春秋》，孟子论'浩然正气'，屈原作《离骚》，文天祥作《正气歌》，乃至明代方孝孺的舍生取义，显然都是一脉相承的中华民族精神"②。

中国古代社会中的士人，其起源与西周时期实行的宗法分封制有关。当时，周天子、诸侯、卿大夫都需要依照宗法原则，将嫡长子以外的其他诸子或同宗兄弟分封出去以另立小宗支庶，形成了天子—诸侯—卿大夫—士四级宗法贵族系列。作为最末一等的贵族，士的社会职业，首先和主要的是充任武士，从军打仗；其次是在天子、诸侯的宫廷或基层行政机构中担任低级的职事官；此外还可以去当卿大夫的邑宰或家臣，为他们管理采邑并统理庶民。自春秋中期始，随着社会变革的加剧，士这一阶层日益失去其原有的稳定性，上层贵族由于种种原因而不断下降为士，同时又有大批庶民上升为士。于是，士阶层急剧扩大，但作为一个社会等级却逐步解体。同时，士的社会角色也由以武为主转变为以文为主。到了战国初年，一个游离于各种固定的封建关系之外的新的知识阶层——"士民"已勃然兴起，宣告了中国古代独立的知识分子的诞生。

由于遭遇了列国纷争这样特殊的历史机遇，新生的士人获得了空前绝后的人格独立。尽管这种独立人格具有相对性，但因为他们拥有知识和智能，同时却没有固定的人身依附关系，所以他们可以在社会

---

① 余英时：《士与中国文化》，上海：上海人民出版社，1987年，第119页。
② 陈宝良：《明代士大夫的精神世界》，北京：北京师范大学出版社，2017年，第335页。

上自由流动，可以自由择业，可以独立思考和自由言论。而各国的君主出于富国强兵的考虑，竞相采取厚招游士、笼络人才、优礼士人的措施，使这一时期的士人拥有了较高的社会地位和充分施展其才华、抱负的大舞台。他们或为王者师友，朝秦暮楚，纵横捭阖，"入楚楚重，出齐齐轻，为赵赵完，畔（叛）魏魏伤"[①]（《论衡·效力》），在当时的政治、军事、外交斗争中唱起了主角。或建立门派，著书立说，在思想、文化领域大放异彩；或者冷眼观潮，逍遥于世，甘以隐士的身份去追求自我价值的实现。当然，谋利之辈也不在少数。

战国时期士人的独立人格和主体意识，是为日益发展的专制君权所不容的。所以，当秦始皇建立起统一的、专制主义中央集权的封建国家之后，士人与专制政治的剧烈冲突就势所难免。"焚书坑儒"悲剧的发生，宣告了士人社会地位转变的开始，表明了封建专制统治者要将士人重新纳入到封建政权制定的规范之中的决心。经过汉初几十年的无为而治，从汉武帝时期开始，西汉政权又用独尊儒术和控制言论制约士人的思想意识，用建立学校和打击养士的方式来控制士人的培养和政治出路，终于把士人的主体部分赶进了为他们特制的牢笼之中，使之成为依附于专制皇权的政治力量，成为对专制皇权俯首帖耳的御用工具，完全失去了先前曾经有过的独立人格和地位。

士人的此种巨变，就其根本原因来说，是由于他们没有独立的经济基础和自己的经济实力。他们是以知识和智能作为立身之本的，而且也只能以知识和智能服务于社会并换取社会对其存在和价值的承认。他们的这种社会属性，决定了其对社会的必然依附性，当社会环境发生变化后，他们只能屈从这种变化随之而变。前述战国时期士人的自由与自豪，主要是缘于分裂和战争的社会背景，而大一统封建帝国的建立，则使天下士人尽在专制政权的控制之下，取之不竭，用之不尽，"抗之则在青云之上，抑之则在深泉之下；用之则为虎，不用

---

① 黄晖：《论衡校释》（新编诸子集成 第一辑），北京：中华书局，1990年，第586页。

则为鼠"①，其重要性和社会地位自不可与战国时期同日而语。再加上士人以入仕为基本出路的特性，所以就必然出现士人把专制皇权当作自己的政治靠山，由"游士"变为"士大夫"的局面。

还是在中国古代知识分子刚刚出现在历史舞台上的时候，作为中国知识分子第一人的孔子便已努力给它贯注一种理想主义的精神，提出了"士志于道"的命题，要求它的每一个分子都能以追求真理为己任，希望他们怀有远大的志向和抱负，不去苦苦追求自己个体和群体的利益，而是对整个社会抱有深切的关怀。检诸史籍，我们可以发现，先秦诸学派虽然思想体系有异，又有重道义、重功业和重自我等分别，但在理想主义精神方面，却表现出了惊人的一致。

在大批士人蜕变为灵魂扭曲的奴才的同时，又总有一些杰出的知识分子顽强地保持着以先秦儒家为代表的那种视道义为己任的忧患意识，保持着作为社会良心和历史脊梁的可贵品格。这样的杰出人士，多数也入仕为官，效力于某一政权，但却没有在思想上完全成为封建统治者的依附者。相反，他们都具有经邦济世的主人翁意识。有独立意识的文人不得不依附于朝廷，良知促使他们对现实政治进行批评和干预，但有碍于依附者的身份不能畅所欲言，自由行事，内心世界充满了痛苦与彷徨。然而，他们往往不能改变自己作为朝廷命官的依附者的身份，所以便每每把自己抛进了独立意识和依附者身份这二律背反的矛盾旋涡之中，不仅使自己的内心世界充满了痛苦与彷徨，而且也导致了他们个人的悲剧命运。他们的思想和言行，虽然没有也不可能脱离其所在的社会历史条件和阶级属性，但却经常与统治思想相抵牾，与统治者的个人意志相冲突，所以他们势不可免地成为统治者或当权派压抑、排挤甚至打击、迫害的对象，他们的一生也就势不可免地历经坎坷、备受磨难。从西汉的司马迁、唐代的柳宗元，到北宋的苏东坡、清代的林则徐，我们可以毫不费力地找到许许多多这样的悲剧性的人物。

---

① 《汉书》卷六十五东方朔传，北京：中华书局，1964年，第2865页。

从某种意义上说，正是这种悲剧性帮助这些文人实现了自己的价值，完善了自己的人格；也正是这种悲剧性帮助这些文人确定了自己在历史上的地位，尤其是在黎民百姓心中的地位。今天我们所能见到的一些文人祠庙，大多是各个历史时期由民众或私家兴建的建筑，有的也得到了地方官员的资助。这些文人祠庙，一般都没有官方祭祀活动和官定祭日，对他们的纪念，主要是民间自发的行为。

文人祠庙的建立正是反映了普通民众对杰出文人的同情与景仰。这些祠庙规模一般都不很大，建筑也谈不上华美妍丽，但都是一个有着丰富内涵的世界。这类祠庙大多数是在祠主原有居住的建筑基础上改建而成的，或是建在与祠主暂居、读书或相关活动有关的建筑中，看上去和普通民居没有什么不同。但当我们进入其中，透过平淡无奇的建筑外表去领略他们华美壮阔的内心世界时，一定会被祠主的精神所震撼和折服。拜谒文人祠庙，往往会使我们获得一个比较全面、细致地了解某一文化巨人的宝贵机会。因现存的文人祠庙通常都可以被视作一个专题博物馆，这里集中了与祠主有关的文物、文献及大量的研究成果。在这些祠庙里，还保存了许多凭吊和颂扬祠主的诗文，人们吟咏之余，常常会被诗文的真情实意所感动。拜谒文人祠庙，经常会给人以沉重感，但这种沉重往往是由于责任心和使命感的被唤醒而产生，所以，它是弥足珍贵的。

（3）会馆名贤祠庙

会馆是北京历史上特有的一类人文建筑，存世量大，在全国各地与北京的联系和交往中发挥了重要的纽带作用。"北京的会馆不仅年代久远、数量众多，而且有其独特的丰富内涵，是外地会馆所不能比拟的。"[1]在为本地来京人士提供住宿、生活、交往便利的同时，各地在京会馆也不忘一个"礼"字，很多会馆都定期祭祀本地乡贤名宦，并设立专门的场所，逐渐在各会馆中形成了各具规模的名贤祠庙，进一步加强了在京同邑人士感情的联络和乡谊的敦叙。

---

① 北京市档案馆编：《北京会馆档案史料》，北京：北京出版社，1997年，前言第1页。

会馆名贤祠庙的设立主要是通过敬奉乡贤来敦睦乡谊、加强同邑团结，其不同于以上所说的名人祠庙，这类祠庙往往是附属于会馆整体建筑中的局部空间，居于会馆建筑中的一部分，虽然相对独立，但就建筑本身来说与会馆其他建筑差异不大。如浙江越祠"分东西两院，东院为崇奉先贤之所，遵照旧章禁止住宿"①。祠庙中所奉祀的都是本地的乡贤名宿，定期祭拜，仪式则繁简不一，往往都会上香、供献、行礼。对于会馆祠庙如何祭祀，很多会馆都制定了相应的规则或规章，让乡人遵守并按时祭祀②。

（4）行业祖师祠庙

北京在城市发展过程中，人们的生活需要各种服务，便有了民间俗称的"三百六十行"。这各行各业中都有自己供奉的祖师爷，他们成为了这一行业的护佑神，受到行业的供奉与祭拜，形成了行业祖师崇拜，出现了各式各样的行业祖师祠庙。如我们熟悉的关羽、鲁班、唐明皇都被当作了不同行业的祖师爷。

对行业祖师的崇奉是将其当作了本行业的守护神，行业祖师逐渐成为了主宰和护佑本行业的神。北京的行业祖师祭祀较为兴盛，主要是在各类工商会馆中对于本行祖师的供奉与祭祀。行业祖师祠庙都是由各工商行会从业人员自愿筹资建造的，主要有两种类型，"一类为传统宗教寺庙。其主殿或配殿为祭祀行业神灵的殿堂，有些附设行业管理办公机构。另一类为工商会馆。其基本格局为'前庙后馆'，即前半部分为祭祀行业神灵的庙宇，后半部分为会馆行业管理的办公机构"③。这两类中，又以工商会馆中立庙祭拜为主。当然也有少数行业祖师祠庙是单独设立的，并不与日常办公混同。

虽然说是祭拜本行业的祖师神，但祖师祠庙供奉的对象并不仅仅是祖师一位，而常常伴随着更多的神灵。"京城工商行会祭祀的祖师

---

① 北京市档案馆编：《北京会馆档案史料》，北京：北京出版社，1997年，第215页。

② 北京市档案馆编：《北京会馆档案史料》，北京：北京出版社，1997年，第218页。

③ 习五一：《近代北京的行业神崇拜》，《北京联合大学学报》（人文社会科学版）2005年3月第3卷第一期，第74页。

神灵，普遍缺乏独尊的神圣地位，充分体现出中国民众多神的宗教文化意识"①，如皮箱行奉鲁班为祖师，"我皮箱行工艺，乃我始祖公输先师创造……起庙号曰东极宫，作为皮箱行祖师庙……大殿内塑鲁班先师、关圣帝君、增福财神三圣神像"。各行业所尊奉的祖师名目不一，有的确有其人，有的则将民间传说中的某位神仙拉来做祖师，常常会看到关公、火神、财神等出现在不同的行业供奉中。

北京的行业祖师祠庙是伴随着对于行业神的崇拜而发展的，由于其所供奉的行业祖师神较为庞杂，往往与各类民间俗神相混同，很多也是道教所供奉的神灵，体现出了更多道教文化的影响。

四、儒家祠庙

儒家祠庙是以供奉和祭祀儒家核心人物为主的一类祠庙，既具有圣德贤王庙的某些因素（孔子与关羽都曾被封王封帝），同时也具有名人祠庙（孔子与关羽既是文人更是忠臣）的特色，但与它们又有着很大不同，特别是以孔子为祭祀对象的文庙和以关羽为祭祀对象的武庙表现出了自身鲜明的特色，因此把这一类祠庙单独来说明。

1. 儒学与古代统治

孔子被尊为儒家的创始人，是儒学的创立者。儒学从一开始就积极参与现实，这与孔子本人不无关系。孔子可以说是一生怀才不遇，但他积极参与现实政治，并且热情很高。他一向提倡"学而优则仕"，鼓励士人等知识分子们积极投入到政治中，关心社会，干预现实，他的这种参与是要通过政治来实现自己的理想，达到治国平天下的至大目标。同时，孔子还借助于学术谈政治，这一传统为后来的儒家知识分子们仿效与承袭，成为古代知识分子表达个人政治热情的一种主要方式，因而儒学在发展过程中，不可避免地与现实政治发生了某种关

---

① 习五一：《近代北京的行业神崇拜》，《北京联合大学学报》（人文社会科学版）2005年3月第3卷第一期，第76页。

联，而这种关联常常表现出两种状态，"或是现实政治的学术证立，或是现实政治的学术解读与诠释"。

汉武帝时儒学由先秦时期在野的诸子学说之一一跃而成为统治阶级唯一的意识形态之后，儒学就一直影响着中国人的方方面面。人们在思维方式与行为方式上都留下了儒家思想影响的深刻烙印，它已经成为了民族文化的一种印记，一种文化符号。儒家学派适合了整个封建时代各个时期统治阶级的需求，对两千多年封建社会的发展产生了深远的影响，儒学与政治统治紧紧相连在了一起。

儒家在汉武帝时能够走上唯我独尊的地步，除了"人"的因素，很大程度上还在于它的思想内核更加适应当时社会的需要。西汉初年大封诸侯，久而久之，威胁到了中央政权的稳定，而以董仲舒等为首的儒生们所学习的《春秋公羊传》中大一统的理论模式正好提供给了他们为当权者解决这一问题的依据。在此基础上他们重建了以天子为人间至高无上者的等级社会结构，并使儒家早期"君臣父子"的理想系统化、模式化。这样，西汉王朝便有了阻止分裂、维护中央集权统治的切实可行的方案，而且儒家的经典《春秋公羊传》还堂而皇之地成为了国家的最高法典，《春秋》大义成为指导行政尤其是司法实践的行为准则。这样儒学进一步与政治联姻，真正为政治所利用，并为其服务。

隋唐时期是儒学与政治紧密结合的又一时期，当权者对儒学采取提倡、利用与扶持的态度。两宋时期重文轻武，宰相赵普号称"以半部《论语》治天下"，足见儒学与当时政治统治的密切关系，儒家典籍直接为政治服务了。辽、金、西夏、元的统治者虽然都是外族，但他们深知儒学对统治的重要性。在辽建国之初，统治者就注意吸取汉族统治者利用儒学进行统治的成功经验，极力提倡儒学。同时，辽统治者还注意吸收尊奉儒学的汉族知识分子加入他们的统治队伍，较早建立了一套完整的科举考试体系，以笼络汉族知识分子参与统治，并巩固统治。辽中后期，儒学的地位已有相当的提高，基本上占据了统治阶级的意识形态。金、西夏、元朝统治者也是如此。

明朝早在洪武时期皇帝就下令在科举考试的乡试、会试中一律采用程朱一派理学家对儒家经典的标准注本，竭力提高程朱理学在官方学说中的地位。《五经大全》《四书大全》等书的编撰，标志着程朱理学的官学化；此后相当长的时间内，程朱理学成为明朝科举取士的唯一学术根据，而且更成为笼络天下人心的唯一凭借。程朱理学的官学化提高了儒学的政治地位，有助于统治者利用它实行统治。清代统治者是外族，为了更好地统治汉族为主的华夏大地，更是不遗余力地推行儒学，以其理论教化民众，加强统治。

2．北京的儒家祠庙

北京现存的儒家祠庙主要是文庙（即孔庙）与武庙（即关帝庙）两大类。

文庙与武庙所祭祀的是孔子与关羽，因而又称作孔庙与关庙。他们也属于圣哲先贤，又是文人，更是忠臣，但他们与一般的圣哲先贤即文人、忠臣有所不同。孔子与关羽虽然是普通人，但他们已经被人们所神化，逐渐发展成为一类专门的祠庙，在中国占有特殊的地位。

（1）文庙（孔庙）

①文庙与古代的尊孔和祭孔

中国的封建社会长达两千多年，以孔子为中心的儒家思想长期统治着人们的社会生活，其影响颇为深远。孔子是封建社会的圣人，被后人尊奉为"圣之时者"，受到历代帝王的尊崇。孔子向来有"素王"之称，所受封号逐步升级，由公加封到王，被树为"百世文官表，历代帝王师"。

周敬王四十二年（前478），即孔子死后的第二年，鲁哀公就下令把孔子的故居立为庙，岁时奉祀，尽管只是不起眼的庙屋三间，仅存孔子生前所用的衣、冠、琴、车、书之类，但却开历代尊孔之先河。从汉武帝接受董仲舒"罢黜百家，独尊儒术"的建议开始，孔子所受的礼遇日甚一日。平帝元始元年（1）孔子受封为褒成宣尼公，这是皇家给孔子的第一个封号。东汉时期，光武帝、明帝、章帝、安帝都先后去鲁地祭孔，以示尊崇。东汉末桓帝元嘉三年（153），第一次由国家在首都洛阳为孔子建庙祭祀。

魏晋南北朝时期，虽然玄风大煽，名教衰败，但孔子所受的尊崇仍然有增无减，孔氏后裔不断受封。南朝宋孝武帝曾下诏建孔子庙与诸侯礼仪同等。北魏太和十六年（492）孝文帝下令改称孔子为文圣尼父，北周静帝大象二年（580）又追封孔子为邹国公，隋文帝一统天下后，在开皇元年（581）尊孔子为先师尼父。

唐代是我国封建社会繁荣发展的鼎盛时期，孔子地位也比前代有很大提高。高祖武德二年（619）六月，下令国子学立孔子庙。太宗贞观二年（628）升孔子为先圣，又过了两年，命令各州县设立孔子庙，加以祭拜，这是第一次以国家名义在全国各地建立孔庙。到唐高宗时又下令督促"州县未立庙者速事营造"，至此，"孔子之庙遍天下矣"。乾封元年（666）高宗尊孔子为太师，武后载初元年（690）封孔子为隆道公，开元二十七年（739）唐玄宗封孔子为文宣王，这样孔子由公而升为王，庙中的孔子像也由原来的坐西朝东改为坐北朝南，以适应帝王的规制。

宋代是儒教鼎盛之时，统治者更加尊崇孔子。宋太祖下诏用一品礼祭祀孔子，真宗大中祥符元年（1008）加谥孔子为玄圣文宣王，四年后加封为至圣文宣王。非常有趣的是，与宋同期并存的辽、金及以后的元朝，虽非汉族但也大行尊孔之道。金熙宗天眷三年（1140）在上京修建孔庙。元世祖时虽有一时贬黜孔子的举动，但成宗即位后，立即恢复尊孔。成宗大德六年（1302）在大都营建孔庙（即今北京国子监孔庙），十一年（1307）加封孔子为"大成至圣文宣王"，这块加封诏书碑目前仍完好地立在北京国子监孔庙的大成门左侧。

明代对孔子的尊崇表现为对衍圣公的大加优礼，但对于孔子本身的尊崇却有所限制，嘉靖皇帝在位时，废除了孔子受封的王号，取消了塑像，降低了原来用天子之礼祭祀的规格，只称作"至圣先师"。清代沿袭了历代尊孔和优礼圣裔的政策。顺治二年（1645）加称孔子为"大成至圣文宣先师"，祀礼规格又升为上祀。康熙皇帝称孔子为"万世师表"，又亲笔写匾悬挂于孔庙。雍正四年（1726）定八月二十七日为孔子诞辰日，全体官民军士要斋戒一天。时至近代，袁世凯曾定孔教为国教，大肆复兴孔教。

与尊孔并驾齐驱的是历代的祭孔活动。皇家最早的祭孔活动开始于汉代。汉高祖十二年（前195）十二月高祖"自淮南还，过鲁，以太牢祭祀孔子"[①]。从此，皇权与孔学联系在了一起，开创了历代皇帝祭祀孔子的先例。此后，汉光武帝、汉明帝、汉章帝、汉安帝先后到曲阜祭孔。汉明帝永平二年（59）最先在学校祭祀孔子。南北朝以后，在国学设庙祭祀孔子成为一项制度，且皇帝本人也亲临国学行礼祭拜孔子。在各地的府州县学中，同样立孔庙祭祀。

在历代的祭孔活动中，有一个十分有趣的现象，凡是少数民族入主中原建立的政权，祭孔活动的规模都远远超过前代的汉族政权。东魏孝静帝兴和元年（539）修缮了孔庙，而且以孔子塑像代替了孔子牌位，金代曾先后四次修建孔庙，元代也达六次，由关外入主中原的满族建立的清王朝，祭孔活动达到顶峰。由此可以看出少数民族对汉文化的认同，反映出孔子儒学影响力之深远。

除官方祭祀孔子之外，民间也有许多自发的祭孔活动，而且孔子崇拜也成为民间信仰的一个组成部分，特别是在士人阶层中尤为显著。平民百姓在儒家思想意识的笼罩下，把孔子神化，通过各种方式祭祀他，表达一种深深的崇仰之情。

时至今日，孔子、儒学又一次为世界所重视，孔子再一次成为人们关注的中心。各种纪念活动不断举行，各地规模较大的孔庙，尤其是山东曲阜孔庙和北京国子监孔庙，每逢孔子诞辰日都要举行隆重的祭孔乐舞表演。孔子何以受到如此的尊崇与祭祀？这与其学说对中国政治、文化的影响有很大关系。孔子的学说主要集中在《论语》一书中，历来对此书评价甚高，北宋大政治家赵普曾有"半部《论语》治天下"的慨叹，足见其地位非同凡响。夏曾佑先生在《中国古代

---

① 《汉书》卷一下高帝纪第一下，北京：中华书局，1964年，第76页。

史》中说："孔子一身，直为中国政教之原，中国之历史，即孔子一人之历史而已。故谈历史者，不可不知孔子。"① 而柳诒徵先生在他的名作《中国文化史》一书中对这一点说得更为明确："孔子者，中国文化之中心也；无孔子则无中国文化。自孔子以前数千年之文化，赖孔子而传；自孔子以后数千年之文化，赖孔子而开。即使自今以后，吾国国民同化于世界各国之新文化，然过去时代之与孔子之关系，要为历史上不可磨灭之事实。"② 孔子重视道德和精神生活的价值观，中国文化中存在的以道德教育代替宗教和重视气节的传统，是在孔子思想的熏陶下形成的。孔子的"仁"与"礼"的思想为历代统治者所倚重和利用，逐渐演变为国家政治生活的指导和人们的行为准则。从汉代而后，孔子学说成为两千多年封建文化的正统，孔子成为封建社会的圣人。今天，人们是把孔子作为一位伟大的思想家、教育家，作为一位能够代表中国传统文化基本特点的文化名人来加以纪念，与以往的尊孔和祭孔是完全不同的。

②孔庙建筑的基本特点

孔庙是专门祭祀孔子的地方，是历代文士参谒孔子的场所，它在建筑上完全承袭了中国古代建筑的传统风格，但从其建筑的不同等级看又有区别。孔庙可以分为两类，一类是经过朝廷钦定的孔庙，这类孔庙建筑完全仿照皇宫的建置，规格自然要高得多；另一类是由各级地方官府修建的孔庙，在建筑上则具有地方特色，不受皇家建筑规格的约束，更为自由一些。不论是皇家钦定的孔庙还是地方州县孔庙，在建筑格局上有一个总体的框架，无论如何变化，总有一个基本的布局。以明、清两代为例，这个基本格局就是以照壁（或坊）—棂星门—大成门—大成殿为中轴线建筑，两侧配以其他相关建筑物。

照壁是建在大门内或大门外，与大门相对作屏障用的墙壁，又称影壁。孔庙照壁常常又被称为"万仞宫墙"，一般都建在大门之外，

① 夏曾佑：《中国古代史》（二十世纪中国史学名著），石家庄：河北教育出版社，2000年，第68页。

② 柳诒徵：《中国文化史》，上海：上海古籍出版社，2001年，第263页。

或为八字形，或为一字形，多为砖构，上覆以琉璃瓦及雕刻装饰。除照壁外，有的孔庙门外建有一道牌坊。

之后便是棂星门，棂星门是孔庙的大门。棂星传为古代天上的文星，用它命名大门，寓意孔子是应天上星宿降生的，而且古代天子祭天先祭棂星，寓意祭祀孔子如同祭天一样，也包含有人才辈出，为国家所用的思想。

大成门在棂星门之后。为什么叫"大成"呢？因为后世认为孔子对中国文化做了集大成的工作，在中国文化史上起了继往开来的作用，所以门称大成门，殿名大成殿，以示对孔子的尊崇。孔庙的不同等级也就体现在了大成殿建筑的不同规格上。首先是大殿的开间，有的面阔九间，进深五间，这与皇家的规格同步；有的面阔五间，进深三间；有的面阔、进深均为五间或三间，而以第一种为最高级别。其次是屋顶的形制。中国古代建筑的屋顶形式有多种，重檐庑殿顶是级别最高的，在宫殿、庙宇中，只有最尊贵的建筑物才能使用，如故宫的太和殿就是这样。庑殿顶前后左右四面都有斜坡，有一条正脊和四条斜脊，呈四坡五脊，又叫四阿式五脊殿。歇山顶是四面斜坡的屋面上部转折成垂直的三角形墙面，有一条正脊、四条重脊和四条戗脊（垂脊下端处折向的脊），如天安门就是歇山式顶，较庑殿顶又低一等。此外还有悬山顶、硬山顶等，等级又低。再次是屋顶琉璃瓦的颜色使用。古代屋顶一般有黄琉璃瓦、绿琉璃瓦和普通青瓦三种。黄琉璃瓦只有皇宫庙宇才能使用，绿琉璃瓦为王府一级才能使用，至于老百姓只能用青瓦了。孔庙大成殿屋顶的瓦也因等级的不同而有颜色的区别。

大成殿内正中供奉孔子牌位（仅山东曲阜孔庙供奉孔子塑像），东西两侧龛内供奉四配：复圣颜渊、宗圣曾参、述圣孔伋、亚圣孟轲。再外两边的龛内供奉十二哲：闵损、冉雍、端木赐、仲由、卜商、有若、冉耕、宰予、冉求、言偃、颛孙师、朱熹。四配、十二哲在一般孔庙中只供奉牌位，山东曲阜孔庙供奉塑像。

各地孔庙因级别不同，依据本地具体情况在孔庙建筑布局上也各具特色。依不同情况又设有碑亭、戟门、崇圣祠等，孔庙与州、县学在一起的，又都有泮池。泮池之名来源于泮水。泮水本是鲁国境内的一条河流，状如半月形，鲁国的学宫就建在泮水河边，取其教化黎民如泮水一样源远流长，后来凡建学宫都仿建半月形水池，称泮池。这座半月形的水池，一般都安排在棂星门与大成门之间。不少地方的文庙常附建名宦、乡贤、忠义、节孝诸祠，以激励当地士人奋发上进，光耀祖庭。

③北京的文庙

文庙以国子监孔庙为代表（下文详细介绍），除此以外其他尚存的文庙大部分在郊区县。房山文庙始建于明代，坐北朝南，现仅存大成殿及配殿。密云文庙始建于元代，虽然该庙曾有过辉煌的过去，曾经占地达四千多平方米的建筑群，现在也只剩下了孤零零的大成殿。顺义孔庙也曾是顺义城内一座历史悠久、规模宏大的古建筑群，始建于金明昌初年，但命运不济，所有建筑荡然无存，庙内仅剩的两块石碑还可以向人们诉说它的过去。通州文庙始建于元，其规模曾经在燕蓟地区首屈一指，而今也只剩下了大成殿和残碑一块了。

曾经遍布州县的文庙，在北京只剩下了这残缺不全的几座，让人们依稀追忆它们辉煌的过去。所幸尚有国子监孔庙的存在，还能一窥北京历史上孔庙的荣耀，给人一丝慰藉。

（2）武庙（关庙）

武庙是专门祭祀关羽的祠庙。

①武庙与古代对关羽的尊奉

关公的大名在中国可以说是家喻户晓，人人皆知，而关羽死后不断受封，由"侯而王，王而帝，帝而圣，圣而天"，褒封不尽，庙祀无穷的情况也是古代中国一个十分醒目而有趣的社会现象。

关羽生前最高的军职是"前将军"，爵位只是"寿亭侯"，并不怎样显赫，死后蜀后主刘禅曾追谥关羽为"壮穆侯"。此后，由魏至宋初的800多年间，并没有人去注意关羽。从宋绍圣三年（1096）哲宗封关羽为"显烈王"，建显烈王庙开始，关羽才逐渐受到人们的重视。历代封建统治者出于政治目的，把关羽树为维护封建纲常忠义的化身，不断美化他、加封他。宋徽宗封关羽为"忠惠公""武安王"，直至"义勇武安王"，宋高宗加封他为"壮缪义勇王"，宋孝宗封他为"英济王"，元文宗封其为"显灵义勇武安英济王"，明神宗时加封帝号，为"协天护国忠义帝""三界伏魔大帝神威远震天尊关圣帝君"，清顺治时敕封为"忠义神武关圣大帝"，乾隆时改谥"神勇"，不久又加谥"灵佑"，嘉庆时加封"仁勇"二字，道光时再加封"威显"二字。此后的历代皇帝都加封号，直至清末，关羽的封号长达26字，为"忠义神武灵佑仁勇威显护国保民精诚绥靖翊赞宣德关圣大帝"，终于完成了由人而神的改造。

由于受到历代帝王的尊崇，关羽地位显赫，受到官民的普遍祭祀，被称为"武王""武圣人"，与"文王""文圣人"孔子并肩而立，他的祠庙香火十分旺盛。关羽为什么如此受人尊崇呢？因为他适应了不同人的需要。关公是忠义的化身，在历代封建统治者眼中，他是忠臣义士；桃园三结义，同甘共苦是真朋友的楷模；他讲义气，危难之时忠贞不移，遇困难不退缩，敢承担风险。关羽集众美德于一身，成为世人的典范。

关羽的祠庙遍布神州大地。要说中国什么庙最多，关羽庙当之无愧。关羽不仅受到儒家的崇祀，同时他又受到道家、佛家的顶礼膜拜，这更加助长了关羽祠庙的修建。不论是儒家的关羽、道家的关羽，还是佛家的关羽同样受到老百姓的祭拜，三教之中所体现得更多的还是儒家关羽的本色。

②北京的武庙及其特色

北京作为全国的政治中心，特别是在明、清两代对于关帝的祭祀尤为显著。从皇家公侯直至平民百姓，都把关帝奉若神明，岁时祭拜。明朝在皇宫中和皇城各城门都供有关帝像，清代甚至在号称"万园之园"的圆明园里也建有几座关帝庙，而民间的关帝庙更是为数众多。据《京师乾隆地图》记载，当时北京城内的关帝庙有116座，占全北京城庙宇总数的近十分之一，如果把郊区的关帝庙也计算在内，恐怕要超过200座了。到20世纪二三十年代各类关帝庙数量远远不止200座，直接被叫作关帝庙、关王庙、关公庙的就有184座[1]，此外还有几十座供奉关帝但名称上不专门叫关帝庙的关帝庙[2]。关羽庙数量多，名称多样，种类各异。在许多佛寺和道教宫观中往往也为关羽辟一间房屋，或是留一席之地，这些滥祀如果不计在内的话，关羽庙可以分为专祀和合祀两大类。专祀庙为专门祭祀关羽一人的祠庙，如关帝庙、关王庙、关圣庙等。合祀庙则为关羽和其他古代名人同时受人祭祀的祠庙，如关岳庙（与岳飞合祀）、三义庙（与刘备、张飞合祀）、五虎庙（与张飞、赵云、马超、黄忠合祀）等。不论专祀庙还是合祀庙，关羽的地位都不同凡响，其声名与影响都非常巨大。

北京的关羽庙以专祀庙为最多。这些祠庙名称各异，因地而宜，并不是座座都叫关帝庙或关王庙，许多名称让你丈二和尚摸不着头脑，还以为是别的什么庙呢！

地安门西有座白马关帝庙，又叫汉寿亭侯庙。为什么在关帝庙前加上"白马"二字呢？对此，有两种说法。一种认为是"昔慕容氏都燕罗城，有白马前导，因以为祠"；另一种说法见于该庙碑上记载，明英宗曾梦见关帝骑着白马，所以叫这个名字。到底是怎么回事，现在已无从考据，但明、清两朝皇帝对此庙十分重视，常常捧场，多次重修，因而香火极为兴盛。

海淀区蓝靛厂有一座光绪年间的立马关帝庙，因山门左侧塑有一匹枣红色立马，故而得名。虽说是一座关帝庙，但同时它又是慈禧太后的三大权监之一的刘诚印的家庙，用来安置年老贫困无家的太监居住。

西单西安福胡同里有座倒座关帝庙，也是与众不同。关羽本来被封为"帝"，享有帝王的威仪，建筑自应是坐北朝南，但这座庙却是

① 北京市档案馆编：《北京寺庙历史资料》，北京：中国档案出版社，1997年，第723页。

② 北京市档案馆编：《北京寺庙历史资料》，北京：中国档案出版社，1997年，第711、712、716、722、724、731等页。

坐南朝北，令后人感到不解。然而该庙庙门上曾有石额清清楚楚地写着"古刹倒座关帝庙"。

伏魔庙、伏魔庵也是关帝庙之一种，但听起来却有些不太舒服。乾隆时期，北京城有伏魔庙（庵）共25座。关帝庙之所以有这种称呼，是因为明世宗曾封关羽为"三界伏魔大帝神威远震天尊关圣帝君"，于是关帝常被称作伏魔大帝。

高庙也是关帝庙，又称关帝高庙，只是因为该庙所处的地势比四周高就这样称呼。前门外西珠市口阡儿胡同、崇外长巷五条、西海南沿都有高庙，虽然建筑现在已经不复存在，但高庙的名字却一直被人们传叫着。

北京的白庙、红庙为数不少，这些也是关帝庙，是老百姓的俗称。因为关帝庙的墙有的被刷成白色，有的被刷成红色，故而老百姓用庙宇围墙的颜色来称呼关帝庙，简洁明快。

宣武门外盆儿胡同有座护国关帝庙，建造于明代万历年间，但在它的东边有一座万寿宫，老百姓图省事，干脆就把这座关帝庙叫作"万寿西宫"了。

铁老鹳庙同样供奉关帝，这名字听来更是稀奇古怪，让人莫名其妙。其实，这座位于宣外的大庙在大殿顶上放了两只大铁鹳，这两只大铁鹳能随风旋转，用来驱赶鸟雀，而两只大铁鹳俨然成了此庙的象征，所以将庙称作铁老鹳庙也就顺理成章了。

此外，还有太平桥的鸭子庙、东安门城根的金顶庙也是关帝庙。

除专祀关羽的祠庙以外，关羽的合祀庙也有不少。西四北大街的双关帝庙供奉关羽和岳飞。按民间的说法，岳飞是关羽转世，所以把二人合祀称为"双关帝"。鼓楼西大街的关岳庙也是供奉关羽与岳飞。海淀区有三义庙，供奉刘备、关羽、张飞；天坛以东太阳宫的五虎庙祭祀刘备手下的五员大将——关（羽）、张（飞）、赵（云）、马（超）、黄（忠）。此外，还有七圣庙等，不一而足。

值得一提的是明、清两代，北京城的九座城门内都设有关帝庙，尤其以正阳门城楼内的关帝庙香火最旺。以前北京城的关帝庙从旧历五月初九开始，进香的人逐渐多起来，到五月十三达到高峰。如广渠门外十里河关帝庙从十一日起开庙三天，搭台唱戏，热闹异常。

老北京的关帝庙现在剩下的已为数不多，境遇不佳。许多关帝庙虽然已不存在，但名字却成为地名而保存了下来。如关帝庙街（今崇外南羊市口）、关王庙街（今东城区西厅胡同）、关王庙（今广外滨河巷）、老爷庙后巷（今西城区养廉胡同）、老爷庙胡同（今西城区勤劳胡同）、老爷庙豁子（今北太平庄黄亭子）等。老北京关庙香火之普遍于此可见一斑。

那么，北京为什么会有这么多的关帝庙呢？

其一，关羽与刘备、张飞结义后，在涿州起兵。涿州离北京极近，关羽的事迹在此流传既广且久。

其二，关羽的忠君报国思想非常适合统治者的口味，而元、明、清三代，北京作为全国的政治中心，封建统治者自然很乐意通过为关羽建庙来强化这种忠君思想的传播，民间百姓尤其是农民对关羽的崇拜更是虔诚，因而为关羽立庙以求得护佑。

其三，关羽的"义"是人们津津乐道的一个话题，也是最令人崇仰的一个方面。

其四，清代统治者把关羽当作本族的保护神来供奉，而北京又是满族人聚居较多的地方，因而在有清一代关庙尤其多也就不足为奇了。

第二节　北京坛庙的衍变

　　说到坛庙我们很自然地就会想到天坛、地坛、社稷坛、太庙等这些皇家坛庙，往往忽略了更多由府、州、县主持的地方坛庙，北京作为都城亦不例外，在皇家坛庙和民间祠庙之外也曾存在着由各府县管辖的坛庙。而在北京流传较广的"五坛八庙""九坛八庙"的说法更是对北京坛庙的高度概括，但这种说法来源如何，具体内容是如何界定的，往往众说纷纭，莫衷一是。

一、皇家坛庙与地方坛庙

　　北京现存的天坛、地坛、社稷坛、太庙、历代帝王庙等都属于皇家坛庙的范畴，这些都是由皇室和中央朝廷来主持祭祀的。而北京行政管辖区域内的顺天府、大兴县、宛平县、良乡县、房山县等府州县中同样有社稷坛、风云雷雨山川坛、厉坛、城隍庙、旗纛庙等坛庙建置，均属于地方坛庙。地方坛庙与皇家坛庙在等级、设置、管辖、礼制等方面都有着明显的差异。

1.皇家坛庙

　　我们一谈到北京的坛庙，常常指的都是皇家坛庙，作为对坛庙的研究一直以来也都集中在以天坛、地坛等为代表的皇家坛庙上。这主要是因为北京作为元、明、清的都城保存了封建时代王朝较为完整的皇家坛庙建筑，而其他古都的时间较早而坛庙建筑遗存基本无存，也就形成了这样一种对于现存坛庙即皇家坛庙的认知和研究现状。

　　皇家坛庙，可以简单地理解为属于皇家祭祀的坛庙建筑，进一步可以说，凡是属于由皇家主持建造和祭祀，主要是皇帝负责进行的祭祀的坛庙建筑，以及由中央王朝负责建造且由皇帝本人亲祭或派遣官员祭祀的坛庙建筑，都可以称之为皇家坛庙。

　　就北京目前现存的主要坛庙来说，从人们普遍认知的程度上看，都是皇家坛庙，如上文所介绍的明清时期的天坛、地坛、社稷坛、先农坛、日坛、月坛、先蚕坛、历代帝王庙、孔庙等，以及我们不经常提到的宣仁庙、凝和庙、都城隍庙、旌勇祠等。

然而，我们不能忽视在皇家坛庙之外还存在着数量众多的地方坛庙。

2．地方坛庙

地方坛庙，是相对于皇家和中央王朝建造的坛庙来说的，这其中既有地方政府建造和管理的坛庙，更有民间建造和供奉的坛庙，数量众多。对于这一类坛庙的研究以往还很少涉及，仅见于少数的几篇论文①，而对于北京在皇家坛庙以外关于地方坛庙的论述和研究则还没有见到。没有研究不等于不存在，而是被忽视和忽略了，其实在相关的历史文献和典章制度中是屡屡被提及的。

对于地方郡县坛庙祭祀的规定从元朝开始就已经确定了，特别明确了地方诸路郡县对于社稷、孔子庙和三皇庙的祭祀的规制。

至元十年（1273）八月，颁布了各地诸路设立社稷坛壝的仪式，十六年（1279）三月，"中书省下太常礼官，定郡县社稷坛壝、祭器制度、祀祭仪式，图写成书，名《至元州郡通礼》。元贞二年冬，复下太常，议置坛于城西南二坛，方广视太社、太稷，杀其半"②，同时确定了使用祭器种类和数量。

对于孔庙的供奉，从唐代开始就要求各地郡县建庙祭祀。到元成宗即位后，"诏曲阜林庙，上都、大都诸路府州县邑庙学、书院，赡学土地及贡士庄田，以供春秋二丁、朔望祭祀，修完庙宇。自是天下

---

① 如李德华：《明代地方城市的坛庙建筑制度浅析——以山东为例》，《中国建筑史论汇刊》2012年01期；王贵祥：《明清地方城市的坛壝与祠庙》，《建筑史》2012年01期；段智钧：《明代北边卫所城市的坛壝形制与平面尺度探讨》，《中国建筑史论汇刊》2012年02期；包志禹：《元代府州县坛壝之制》，《建筑学报》2009年03期。

② 《元史》卷七十六志第二十七祭祀五，北京：中华书局，1975年，第1901页。

郡邑庙学，无不完葺，释奠悉如旧仪"①。元代更进一步明确了大都诸路府州县对于孔庙的祭祀与供奉。

对于三皇庙的供奉则在元贞元年（1295），"初命郡县通祀三皇，如宣圣释奠礼"②。

到了明朝，对于地方坛庙的祭祀规定则更为详细了。明代不是所有的坛庙都允许地方奉祀，而是有不同的规定。朝廷对于皇家、王国和府州县坛庙祭祀做了较为明确的划分，不同的等级可以进行什么样的坛庙奉祀都有详细规定。对于王国一级来说，"其王国所祀，则太庙、社稷、风云雷雨、封内山川、城隍、旗纛、五祀、厉坛"③；而府州县可以奉祀的"则社稷、风云雷雨、山川、厉坛、先师庙及所在帝王陵庙，各卫亦祭先师"④；对于普通老百姓也同样有规定，"至于庶人，亦得祭里社、谷神及祖父母、父母并祀灶，载在祀典"⑤。

以社稷坛为例看，分为了王国社稷和府州县社稷，"社稷之祀，自京师以及王国府州县皆有之"⑥；同时对于坛的位置也明确做了规定，"府州县社稷，洪武元年颁坛制于天下郡邑，俱设于本城西北，右社左稷"⑦。对于王国、府州县社稷坛的规定是相对于皇家的太社稷而言的，"王国社稷坛，高广杀太社稷十之三。府、州、县社稷坛，广杀十之五，高杀十之四，陛三级"⑧。可见王国和府州县社稷坛在规制上也即坛的尺寸上要较皇家太社稷坛小很多，开始之初也是社、稷分祭的，在洪武十一年（1378），"定同坛合祭如京师"⑨。对于风云雷雨师来说，"王国府州县亦祀风云雷雨师，仍筑坛城西南。祭用惊蛰、

---

① 《元史》卷七十六志第二十七祭祀五，北京：中华书局，1975年，第1901页。
② 《元史》卷七十六志第二十七祭祀五，北京：中华书局，1975年，第1902页。
③ 《明史》卷四十七志第二十三礼一，北京：中华书局，1974年，第1226页。
④ 《明史》卷四十七志第二十三礼一，北京：中华书局，1974年，第1226页。
⑤ 《明史》卷四十七志第二十三礼一，北京：中华书局，1974年，第1226页。
⑥ 《明史》卷四十九志第二十五礼三，北京：中华书局，1974年，第1265页。
⑦ 《明史》卷四十九志第二十五礼三，北京：中华书局，1974年，第1268页。
⑧ 《明史》卷四十七志第二十三礼一，北京：中华书局，1974年，第1229页。
⑨ 《明史》卷四十九志第二十五礼三，北京：中华书局，1974年，第1268页。

秋分日"①。而城隍庙也是如此，"在王国者王亲祭之，在各府州县者守令主之"②。明王朝对于王国和府州县可以奉祀的坛庙名目都做了详细规定，严格区分了皇家、王国和地方政府的等级观念以及坛庙规制上的差别。

有清一代，同样如此。"各省所祀，如社稷，先农，风雷，境内山川，城隍，厉坛，帝王陵寝，先师，关帝，文昌，名宦、贤良等祠，名臣、忠节专祠，以及为民御灾捍患者，悉颁于有司，春秋岁荐。"③对于坛庙的具体规格也明确了尺寸，如社稷坛就规定"各省社稷坛高二尺一寸，方广二丈五尺，制杀京师十之五云"④，与明代在规制上则稍有不同。

以上简单介绍了元、明、清史籍中关于地方坛庙的一些基本制度，那么北京是否也有地方坛庙？这些地方坛庙都包含哪些内容呢？北京作为国都，又是中央朝廷的所在地，皇家坛庙大都集中于此，而作为北京地区的地方政府来说，坛庙如何建置和规划同样具有了特殊性，不能与其他地方完全一样。我们仍然用史籍，主要是地方志中的记载来说明一下。

明万历《顺天府志》中关于"坛社"的记载中说得很详细，顺天府之下有"天坛、地坛、社稷坛、朝日坛、方泽、夕月坛、旗纛、圆丘"⑤，对于其下辖的大兴、宛平二县只是记载为"附"，也就是这二县没有自己的坛壝建筑，而是附从于顺天府的。对于顺天府下其他府县的坛庙也都一一记录，与北京相关的内容如下⑥：

　　良乡县：社稷坛，风云雷雨山川坛，邑厉坛，城隍庙，

---

① 《明史》卷四十九志第二十五礼三，北京：中华书局，1974年，第1283页。
② 《明史》卷四十九志第二十五礼三，北京：中华书局，1974年，第1286页。
③ 《清史稿》卷八十二志五十七礼一，北京：中华书局，1976年，第2486页。
④ 《清史稿》卷八十二志五十七礼一，北京：中华书局，1976年，第2490页。
⑤ ［明］沈应文、谭希思：《顺天府志》卷二坛社，万历二十一年刻本，国家图书馆藏。
⑥ ［明］沈应文、谭希思：《顺天府志》卷二坛社，万历二十一年刻本，国家图书馆藏。

马神庙，旗纛庙，洪公祠，王公祠。

　　通州：社稷坛，风云雷雨山川坛，郡厉坛，城隍庙。

　　昌平州：社稷坛，风云雷雨山川坛，郡厉坛，城隍庙。

　　顺义县：社稷坛，风云雷雨山川坛，邑厉坛，城隍庙。

　　密云县：社稷坛，风云雷雨山川坛，邑厉坛，武庙马神庙，功德祠，杨令公祠。

　　怀柔县：社稷坛，风云雷雨山川坛，郡厉坛，城隍庙。

　　房山县：社稷坛，风云雷雨山川坛，邑厉坛，城隍庙，马神庙，虞舜庙，药王庙。

　　平谷县：社稷坛，风云雷雨山川坛，邑厉坛，轩辕黄帝庙，城隍庙，崔府君庙，马神庙。

　　从以上记载可以看出，社稷坛、风云雷雨山川坛、郡（邑）厉坛和城隍庙几乎成为了郡县坛庙建筑的标配种类，而其他祠庙则根据本地的供奉情况而有多寡的不同。

　　再进一步看相关县志中关于坛庙建筑的具体记载和说明。

　　虽然朝廷明令府州县对于坛庙的祭祀要求，但更有等级的区分，这一点清康熙《宛平县志》卷二"坛壝"中，对于府州县何以祭祀坛庙以及与皇家坛庙祭祀的区别做了精确的说明。"礼曰：天子祭天地，则诸侯以下不得祭之，以明礼统于尊之义也。今之宛平一邑耳，何以志朝廷之坛壝乎，盖京城之地皆县地也"[1]，因而所记载的先农坛、社稷坛、夕月坛也都是皇家坛壝，而没有宛平县自己的坛壝建筑。祠庙建筑的记载则既有皇家祠庙也有地方祠庙，包括都城隍庙、显灵宫、关帝庙（多处）、真武庙（多处）、火神庙、药王庵等[2]。

　　清康熙《大兴县志》卷二，所载祭坛均为地处大兴县境内的皇

　　① 《宛平县志》卷二，《中国地方志集成：北京府县志辑5》，上海：上海书店出版社，2002年，第30页。

　　② 《宛平县志》卷二寺观，《中国地方志集成：北京府县志辑5》，上海：上海书店出版社，2002年，第51—52页。

家坛庙，即圜丘坛、方泽坛、先农坛、先蚕坛、社稷坛、朝日坛、夕月坛①，祭祀也是附从于顺天府。而关于祠庙则有如下名目：东岳庙、关帝庙（多处）、宣灵庙、火神庙、药王庙、真武庙、玉皇庙（多处）、文昌宫等②。

清康熙《通州志》卷二"坛社"条所列名目则有"社稷坛、风云雷雨山川坛、厉坛"③三种，与上文《顺天府志》所列完全一样，只不过将坛社与祠庙分开罗列。"坛社"之后即是"祠庙"，列有城隍庙、文昌祠、长生祠（三处）、八蜡庙、关帝庙（三十余处）、药王庙、龙王庙（八处）、真武庙（八处）、火神庙（四处）、三官庙（四处）、东岳庙、三皇庙、三义庙、马神庙、玉皇庙、娘娘庙、张相公庙、常国公庙、烈妇祠等④。同时，还专门列有"名宦祠祀"条，记录"有功德于民"的人，将他们的祠庙放在"文庙之旁，甚盛典也"⑤，供奉的名臣有韩约、何源、傅皓、宋权、于成龙等于通州有功德的官员。

明万历、清康熙时修，民国重修的《房山县志》卷三"坛庙寺观"条中有社稷坛、风云雷雨山川坛、先农坛、厉坛、城隍庙、马神庙、真武庙、关帝庙、药王庙、火神庙等坛庙祠二十四处，这些坛庙祠都是"出自崇德报功之意，纯为吾国二帝三王之遗俗，绝非二氏设为天堂地狱作求福免祸计"⑥。其中社稷坛在"西郭迤北方各十丈，中建坛一，祀后土五谷，春秋上戊知县主祭，荐以牲醴庶品三献如仪"，

① 《大兴县志》卷二坛壝考，《中国地方志集成：北京府县志辑7》，上海：上海书店出版社，2002年，第185—187页。

② 《大兴县志》卷二坛壝考，《中国地方志集成：北京府县志辑7》，上海：上海书店出版社，2002年，第202—204页。

③ 《通州志》卷二，《中国地方志集成：北京府县志辑6》，上海：上海书店出版社，2002年，第461页。

④ 《通州志》卷二，《中国地方志集成：北京府县志辑6》，上海：上海书店出版社，2002年，第461—462页。

⑤ 《通州志》卷九，《中国地方志集成：北京府县志辑6》，上海：上海书店出版社，2002年，第538页。

⑥ 《房山县志》卷三坛庙寺观，民国十七年重修铅印本，国家图书馆藏。

风云雷雨山川坛在"南郊东侧,仪制同社稷坛",厉坛在"北郊地西祀本县无祀鬼神"①,而其他祠庙都分布在县城周围各处乡村。

清光绪十五年(1889)《良乡县志》卷六"纪幽志"中有坛壝条,其中有社稷坛、先农坛、风云雷雨山川坛、厉坛专条,祠庙条中则有关帝庙、城隍庙、龙王祠、药王庙、八蜡祠、真武庙、东岳庙、火神庙、马神庙、三义庙、玉皇庙、土地祠等专条。对于这些坛庙的设置,则是"由社而广之者也,助岁功司时若者及殁无归者祀之,皆以召民和而去其灾眚也,洁除则致祥明,裸则鉴答,亦影响之符也"②。社稷坛"在北门外西北,每岁春秋仲月上戊日祭",先农坛"在西门内藉田四亩九分……仲春亥日致祭",风云雷雨山川坛"在南门外东南台上,每岁春秋仲月祭",厉坛"在北门外正北,每岁清明中元十月朔日祭"③。而祠庙则较祭坛为多,且同一祠庙也不止一处,关帝庙共有二十二处,药王庙有四处,真武庙、东岳庙各有两处,三义庙有十二处,玉皇庙有五处,土地祠有两处。

从以上县志相关记载可以看出,地方坛庙礼制建筑中,祭坛的种类要远远少于由中央朝廷管理的皇家坛庙,主要集中在社稷坛、先农坛、风云雷雨山川坛、厉坛几种,社稷、先农、风云雷雨师则是中央朝廷和地方政府都同时奉祀的祭坛种类。对于厉坛的规定和做法则更可以看出等级的区分来,这一点明代尤其明显,"洪武三年定制,京都祭泰厉……王国祭国厉,府州祭郡厉,县祭邑厉,皆设坛城北,一年二祭如京师。里社则祭乡厉"④。地方祠庙的种类则远远多于皇家祠庙,除各种家祠和与学宫一起的文庙(孔庙、先师庙)之外,更多的则是护佑百姓的杂祀祠庙,如关帝庙、文昌祠、火神庙、真武庙、土地祠、城隍庙、马神庙等融合了儒家道统、道教长生甚至佛教转世等多种信仰的具有地方和区域特色的祠庙。

① 《房山县志》卷三坛庙寺观,民国十七年重修铅印本,国家图书馆藏。
② 《良乡县志》卷六纪幽志,清光绪十五年(1889)刻本,国家图书馆藏。
③ 《良乡县志》卷六纪幽志,清光绪十五年(1889)刻本,国家图书馆藏。
④ 《明史》卷五十志第二十六礼四,北京:中华书局,1974年,第1311页。

二、五坛八庙与九坛八庙

坛庙在北京是一种独特的文化现象，长久以来在民间有着较为深远的影响，北京一向有五坛八庙、九坛八庙的说法。

所谓五坛八庙和九坛八庙历来说法各不相同，多是民间说法，也没有什么可以依循的典章制度。五坛有天坛、地坛、日坛、月坛、社稷坛的说法，也有天坛、地坛、日坛、月坛、先农坛的说法，更有天地坛、山川坛、社稷坛、先农坛、先蚕坛之说。而八庙的说法更是众说纷纭，有的说是京师有代表性的八座禅寺，也有说是八座喇嘛庙和道家庙宇，再有就是八座神庙的说法。

无论是五坛八庙还是九坛八庙都是对北京坛庙的高度概括，包括了天坛、地坛、日坛、月坛、社稷坛、先农坛、先蚕坛、太岁坛、天神坛、地祇坛等在内各类祭坛和包括太庙、历代帝王庙、堂子、孔庙等在内的各种祠庙，基本上概括了北京城内遗留下来的古代坛庙的主要遗迹，代表了北京坛庙文化的主要内容。

既然是民间说法，就不是很严格和固定，历来对于五坛八庙和九坛八庙的界定没有十分明确的说法，大家也是相互沿袭。那么，五坛、九坛、八庙的具体内容是什么呢？我们简单梳理一下它的来龙去脉。

五坛从字面看当然是五座坛，但可以是泛指也可以是特指。泛指五坛在文献中可以看到很多，如《明史》《大明会典》及各种地方志中有很多五坛的表述，这里的五坛可能是太岁、风云雷雨、五岳、五镇、四海五坛，也可能是指祭祀时的坛座有五个，并没有特指是什么神灵。而特指才是我们所要说的五坛。真正有特指意义的五坛出现在隋代。《隋书》礼志中说，"梁社稷在太庙西，其初盖晋元帝建武元年所创，有太社、帝社、太稷，凡三坛……至大同初，又加官社、官稷，并前为五坛焉"[1]，这里明确将太社、帝社、太稷、官社、官稷称为五坛。但这与北京民间的五坛相去甚远。

---

[1] 《隋书》卷七志第二礼仪二，北京：中华书局，1973年，第141—142页。

五坛八庙的说法大致定型于清末民初时期，这些说法来自于当时的平话小说。

清代的《永庆升平后传》第一回"广庆园三杰会仙猿　侯化泰再施惊人艺"中有这样的一段："我这一入都，要把燕都八景、各处古迹、五坛八庙、居楼戏馆、山场庙宇，各处有名胜迹全都逛到，方称心怀。"①同为清代的《康熙侠义传》则包括了《永庆升平前传》和后传，在第九十八回"广庆园三杰会仙猿　侯化泰再施惊人艺"中也与前文《永庆升平后传》中一样提到"五坛八庙"的内容②。

《雍正剑侠图》第三回"识好汉五小闹王府　会英雄老侠探虚实"中有这样的描述："……听说皇城城门里九外七，南北两城，大宛两县，热闹非常。五坛八庙，繁华似锦，您为什么不带着我们逛逛啊？"③

《雍正剑侠图》第四十七回"北口外丢镖结义气　护国寺收徒惹是非"中提到："咱们来北京这些日子了，你我都是江南人，北京的五坛八庙皇王脚下，咱们都没逛过。说真的，师父今天不在家，咱们逛逛去。"④

以上的几本小说中都不约而同地提到了五坛八庙，此时的五坛八庙已经与燕都八景、居楼戏馆并列，成为了当时繁花似锦的游览胜地，那具体是哪些地方呢？《雍正剑侠图》第四回"赴约会地坛拜老侠　战贺豹二结一掌仇"中则明确说出了五坛的具体名称，"北京有

①　《古本小说集成》编委会编，［清］贪梦道人著：《永庆升平后传》，上海古籍出版社，1994年，第3页。

②　马灿杰编：《清宫秘史》（第2卷），［清］郭广瑞、贪梦道人著：《康熙侠义传》，北京：团结出版社，1999年，第1586页。

③　常杰淼原著，李鑫荃演述，何黎校订：《雍正剑侠图》（三卷本），第一卷，北京：北京师范大学出版社，1992年，第79页。

④　常杰淼原著，李鑫荃演述，何黎校订：《雍正剑侠图》（三卷本），第二卷，北京：北京师范大学出版社，1992年，第511页。

五坛八庙，这五坛是地坛、天坛、日坛、月坛、社稷坛"①。这是关于"五坛"最为明确的说法了。

而九坛八庙则更是在五坛八庙基础上的延伸。关于九坛八庙的具体内容可以参考民国时期的一本《三六九画报》，这本画报开设了一个"天地人信箱"的专栏，回答读者的各种问题。其中在1943年的一期中这个栏目刊登了这样的内容，对于我们明确九坛八庙的具体名目有很好的借鉴。

　　问。

　　编者先生：敬启者，北京俗有"九坛八庙"之说，九坛想即天坛，地坛，先农坛等坛。惟北京城内庙宇随处皆是，八庙不知系指何庙而言。"天地人信箱"常为读者解答各种题目，拟请费神将九坛八庙之名见示，无任企盼，即颂撰祺。读者尹志渔谨上。

　　答。

　　九坛者：（一）天坛（正阳门外），（二）地坛（安定门外），（三）日坛（朝阳门外），（四）月坛（阜成门外），（五）社稷坛（中央公园内），（六）先农坛（永定门外），（七）先蚕坛（北海后门内），（八）天神坛（在先农坛内，祀雷雨风云之神），（九）地祇坛（亦在先农坛内，祀山川之神）。

　　庙宇本为宗庙之义，后世凡祀一切神佛之处皆可称庙。所谓北京之九坛八庙，八庙仍是宗庙，而飞（疑为非字——笔者注）仙佛庙也。兹将八庙之为名列后：（一）秦（应为奉字误——笔者注）先殿（在禁宫中景运门东，前后殿各七楹，内设神龛，祀清室先祖。）（二）寿皇殿（在景山之后，内悬清朝历代帝后像，按时奉祀，惟今像已移去。）（三）太

　　① 常杰淼原著，李鑫荃演述，何黎校订：《雍正剑侠图》（三卷本），第一卷，北京：北京师范大学出版社，1992年，第87页。

庙（在午门左，有前中后三殿，中后殿祀清室历代祖后。）
（四）堂子（在南池子南口东，每岁元旦及遇有大事，祈报于
此，即古之"社"意。）（五）历代帝王庙（在阜成门内内路
北，明嘉靖年所建，祀古历代帝王。）（六）文庙（在安定门
内，即孔庙，元建清重修，祀孔子及先贤先哲。）（七）传心
殿（在禁宫内文华殿东，为宫内祀先师孔子处。）（八）雍和
宫（在安定门内，清世宗之潜邸，世宗即位后为章嘉呼图克
图喇嘛唪经之所。）[①]

　　从以上的记载可以看出，目前我们所看到的关于五坛、九坛的
说法与民国时期的说法还是有些出入的，五坛中前面四坛都比较一
致，为天坛、地坛、日坛和月坛，而第五坛或为先农坛，或为社稷
坛，而看民国时期的说法可以确定五坛为天坛、地坛、日坛、月坛和
社稷坛。

　　九坛的说法更多的是在五坛之外再加上先农坛、先蚕坛或祈谷
坛、太岁坛等，而看民国时期的说法则是将天神坛和地祇坛加入其
中，不见有祈谷和太岁两坛。这样可以确认民国时期的九坛是天坛、
地坛、日坛、月坛、社稷坛、先农坛、先蚕坛、天神坛和地祇坛。

　　八庙的说法前后较为一致，只是在顺序上有所不同。目前所见的
八庙一般顺序为太庙、奉先殿、传心殿、寿皇殿、雍和宫、堂子、历
代帝王庙、孔庙，或是太庙、奉先殿、传心殿、寿皇殿、雍和宫、孔
庙、堂子、历代帝王庙，这或许是因为当下太庙的知名度更高些吧。
而民国时期则没有突出太庙，顺序为奉先殿、寿皇殿、太庙、堂子、
历代帝王庙、孔庙、传心殿、雍和宫，这一排序还是可以看出有主次
和轻重的安排的。

　　五坛八庙也好，九坛八庙也罢，无论顺序如何，内容名目前后
各有不同，但这些都是对北京坛庙文化的高度浓缩，正是由于这样

[①] 《三六九画报》，1943年第20卷第14期，第13页。

的概括使得北京的坛庙文化在民间得以传扬。北京作为一座古都，坛庙建筑与坛庙文化是这座都城中不可或缺的重要内容，成为中国传统礼制文化中的重要组成部分，为古都北京的文化建设添写了浓墨重彩的一笔。

第三节　北京坛庙的礼仪规制

坛庙首先是以建筑实体而存在的，能够体现出坛庙核心观念的仍然是那些依托于坛庙建筑这一实体的礼仪规制。坛庙的规制主要体现在坛庙的祭祀等级、坛庙建筑的种类和格局、坛庙祭祀的陈设、祭祀前后的仪式等方面。这些礼仪规制具体而严格、繁缛而庄重，不同时期要求则不尽相同，但其核心都是体现王朝正统，以礼乐教化天下。

一、坛庙的祭祀等级

北京坛庙的祭祀有大祀、中祀、小祀之分。

辽代对于祭祀等级的划分还不是十分明确和规范。虽然对于祭祀的等级已经有大祀、小祀的区分，但并没有明确规定于坛庙的祭祀中，仅仅是对于皇帝在举行大祀、小祀时祭服的穿着做了明确的要求。

金代对于坛庙祭祀等级已经开始有了较为明确的规定。

古来对"天"最为重视，金章宗承安元年（1196）八月，"上召晈至内殿，问曰：'南郊大祀，今用度不给，俟他年可乎？'晈曰：'陛下即位于今八年，大礼未举，宜亟行之。'"[1]可见，南郊祭天作为大祀礼仪之首是毫无疑问的。

同一年，君臣在讨论祭祀礼仪时，有大臣上奏认为"五方帝、日、月、神州、天皇大帝、北极十位皆大祀"[2]，并配以相应的祭品，皇上对此表示认可。对于朝日、夕月祭祀仪式也有这样的描述，"斋戒、陈设、省牲器、奠玉币、进熟，其节并如大祀之仪"[3]，对于高禖也有同样的说明，"其斋戒、奠玉币、进熟，皆如大祀仪"[4]。

---

① 《金史》卷一百六列传第四十四张晈，北京：中华书局，1975年，第2328页。
② 《金史》卷二十八志第九礼一，北京：中华书局，1975年，第708页。
③ 《金史》卷二十九志第十礼二，北京：中华书局，1975年，第721页。
④ 《金史》卷二十九志第十礼二，北京：中华书局，1975年，第723页。

由以上记载可以知道，金代把南郊祭天、朝日、夕月和高禖之礼都归入大祀的行列。

而纳入中祀范围的主要有方泽、武成王、历代帝王、风师雨师等。金代从斋戒的角度规定，"大祀，散斋四日，致斋三日。中祀，散斋二日，致斋一日"①，而此时对于方丘祭祀前需散斋二日②，可以看出对于方泽坛的祭祀当属于中祀。泰和六年（1206），"诏建昭烈武成王庙于阙庭之右，丽泽门内。其制一遵唐旧，礼三献，官以四品官已下，仪同中祀，用二月上戊"③。此时对于武成王的礼仪仍然是遵照唐代的旧制，并列入中祀。对于前代帝王的祭祀同样也列入中祀，"至于前古帝王，寥落杳茫，列于中祀亦已厚矣，不须御署"④。而对于风雨雷师则各有不同，明昌五年（1194）确定以中祀礼仪祭祀风师和雨师，"乃为坛于景丰门外东南，阙之巽地，岁以立春后丑日，以祀风师。牲、币、进熟，如中祀仪。又为坛于端礼门外西南，阙之坤地，以立夏后申日以祀雨师，其仪如中祀，羊豕各一"⑤。而平常与风师、雨师并列一起的雷师此时地位却下降了，"是日，祭雷师于位下，礼同小祀，一献，羊一，无豕"⑥，雷师被以小祀的礼仪来祭祀了。

金代对于坛庙祭祀等级已经有了相对于辽代较为清晰的说法，但仍然是沿用唐代的旧制，并没有十分明确某种坛庙祭祀礼仪为固定的大祀、中祀或小祀，而是使用"如大祀仪""仪如中祀"之类的表述，对于坛庙祭祀的等级则散见于对于各种礼仪的表述和规定中。

元代对于坛庙祭祀等级的情况与金代相似，规定也并不十分明确。"夫郊庙国之大祀也，本原之际既已如此，则中祀以下，虽有阙略，无足言者"⑦，"太庙神主，祖宗之所妥灵，国家孝治天下，四时

① 《金史》卷二十八志第九礼一，北京：中华书局，1975年，第694页。
② 《金史》卷二十九志第十礼二，北京：中华书局，1975年，第712页。
③ 《金史》卷三十五志第十六礼八，北京：中华书局，1975年，第818页。
④ 《金史》卷三十五志第十六礼八，北京：中华书局，1975年，第819页。
⑤ 《金史》卷三十四志第十五礼七，北京：中华书局，1975年，第809页。
⑥ 《金史》卷三十四志第十五礼七，北京：中华书局，1975年，第809页。
⑦ 《元史》卷七十二志第二十三祭祀一，北京：中华书局，1975年，第1780页。

大祀，诚为重典"①，"南郊之礼，其始为告祭，继而有大祀，皆摄事也，故摄祀之仪特详"②。可见，南郊祭天、太庙祭祖为大祀之礼，向来是受到重视的。

而对于中祀、小祀的规定则不甚明确，虽然对于大、中、小祀的规定没有很清晰，但是由谁来祭祀则却分得很清楚，从祭祀者的身份也同样可以看出祭祀等级的高低。"其天子亲遣使致祭者三：曰社稷，曰先农，曰宣圣。而岳镇海渎，使者奉玺书即其处行事，称代祀。其有司常祀者五：曰社稷，曰宣圣，曰三皇，曰岳镇海渎，曰风师雨师。其非通祀者五：曰武成王，曰古帝王庙，曰周公庙，曰名山大川、忠臣义士之祠，曰功臣之祠，而大臣家庙不与焉。"③从这里我们可以看出较为明显的区别。

到了明代，对于坛庙祭祀等级的规定则十分明确了，而且坛庙祭祀等级并不是一成不变的，而是在不同时期略有调整和变化。《大明会典》在"祭祀通例"中明确指出："国初以郊庙、社稷、先农俱为大祀，后改先农及山川、帝王、孔子、旗纛为中祀，诸神为小祀。嘉靖中，以朝日、夕月、天神、地祇为中祀。"④这里对于祭祀等级的记载虽然十分明确，但对于具体的坛庙祭祀名目记述还不是很全面，也可以说是点到为止。而在《明史》中则就完善和更为全面了。"明初以圜丘、方泽、宗庙、社稷、朝日、夕月、先农为大祀，太岁、星辰、风云雷雨、岳镇、海渎、山川、历代帝王、先师、旗纛、司中、司命、司民、司禄、寿星为中祀，诸神为小祀。"⑤之后将先农、朝日、夕月礼仪改为了中祀。而在明后期重修的《大明会典》中，对于坛庙祭祀的种类又有郊祀、庙祀和群祀的分别。郊祀中包括圜丘、方

① 《元史》卷一百七十五列传第六十二张珪，北京：中华书局，1975年，第4077页。

② 《元史》卷七十二志第二十三祭祀一，北京：中华书局，1975年，第1792页。

③ 《元史》卷七十二志第二十三祭祀一，北京：中华书局，1975年，第1780页。

④ ［明］李东阳等撰，申时行等重修：《大明会典》卷八十一·祭祀通例，扬州：江苏广陵古籍刻印社，1989年，第1265页。

⑤ 《明史》卷四十七志第二十三礼一，北京：中华书局，1974年，第1225页。

泽、朝日、夕月、祈谷、雩祀；庙祀中包括太庙、奉先殿、奉慈殿、景神殿；群祀的名目最多，包括有历代帝王、先圣先师、孔子、先农、先蚕、先医、旗纛、五祀（户、灶、中霤、门、井神）、京都祀典（如都城隍庙、东岳泰山庙、元世祖庙、文丞相祠等）、有司祀典、品官家庙等[①]。这种分类与大、中、小祀的等级有重合之处，也有未包括的内容，而群祀的分类影响了之后清朝的等级分类。明朝史籍对于每年按照节令正常举行的大、中、小祀的名目做了十分清晰的说明，大祀共有十三种，"正月上辛祈谷、孟夏大雩、季秋大享、冬至圜丘皆祭昊天上帝，夏至方丘祭皇地祇，春分朝日于东郊，秋分夕月于西郊，四孟季冬享太庙，仲春仲秋上戊祭太社太稷"[②]；中祀的名目更多，有二十五种，"仲春仲秋上戊之明日祭帝社帝稷，仲秋祭太岁、风云雷雨、四季月将及岳镇、海渎、山川、城隍，霜降日祭旗纛于教场，仲秋祭城南旗纛庙，仲春祭先农，仲秋祭天神地祇于山川坛，仲春仲秋祭历代帝王庙，春秋仲月上丁祭先师孔子"[③]；小祀却仅有八种，"孟春祭司户，孟夏祭司灶，季夏祭中霤，孟秋祭司门，孟冬祭司井，仲春祭司马之神，清明、十月朔祭泰厉，又于每月朔望祭火雷之神"[④]。于此，我们可以非常清晰地看到明代对于大祀、中祀和小祀的区分了。

清代对于坛庙祭祀的等级和名目延续了明代的规定，且更加清晰并形成定制。祭祀的等级叫法与明代稍有差异，明代的大祀、中祀、小祀在清代则称为大祀、中祀和群祀，每种等级中坛庙的名目与明代也有变化。"清初定制，凡祭三等：圜丘、方泽、祈谷、太庙、社稷为大祀。天神、地祇、太岁、朝日、夕月、历代帝王、先师、先农为

① ［明］李东阳等撰，申时行等重修：《大明会典》目录中卷八十一至卷九十五，扬州：江苏广陵古籍刻印社，1989年。

② 《明史》卷四十七志第二十三礼一，北京：中华书局，1974年，第1225页。

③ 《明史》卷四十七志第二十三礼一，北京：中华书局，1974年，第1225页。

④ 《明史》卷四十七志第二十三礼一，北京：中华书局，1974年，第1225—1226页。

中祀。先医等庙，贤良、昭忠等祠为群祀。"①当然，这种等级的规定也同样随着时代的变化而不断调整。乾隆皇帝在位时期，把常雩礼改为大祀，把先蚕之礼定为中祀；到咸丰皇帝在位时，将关圣、文昌的祭祀定为中祀；到光绪皇帝末年，将祭祀先师孔子之礼升为了大祀。

如明代一样，对于大、中、群祀的名目也做了十分清晰的规定，只是在具体的说法上稍有差异。大祀与明代一样共有十三种，"正月上辛祈谷，孟夏常雩，冬至圜丘，皆祭昊天上帝；夏至方泽祭皇地祇；四孟享太庙，岁暮祫祭；春、秋二仲，上戊，祭社稷；上丁祭先师"②；中祀的名目比明代要少了一半，只有十二种，"春分朝日，秋分夕月，孟春、岁除前一日祭太岁、月将，春仲祭先农，季祭先蚕，春、秋仲月祭历代帝王、关圣、文昌"③；而群祀的名目则大大增加，达到了五十三种，"季夏祭火神，秋仲祭都城隍，季祭炮神。春冬仲月祭先医，春、秋仲月祭黑龙、白龙二潭暨各龙神，玉泉山、昆明湖河神庙、惠济祠，暨贤良、昭忠、双忠、奖忠、褒忠、显忠、表忠、旌勇、睿忠亲王、定南武壮王、二恪僖、弘毅文襄勤襄诸公等祠。其北极佑圣真君、东岳都城隍，万寿节祭之。亦有因时特举者，视学释奠先师，献功释奠太学，御经筵祇告传心殿。其岳、镇、海、渎，帝王陵庙，先师阙里，元圣周公庙，巡幸所莅，或亲祭，或否。遇大庆典，遣官致祭而已。各省所祀，如社稷，先农，风雷，境内山川，城隍，厉坛，帝王陵寝，先师，关帝，文昌，名宦、贤良等祠，名臣、忠节专祠，以及为民御灾捍患者，悉颁于有司，春秋岁荐。至亲王以下家庙，祭始封祖并高、曾、祖、祢五世。品官逮士庶人祭高、曾、祖、祢四世"④；除了这些名目外，其他因事从俗而与祀典不相违背的祭祀也不加以禁止，这样看来，没有具体记载的祭祀名目就更多了。

清代对于大祀、中祀和群祀从主祭者的身份上也做了明确的区

---

① 《清史稿》卷八十二志五十七礼一，北京：中华书局，1976年，第2485页。
② 《清史稿》卷八十二志五十七礼一，北京：中华书局，1976年，第2485页。
③ 《清史稿》卷八十二志五十七礼一，北京：中华书局，1976年，第2485页。
④ 《清史稿》卷八十二志五十七礼一，北京：中华书局，1976年，第2485页。

分。天地、宗庙、社稷的祭祀由天子亲祭，如果有特殊原因则遣官告祭。对于中祀来说，或者是天子亲祭，或者是遣官祭祀。而群祀都是派官员祭祀了。

二、坛庙建筑

坛庙建筑属于礼制建筑的一类，既具有中国传统建筑的普遍特点，又具有因服务坛庙祭祀特殊性需求而在建筑规制、建筑种类和建筑格局上体现出了自身的特点，这些特点也成为了坛庙建筑与其他古建筑的明显区别之处。

1．建筑规制

中国历代讲究礼仪等级的分别，古代建筑同样如此，不同的级别拥有各自的建筑等级，坛庙建筑自是属于古建筑的一类，且与礼仪规制密切相关则更是体现出古代的等级制度。

坛庙建筑的等级是与坛庙的祭祀等级相伴随的，不同等级的坛庙建筑有不同的规制，这一点越到封建时代后期随着王朝等级制度的严格也更加明显。我们以清代坛庙建筑为例来说明。

圜丘祭天历来是王朝最为看重的礼仪，祭天建筑的规制自然受到了特别的重视，列为大祀礼仪的首位，皇家对于圜丘及其相关各类建筑物都给予了明确的规定。祭天建筑以圜丘为中心，《钦定大清会典则例》中记载，它的形制为圆形，面向南方，坛台共有三层。清初到乾隆之前上层台面的直径为五丈九尺，高九尺，二层坛面的直径为九丈，高八尺一寸，三层坛面直径为十二丈，高八尺一寸，"每成面砖用一九七五阳数，周围栏板及柱皆青色琉璃，四出陛，各九级，白石为之"[①]。另外对于内墙墙的周长、高度、厚度及四面开门的数量都做了明确的规定，"内墙周九十七丈七尺五寸，高八尺一寸，厚二尺七寸五分。四面皆三门……外墙方二百四丈八尺五寸，高九尺一寸，厚

---

① 四库全书《钦定大清会典则例》卷一百二十六·坛庙。

二尺七寸"①。

朝日礼仪属于中祀，对于朝日坛的尺寸在《钦定大清会典则例》中是这样描述的，"制方，西向，一成。方五丈，高五尺九寸，坛面用红色琉璃，四出陛，皆白石，各九级。圆墙周七十六丈五尺，高八尺一寸，厚二尺三寸。墙正西三门，石柱六，东南北各一门，石柱二"②。

与圜丘的规制相比，差异十分明显。以坛面的尺寸看，圜丘一层的直径为五丈九尺，比朝日坛的五丈已经大了一些，而圜丘三层的直径达到了十二丈，则远远大于朝日坛的体量了。从坛墙的周长看则差异更为明显，圜丘的内墙周长为九十七丈七尺五寸，而朝日坛的圆墙周长只有七十六丈五尺；两者高度虽然都是八尺一寸，但圜丘坛墙的厚度要比朝日坛多了四寸五分，而且圜丘有内外两重坛墙，朝日坛只有一周。圜丘坛墙四面设门，每面都有三座门，而朝日坛只有西面有三门，其他三面只有一座门。这些都能很清楚地看出大祀和中祀礼仪中在建筑规制上的明显差异，群祀则更不用说了。

坛庙建筑在规制上的差异，不仅仅是建筑本身的区别，在祭祀建筑种类、布局、祭器、仪式上都有着不同，这些在后面的有关内容中还会说明。

2．建筑种类

坛庙建筑并不仅仅指进行祭祀礼仪的坛台或殿堂，而是与此祭礼举行所涉及的各种活动的场所都是坛庙建筑的范围。一项祭礼的举行，需要有多方面活动的配合，因此需要配备相应的场所来承担，这就形成了不同的坛庙建筑群。天坛有天坛建筑群，社稷坛有社稷坛建筑群，太庙也同样形成了太庙建筑群，这些建筑群既有共性的内容，也有个性的内容，都是依据祭礼的不同而设置的。

---

① 四库全书《钦定大清会典则例》卷一百二十六·坛庙。
② 四库全书《钦定大清会典则例》卷一百二十六·坛庙。

辽、金、元各代坛庙建筑基本延续唐宋时期的样式和规制，尚未形成规模和定制。到明、清两代坛庙建筑的名目和规制逐渐形成规制，并定型下来（本部分后面相关内容也以明、清两代为例来说明），坛庙建筑在祭坛、祭殿之外，还有诸多不同功用的建筑，主要有以下名目。

（1）祭坛

作为建筑主体的坛来说，它的建筑形式可以说是较为简单的。一般为方、圆两种造型，主要是依据古代的阴阳五行学说而来。坛最初是堆土而成，所以唐代的颜师古说"筑土为坛"，极为简朴，后来才演变为用砖石包砌，并不断用各种不同的手法加以装饰。坛基本为露天建筑，以体现出人要直接与神灵对话的思想，又依据祭祀的等级，坛有层数的分别。以清代祭坛看，天坛为三层，社稷坛、地坛为两层，日坛、月坛、先农坛为一层。层数的多少，主要是依照当时统治者对所祭祀神的等级的规定而定的。

从坛的形状上看，有方形的坛和圆形的坛两种。早期考古发掘的祭坛遗迹以圆形坛比较多见，后来的圜丘坛一般都是圆形的，像明清时期的天坛圜丘就是典型；地坛、社稷坛等就是方形坛。从坛的祭祀对象上看，有祭天的圜丘坛，有祭地的方泽坛，有祭月的夕月坛，有祭日的朝日坛，祭祀先农的先农坛等。从坛的建筑质料上看，早期的是以土和石为主的祭坛，进入封建社会以后，从遗留的实物来看，基本上是以石头为主要材料的，也有临时搭建的祭坛。

围绕坛台有壝，或内外两重坛墙，或一重坛墙，墙上四面有门。

（2）主殿

坛的祭祀主要以露天为主，宫殿厅堂多为附属建筑，而祠庙则以殿堂为主，祭祀仪式一般在室内举行，主殿就是祠庙的中心建筑，在整个建筑中最为宏大、规格也最高。主殿按照中国古建筑的传统方式建造，多以石台为基础，开间依照祭祀等级的不同而采用不同的大小，屋顶样式同样依照等级确定，以重檐庑殿顶为最高等级，其次为歇山顶、悬山顶、硬山顶、攒尖顶等。

（3）神库

神库是在祭祀大典前举行视笾豆仪的场所，即由皇帝或者分献官检视笾豆准备情况的地方。明代时，"太常卿导至圜丘，恭视坛位，次至神库视笾豆，至神厨视牲毕，仍由左门出，升舆，至斋宫"[1]，清代"乾隆七年，更定前一日帝诣圜丘视坛位，分献官诣神库视笾豆，神厨视牲牢"[2]。

（4）神厨

神厨承担"宰烹涤濯及陈设之事"[3]，是制备供品，并在祭祀大典前举行视牲牢的场所，即由皇帝或者分献官检视牲牢准备情况的地方。

（5）斋宫

斋宫是祭祀大典举行前主祭者进行沐浴、斋戒的场所。不同坛庙建筑的斋宫规模和设置也有不同，以天坛的斋宫最有代表性，正殿左侧有斋戒铜人，右侧有时辰牌。四周有护城河，东北有钟楼，规模宏大。

（6）具服殿

具服殿是祭祀大典前主祭者更换祭服的场所。或建有具服台，是搭建更衣幄次的地方，更衣幄次有大次和小次的分别。

（7）神乐署

神乐署是为祭祀大典时表演的礼乐、舞蹈进行演习的场所。明代时称作神乐观，乾隆初期改为神乐所，之后又改称神乐署。神乐署在明清时期设置在天坛之中，统一负责坛庙的礼乐事务。

（8）牺牲所

牺牲所是祭祀牺牲之神和豢养祭祀仪式中使用的牺牲的场所。牺牲是祭祀时使用的专用牲畜，主要是牛、羊、猪、鹿和兔等。天坛的牺牲所位于天坛外坛的西南，设有围墙。明清时期祭祀所用的牺牲由

① 《明史》卷四十八志第二十四礼二，北京：中华书局，1974年，第1254页。
② 《清史稿》卷八十二志五十七礼一，北京：中华书局，1976年，第2496页。
③ 《清会典》卷七二太常寺，北京：中华书局，1991年，第664页。

各地选送，在祭祀前三个月到牺牲所集中饲养，按照牺牲的种类分别建有牛房、羊房等，同时有料房、草栏等。

（9）宰牲亭

宰牲亭是为祭祀大典准备牺牲的场所，又称"打牲亭"，这是因为古时祭祀用的牺牲不用刀屠杀，而是用木器击杀。虽然叫亭，实际是一组建筑，主要建筑为宰牲殿，殿内有漂洗池、灶台等。宰牲亭外有井以备用水，来清洗牺牲。

（10）乐器库

顾名思义，乐器库是专门存放祭祀大典演奏所使用的各种乐器的场所。

（11）祭器库

祭器库是专门存放祭祀大典过程中所使用的各种祭器的场所。

（12）钟鼓楼

钟鼓楼的设置并不是所有的坛庙建筑中都有，且钟鼓楼也不都是同时设置的。清代天坛钟、鼓楼俱全，"寻增天坛外垣南门一，内垣钟鼓楼一"[①]，地坛、月坛、天坛斋宫和牺牲所设有钟楼，而历代帝王庙也只设有钟楼。

（13）井亭

凡是需要用水的地方都会设置井亭。井亭常与神厨、宰牲亭相伴随，是制备供品时提供汲水的。井口用白石，上面架有石梁，井上建有亭。

（14）燔柴炉

燔柴炉是祭祀典礼时燔烧松柏木柴和送燎时烧祝版和祝帛的。

（15）瘗坎

瘗坎在燔柴炉附近，是祭祀结束后埋藏牺牲的尾巴、毛和血的地方，以表达先民吃生肉、茹毛饮血的意思。

---

① 《清史稿》卷八十二志五十七礼一，北京：中华书局，1976年，第2488页。

（16）其他

除以上建筑外，坛庙中也有一些常用性普通建筑，用以承担祭祀典仪过程中的日常性内容，如銮驾库、遣官房、陪祀官房等。还有一些与坛庙本身相伴随的、有自身特色的建筑，如天坛有皇穹宇，地坛有皇祇室，社稷坛有拜殿，先农坛有观耕台，先蚕坛有茧馆、织室等。

以上是坛庙建筑中常见的主要建筑和附属建筑，但由于坛庙具有不同的祭祀功能，因而其所拥有的附属建筑名目也各自不同，同一类建筑或在不同坛庙中都设立，或仅在某几类坛庙中存在，或者只存在单一的坛庙中（表1）。下表罗列清代主要坛庙的相关建筑可一目了然。

表1　清代主要坛庙相关建筑

序号	坛庙	建筑
1	圜丘	圜丘，燔柴炉，皇穹宇，神库，神厨，祭器库，乐器库，棕荐库，井亭，宰牲亭，皇乾殿，斋宫，钟鼓楼，神乐署，具服台
2	方泽坛	方泽坛，瘗坎，皇祇室，神库，神厨，祭器库，乐器库，井亭，宰牲亭，斋宫，钟楼
3	社稷坛	社稷坛，瘗坎，拜殿，戟门，神库，神厨，宰牲亭，井亭，奉祀署
4	朝日坛	朝日坛，具服殿，燎炉，瘗坎，井亭，宰牲亭，神库，神厨，祭器库，乐器库，棕荐库
5	夕月坛	夕月坛，具服殿，燎炉，瘗坎，井亭，宰牲亭，神库，神厨，祭器库，乐器库，钟楼
6	先农坛	先农坛，观耕台，具服殿，神仓，收谷亭，祭器库，斋宫（庆成宫），燎炉
7	先蚕坛	先蚕坛，采桑台，桑园台，具服殿，茧馆，织室
8	太庙	前殿，大殿，后殿，戟门，祭器库，燎炉，神库，神厨，奉祀署，宰牲亭，牺牲所，井亭

序号	坛庙	建筑
9	历代帝王庙	景德崇圣殿，燎炉，祭器库，神库，神厨，宰牲亭，井亭，钟楼，斋所
10	孔庙	先师门，大成门，大成殿，崇圣祠，井，燎炉，碑亭

3．建筑格局

中国古代传统建筑讲究格局与分布，古人在建造的过程中往往赋予建筑物诸多人文的内容，建筑物也不仅仅是孤零零、冷冰冰的木头、砖瓦和石块，而是具有了人文温度与历史厚度的一种文化载体。坛庙建筑也是如此。坛庙中分布若干建筑，这些建筑各有功用，其分布的位置不是随意布置和安排的，而是蕴含了一定的意蕴。坛庙建筑从建筑格局来看，祭坛与祠庙在本质上是一类建筑类型，但从格局分布上，两者还存在一定的区别。

（1）祭坛

祭坛建筑中以坛为核心，其他建筑都围绕坛来建造，坛成为了整组建筑的中心，具有了定位的作用。清代祭坛的建筑格局基本延续了明代规制而有所增减，以下就从清代祭坛的基本情况加以说明。

天坛坐北朝南，整体平面形状为北圆南方，南部为圜丘，北部为祈年殿，从北到南有一条明显的轴线贯穿（图2[①]）。轴线上分布主要建筑皇乾殿、祈年殿、皇穹宇、圜丘，从西门到东门贯穿一条大道将天坛整组建筑分为南、北两部分，东西大道并不在南北距离正中的位置，而是偏北一些。皇乾殿在祈年殿正北，神库和宰牲亭在祈年殿东北。皇穹宇在圜丘正北，皇穹宇西北为斋宫，神库、祭器库和宰牲亭在圜丘东北，牺牲所和神乐署则位于圜丘的西南方。天坛整体建筑虽

[①] 近代中国史料丛刊三编第七十一辑，《钦定大清会典图》（嘉庆朝）卷一礼制，第3页，台北：文海出版社有限公司印行，1992年。

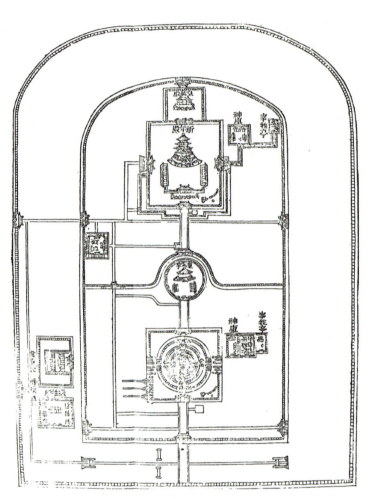

图2　天坛总图

然有一条较为清晰的轴线，但并不是左右对称的中轴线，而是位于整个建筑平面几何中轴线稍偏东一些。虽然有轴线，但并没有左右对称排列其他建筑，重点建筑排列于这条偏东的中轴线上，其他附属建筑按照方位分散各处。而神库、宰牲亭、牺牲所、神乐署等附属建筑虽然星散各处，但作为独立的建筑院落，则是按照中轴对称的布局来安排内部的建筑格局的。

地坛坐南朝北，整体平面为方形，内外两重坛壝，两条大道将平面分为均等四块，一条东西大道贯穿建筑，形成整组建筑的东西中轴线；与之相交有一条从南门通到方泽坛的大道，以这条道南北延伸又是一条轴线，形成整组建筑的南北中轴线，但建筑并没有依照此两条轴线左右对称排列，而是方泽坛占二分之一，斋宫占四分之一（图3①）。方泽坛位于建筑的南侧，坛南侧为皇祇室，门内西侧有瘗坎、神库、乐器库、神厨、祭器库、宰牲亭及井亭位于坛的西南。斋宫位于坛的西北，内有钟楼、神马圈等建筑，也是整组建筑的西北。皇祇室、神库、宰牲亭、斋宫等建筑院落也是按照中轴对称的布局来安排内部的建筑格局的，尤其以神库、神厨和宰牲亭院落最为典型。

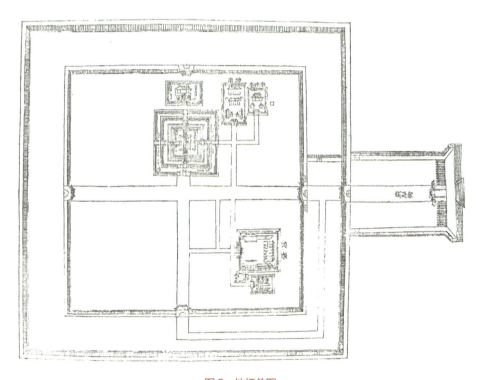

图3　地坛总图

　　① 近代中国史料丛刊三编第七十一辑，《钦定大清会典图》（嘉庆朝）卷二礼制，第33页，台北：文海出版社有限公司印行，1992年。

社稷坛坐南朝北，平面呈方形，坛台居于正中（图4①）。南面为拜殿、戟殿，神厨、神库在坛壝外西南，宰牲亭、退牲房与井亭居于坛西门外，与神厨、神库隔墙相邻。整组建筑以从拜殿到社稷坛一线为整组建筑中轴线，但建筑并没有对称排列。

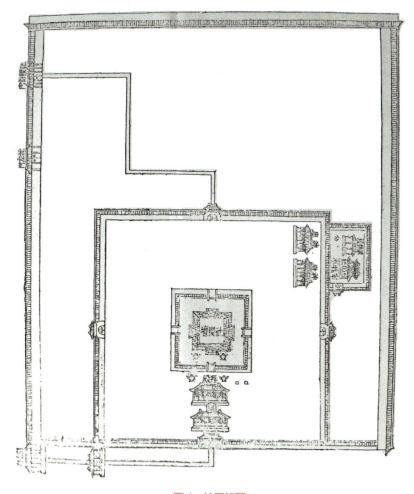

图4　社稷坛图

————————
　① 近代中国史料丛刊三编第七十一辑，《钦定大清会典图》（嘉庆朝）卷二礼制，第55页，台北：文海出版社有限公司印行，1992年。

日坛坐东朝西，平面呈东圆西方的方形，从西门进入有一主道通朝日坛，以这一主道东西延伸成为整组建筑的中轴线（图5①）。而日坛的主要建筑都居于这条轴线的北部，南部几乎没有建筑。日坛坛台居中，壝西门外南有一座瘗坎和铁燎炉；神库、神厨、宰牲亭、井亭在坛壝外的东北；祭器库、乐器库、棕荐库在宰牲亭的南侧、正对壝北门的位置；祭器库的西侧为钟楼；具服殿是一单独院落，居于壝西门外的西北、祭器库的正西，建筑有正殿、配殿，按照中轴对称排列。

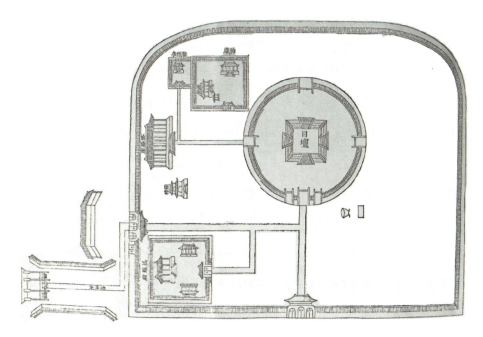

图5　日坛图

月坛、先农坛也与以上祭坛的格局类似。月坛从东门进入有一主道通夕月坛，以这一主道东西延伸成为整组建筑的中轴线，其他主要

　　① 近代中国史料丛刊三编第七十一辑，《钦定大清会典图》（嘉庆朝）卷三礼制，第63页，台北：文海出版社有限公司印行，1992年。

建筑则分布在夕月坛的东北部和西南部（图6[①]）。先农坛是包含了先农坛、天神地祇坛和太岁坛在内的一组综合建筑群，并没有一条严格的中轴线存在。从坛北门进入到耤田有一条大道，以这一主道南北延伸是一条稍偏东的主轴线，可以看作是整组建筑的中轴线。所有建筑都围绕这一轴线的东、西、南排列。各组建筑各自独立，各以中轴对称排列建筑，庆成宫、太岁殿、神库等尤其典型（图7[②]）。先蚕坛格局也基本如此。

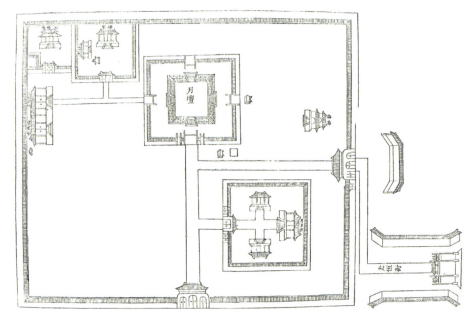

图6 月坛图

从以上各座祭坛的平面图可以看出，祭坛建筑并没有如古代传统建筑采取中轴对称的布局方式。虽然在祭坛中都有一条贯穿整组建筑的中轴线，但建筑并没有形成轴线群落，这条轴线仅仅是几何中线，

① 近代中国史料丛刊三编第七十一辑，《钦定大清会典图》（嘉庆朝）卷三礼制，第69页，台北：文海出版社有限公司印行，1992年。

② 近代中国史料丛刊三编第七十一辑，《钦定大清会典图》（嘉庆朝）卷三礼制，第75页，台北：文海出版社有限公司印行，1992年。

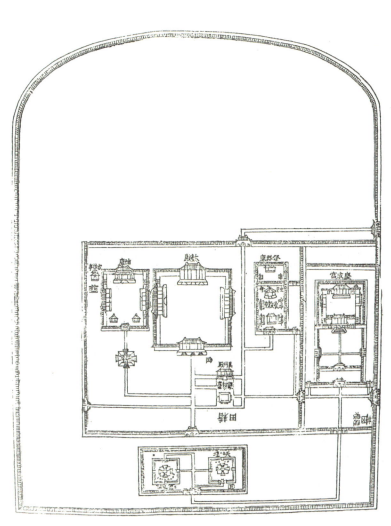

图 7　先农坛、天神地祇坛太岁殿总图

建筑群组也没有明显地以对称规律排列，而是以十分明显的不对称方式来分布。虽然整组建筑没有按中轴对称来排列，但是在具体的单组建筑中大多数却又是按照传统中轴对称的布局方式来规划的。祭坛整体建筑格局采取的是中轴不对称排列方式，而局部建筑格局则采取中轴对称的排列方式。

　　祭坛建筑的这种布局方式，虽然没有脱离传统中轴对称排列的大观念，但并没有亦步亦趋完全实行，而是采取了较为灵活的方式予以实施，突出了以自然神灵为祭祀对象的特色，追求自然、灵活和变化，但又有所依归，看似无法而实有法，将变化与规制巧妙结合在了一起。

（2）祠庙

祠庙建筑格局与祭坛建筑有所不同，其风格特色与宫殿类似，更多地突出庄重、威严与秩序，其格局以凝重、规矩为特色。同样以清代主要祠庙的格局予以说明。

太庙紧依皇宫，坐北朝南。从西侧太庙街门进入，经戟门进入太庙主院，从南往北依次排列有前殿、中殿和后殿，两侧对称排列东、西庑。戟门外东西分列神库和神厨，宰牲亭位于整体建筑的东南角。主院中建筑依照中轴对称原则排列，而戟门外宰牲亭建筑则单独排列（图8[①]）。

历代帝王庙坐北朝南，庙门之外有一字大影壁，从南往北依次排列有庙门、景德崇圣门、景德崇圣殿和祭器库。大殿台阶上下东西各有鼎、炉四个，大殿东西两侧又各有碑亭两座，大殿前东西有两庑殿（图9[②]）。东庑殿南侧为绿琉璃燎炉一座，西庑殿南侧为砖燎炉一座。景德崇圣门外东侧为神库、神厨和宰牲亭，西侧为遣官斋宿房和典守执事房。钟楼在景德崇圣门外东北，神库院西。庙门外东西各有下马碑一座，当街东西各有景德街牌坊一座。整组建筑完全是按照中轴对称的格局排列殿堂，仅有钟楼单独设置。

先师庙坐北朝南，与西侧国子监毗邻，形成左庙右学的格局。庙前为八字影壁，往北依次为先师门、大成门、大成殿、崇圣门、崇圣祠。大成殿东西两侧为庑殿各十九间，两庑前各有碑亭。大殿西南为燎炉，西北为瘗坎。后院崇圣祠亦有东西两庑，东南有燎炉。大成门外东西分列神厨、宰牲亭、井亭和神库、致斋所、更衣亭。碑亭东西

① 近代中国史料丛刊三编第七十一辑，《钦定大清会典图》（嘉庆朝）卷二礼制，第47页，台北：文海出版社有限公司印行，1992年。

② 近代中国史料丛刊三编第七十一辑，《钦定大清会典图》（嘉庆朝）卷四礼制，第111页，台北：文海出版社有限公司印行，1992年。

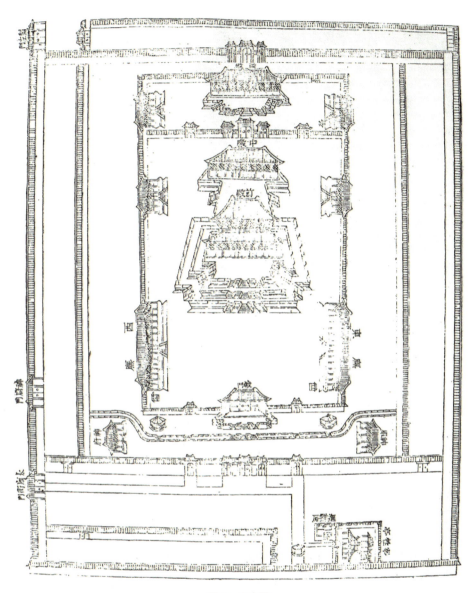

图8　太庙图

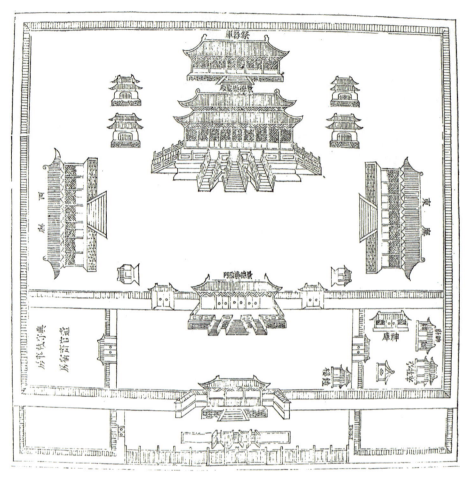

图9 历代帝王庙图

各一座（图10①）。先师庙的建筑格局同样是有一条明显的中轴线，两侧对称排列其他建筑，只有燎炉、井亭、瘗坎等不完全对称。

再有，如凝和庙、宣仁庙、贤良祠（地安门西大街）、文丞相祠等祠庙格局也是如此，完全采取中轴对称的方式排列规划建筑。

从以上几座祠庙建筑的平面图可以看出，祠庙采取的是整体建筑

---

① 近代中国史料丛刊三编第七十一辑，《钦定大清会典图》（嘉庆朝）卷四礼制，第117页，台北：文海出版社有限公司印行，1992年。

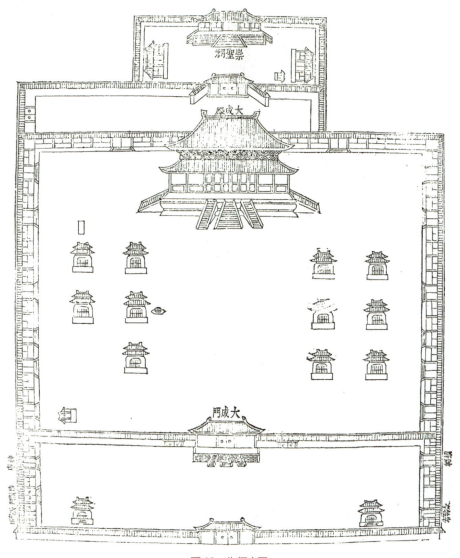

图 10　先师庙图

群以中轴对称方式排列，而局部建筑格局则未必对称的分布方式，即有明确而严格的建筑中轴线，依照中轴线两侧对称排列建筑，但排列的建筑未必一一对称，或功用不同，或数量不同，或有的只有一侧设置。对于民间祠庙来说，大的格局仍然是有一条主线作为全部建筑的中线，沿中线排布其他建筑，但在局部安排上则相对灵活和随意些。

三、坛庙陈设

坛庙祭祀在举行仪式时并非只有人在行礼，与之相伴的内容很多，既要排放受祀神灵的位置，谁在主位，谁在配位，谁在次位都需要按照一定的规制来排列，又要安排与祭祀礼仪相配合的各类物品、食品等。这些都属于坛庙祭祀的陈设，主要包含祭祀的位次和陈设的种类两大方面。

1. 位次

无论大祀、中祀还是小祀（群祀），不论祭祀规模与等级的大小，坛庙祭祀的陈设都是讲究序列和层次的。不同的祭祀名目和神灵，陈设的规模、品类、数量等都是不一样的。

在诸多坛庙祭祀典仪中以祭天大典最为隆重和繁复，也最能体现出祭祀的威严与秩序。以下就以明代圜丘的陈设来说明祭坛位次的情况。

位次包括神灵的位次、人员的位次和陈设的位次。

神灵的位次有主位、配位和从位的区分。正位为皇天上帝，配位为太祖，从位有大明神、夜明神、星辰和云雨风雷[1]。位次又按照圜丘的坛台分为两成，正位、配位在第一成，从位居于第二成，"洪武元年冬至，正坛第一成，昊天上帝南向。第二成，东大明，星辰次之，西夜明，太岁次之。二年，奉仁祖配，位第一成，西向。三年，坛下壝内，增祭风云雷雨。七年更定，内壝之内，东西各三坛。星辰二坛，分设于东西。其次，东则太岁、五岳，西则风云雨、五镇。内壝之外，东西各二坛。东四海，西四渎。次天下神祇坛，东西分设。"[2]

神位的位次排列明确后，就是在不同的神位前要安排不同位次的

---

① ［明］李东阳等撰，申时行等重修：《大明会典》卷八十二·郊祀二，扬州：江苏广陵古籍刻印社，1989年，第1284页。

② 《明史》卷四十七志第二十三礼一，北京：中华书局，1974年，第1230页。

陈设祭品。正位皇天上帝位前为"犊一，苍玉一，郊祀制帛十二（俱青色），登一，簠簋各二，笾十二，豆十二，苍玉爵三，酒尊三，青漆团龙筐一，祝案一"①。配位的陈设与正位的稍有不同，为"犊一，奉先制帛一（白色），登一，簠簋各二，笾十二，豆十二，苍玉爵三，酒尊三，云龙筐一"②。十二条青色的"郊祀制帛"变为了一条白色的"奉先制帛"，"青漆团龙筐"变为了"云龙筐"，摆放在犊之前的五供也减少为三供了。从位的陈设内容则变化较大，大明神的陈设为"犊一，登一，礼神制帛一（赤色），簠簋各二，笾十，豆十，酒盏二十，青瓷爵三，酒尊三，筐一"③。夜明神的陈设与大明基本相同，"礼神制帛"为白色。星辰的陈设为"犊一，羊一，豕一，登一，铏二（实以和羹），簠簋各二，笾十，豆十，酒盏三十，帛十（青色一，赤色一，黄色一，白色六，黑色一），青瓷爵三，酒尊三，筐一"④。云雨风雷的陈设与星辰基本相同，帛变为了青、白、黄、黑四种。从位与正位和配位的陈设有明显的变化，帛的数量和颜色大为不同，笾与豆的数量减为十件，爵的品质由玉质变为了瓷质。

　　无论是正位、配位还是从位的陈设都是按照一定的顺序来排列的。以正位的排列来看，皇天上帝的神位朝南摆在最前面，之后是祝案。案前为爵。爵之后排列笾豆登簠，笾在正中，左侧为簠和笾，右侧为簋和豆。筐在笾之后。筐之后为俎。俎上为犊，犊前为五供。配位、从位的陈设排列次序与正位相同，只是数量的不同而已（图

---

　　① ［明］李东阳等撰，申时行等重修：《大明会典》卷八十二·郊祀二，扬州：江苏广陵古籍刻印社，1989年，第1284页。

　　② ［明］李东阳等撰，申时行等重修：《大明会典》卷八十二·郊祀二，扬州：江苏广陵古籍刻印社，1989年，第1284页。

　　③ ［明］李东阳等撰，申时行等重修：《大明会典》卷八十二·郊祀二，扬州：江苏广陵古籍刻印社，1989年，第1284页。

　　④ ［明］李东阳等撰，申时行等重修：《大明会典》卷八十二·郊祀二，扬州：江苏广陵古籍刻印社，1989年，第1284页。

11-1、图11-2^①）。

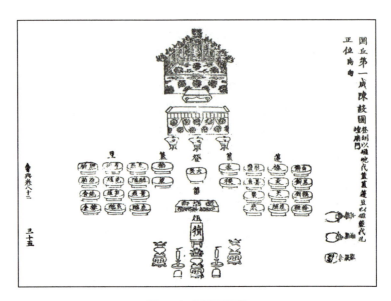

图 11-1　圜丘正位图

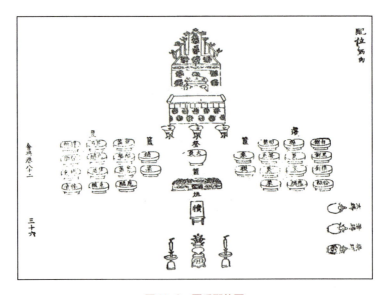

图 11-2　圜丘配位图

---

　　① ［明］李东阳等撰，申时行等重修：《大明会典》卷八十二·郊祀二，扬州：江苏广陵古籍刻印社，1989年，第1298页。

同时还要安排好参加祭祀大典人员所处的位置，这一点我们可以从明代朝日坛的祭祀图（图12①）上看得很清楚。正对大明神位的是主祭人皇帝的御拜位，在御拜位的两侧和后面分别站立太常卿、典仪、奏礼官、导驾官、协律郎、引舞、乐舞、掌燎官、传赞等人员，随时为主祭的皇帝服务。

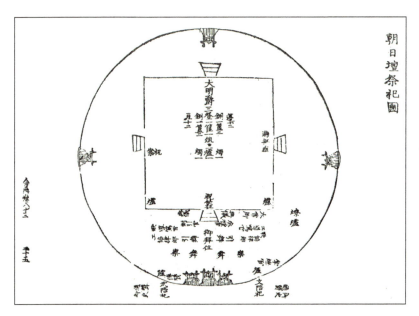

图12　朝日坛祭祀图

　　再以历代帝王庙的陈设为例，看一下祠庙位次的情况。

　　历代帝王庙同时供奉古代有为帝王，由于帝王较多而分室供奉，在陈设上也以室为单位来安排（图13②）。正殿中，"每室犊一，羊一，豕一。每位登一，铏二，笾豆各十，簠簋各二，帛一（白色，礼神制帛），共设酒尊三，爵四十八（今四十五），篚五。于中室东南，

　　① ［明］李东阳等撰，申时行等重修：《大明会典》卷八十二·郊祀二，扬州：江苏广陵古籍刻印社，1989年，第1315页。
　　② ［明］李东阳等撰，申时行等重修：《大明会典》卷八十二·郊祀二，扬州：江苏广陵古籍刻印社，1989年，第1439页。

西向，祝文案一于西"①。而东西两庑的陈设也依照正殿的规格而有所增减，正殿的犊、羊、豕则减去了犊，铏的数量增加，笾豆簠簋的数量减少。

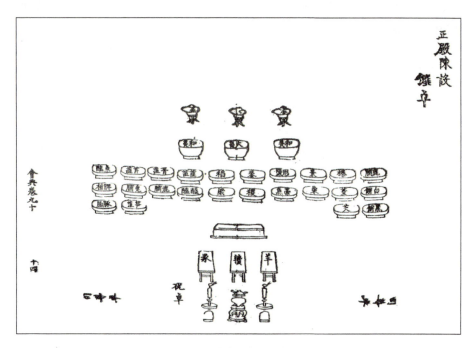

图 13　历代帝王庙正殿陈设图

　　民间祠庙的祭祀就没有皇家和官府主持的祠庙那么多严格的规矩和繁复的仪式了，在陈设上参照官府祠庙的样式而相对简单和简化了，但家族、宗族的祠堂则较为严格，对于位次也十分讲究。一般来说，民间祠堂的供奉位次基本是按照朱熹的《家礼》来安排的（图14②）。可以看出，平民家祭的位次安排与皇家祠庙的祭祀位次没有太大的不同，祖先牌位、祭品供品、祭祀人员安排等一样不少，只是远远没有皇家祠庙的那样繁复。

---

　　①　[明] 李东阳等撰，申时行等重修：《大明会典》卷八十二·郊祀二，扬州：江苏广陵古籍刻印社，1989年，第1434页。
　　②　乾隆庚寅年重修《邱公家礼仪节》卷一，祠堂时祭陈设之图，宝敕楼版。

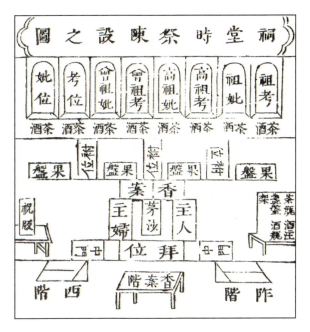

图14 祠堂时祭陈设之图

2. 种类

坛庙举行祭祀大典时，需要各类物品以满足各种需求，这些都是祭祀的陈设。陈设的种类很多，既有祭祀时临时搭建的各种设施，需要提前准备的祭品，也有长期存放用时提取的祭祀礼器、乐器等物品。当然，作为主祭对象的神位更是需要好好保存和看护的。

（1）神位

不论祭祀哪一种神灵，都要供奉神位。对于神位，明代有着明确的称呼，不同身份有着不同的叫法，"上帝、太祖主曰神版，余曰神牌。祭则礼部太常寺官请诣坛奉安"[1]，正位祭祀的上帝和配位祭祀的太祖的神位叫作神版，其余的神位都叫神牌（图15、16[2]）。不管是神

---

① ［明］李东阳等撰，申时行等重修：《大明会典》卷八十二·郊祀二，扬州：江苏广陵古籍刻印社，1989年，第1268页。

② ［明］李东阳等撰，申时行等重修：《大明会典》卷八十二·郊祀二，扬州：江苏广陵古籍刻印社，1989年，第1301页。

版还是神牌，这些神位的尺寸有严格的规定，不同的神位的尺寸不相同。明代天坛"圜丘神版长二尺五寸，广五寸，厚一寸，跌高五寸，以栗木为之。正位题曰昊天上帝，配位题曰某祖某皇帝，并黄质金字"①。而从祀的风云雷雨的神版，则是赤质金字。奉先殿帝后的神主用木制成，金地青字，高一尺二寸，宽四寸，座高二寸。帝社稷坛的神位则是朱漆地金字，高一尺八寸，宽三寸。日月坛神位用松柏木制作，朱漆金字，长二尺五寸，宽五寸，座高五寸。从以上几种情况比较来看，显然有等级的差别和变化。

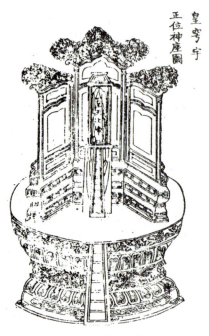

图15　圜丘正位神座与神版

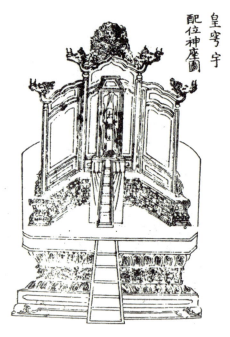

图16　圜丘配位神座与神版

平民祠堂的神位称作神主，民间一般称作牌位（图17②）。祠堂

①《明史》卷四十七志第二十三礼一，北京：中华书局，1974年，第1231页。

② ［明］李东阳等撰，申时行等重修：《大明会典》卷九十五·群祀五，扬州：江苏广陵古籍刻印社，1989年，第1486页。

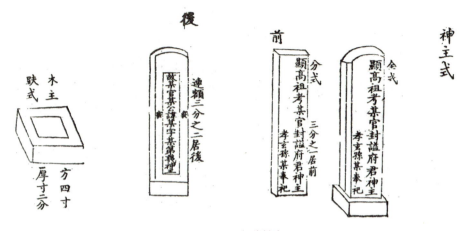

图 17　平民祠堂神主

神主的样式虽然不如皇家祠庙那样考究，但同样有一定的规格。神主一般"高一尺一寸，阔三寸，厚一寸二分"，而样式也有明确的描述，"首削去其上两角，各去五分，俾其首作圆形。额从上量下一寸横勒其前，入身深四分为额。判开其下，分陷中于额下。本身上刻深四分，阔一寸，长六寸为陷中。窍于本身两侧，旁钻两圆孔，经四分以同陷中，其孔离趺面七寸二分，前面广三寸，安在额下。趺方，四寸，厚一寸二分，凿之通底以受主身合式，前合于后身，纳于趺，植位仍高一尺二寸。"① 这些尺寸的设定不是随便为之，而是按照北宋理学家程颐的说法各具象征意义的。神主的底座——趺，方四寸寓意一年四季；高一尺二寸，象征一年十二月；宽三寸即三十分，象征月绕日一周三十天；厚十二分，象征一天十二个时辰。小小的神主寄托了人对自然四时的敬畏，象征着生活的秩序和规矩。

神位在祭祀典仪时才会请出予以供奉，而平时则需要加以保藏安放。不同坛庙的神位收藏在不同的地方，清代"坛庙神位各定其地以安奉。圜丘皇天上帝神位、配帝神位安奉于皇穹宇。天神从位安奉于宇之东西庑。祈谷坛皇天上帝神位、配帝神位安奉于皇乾殿。方泽坛

---

① 乾隆庚寅年重修《邱公家礼仪节》卷一，神主全式，宝敕楼版。

皇地祇神位、配帝神位、地祇从位安奉于皇祇室。太庙列圣、列后神位安奉于后殿、中殿龛内，均于祭时请奉于神座"①。圜丘、祈谷、方泽和太庙都有专门的地方收存神位，而其他坛庙则不设专门的存放殿堂。社稷坛的正位与配位的神位、日坛的神位、月坛的神位及配位神位分别安放在祭坛的神库中，先农坛的神位和天神坛、地祇坛的神位也安放在坛的神库中，而先蚕坛的神位安放在坛的神殿中，在祭祀时将各神位请出供奉。历代帝王庙、先师庙、关帝庙、文昌庙、太岁坛庙及群祀各庙的神位则平常就供奉在祠庙作为常设，就不用在祭祀典仪时再临时请奉了。

（2）祝版

祝版，也作祝板，是坛庙祭祀时书写祝文的木板。明代对于祝版的规格、材质做了明确的规定："南北郊，祝板长一尺一分，广八寸，厚二分，用楸梓木。宗庙，长一尺二寸，广九寸，厚一分，用梓木，以楮纸冒之。群神帝王先师，俱有祝，文多不载。祝案设于西。"②

清代对于祝版的使用对象、纸的规格样式和上面书写的文字则做了详细的说明："天坛，纯青纸朱书；地坛，黄纸黄缘墨书；太庙、社稷坛，均白纸黄缘墨书；日坛，纯朱纸朱书；月坛，白纸黄缘墨书；历代帝王、先师、关帝、文昌帝君、先农、先蚕、太岁、先医、北极佑圣真君、东岳、火神、都城隍等祭祀，均白纸黄缘墨书；炮神、窑神、仓神、门神、黑龙潭龙神、玉泉山龙神、昆明湖龙神、白龙潭龙神、惠济祠、河神庙、后土、司工之神、贤良祠、昭忠祠、睿忠亲王等祠，均白纸墨书。"③

可见，祝版用木制成，祝版之上再加纸书写文字，纸张根据祭祀对象分为纯青纸、黄边黄纸、黄边白纸和白纸几种，上面的文字用朱、墨两色分别书写。但是祝版并非都有版，"……用白纸，皆加于

---

① 《清会典》卷三十五礼部，北京：中华书局，1991年，第311—312页。

② 《明史》卷四十七志第二十三礼一，北京：中华书局，1974年，第1237页。

③ 《清会典事例》卷四百十五礼部·祭统·祝版，北京：中华书局，1991年，第五册，第643—644页。

方版，惟专祠用白纸，不加版"①。这是清代的做法。

（3）祭器

祭器指祭祀典仪所用的礼器，主要是用来盛装、摆放祭品的器具，主要有登、笾、豆、簠、簋、爵、太尊、著尊、牺尊、山罍、酒尊、铏、酒斝、酒盏。祭器主要是依照古代青铜器礼器的样式来制作的，登是用来盛放肉食的，爵是用来盛酒的，簠和簋是放谷物等粮食的，笾盛放果品等食物，豆盛放酱胙等食品，铏盛装羹类食物，尊、罍、斝等都是不同用途的酒器（图18②）。

图18　明代祭器图

不同的神祇所使用祭器的种类与数目也不同。在洪武元年（1368），对于圜丘祭天规定："正位，登一，笾豆各十二，簠簋各二，爵三；坛上，太尊二，著尊、牺尊、山罍各一；坛下，太尊一，山罍二。从祀位，登一，笾豆各十，簠簋各二，东西各设著尊二，牺尊二。"③之后又在洪武七年（1374）、洪武二十一年（1388）做了更定。同样在洪武元年（1368），对于太庙祭祀的祭器规定为"每庙登一，铏三，笾豆各十二，簠簋各二，共酒尊三、金爵八、瓷爵十六于殿东西向"④，而对于社稷坛来说则是"铏三，笾豆各十，簠簋各二，配位

①　《清会典》卷六〇工部，北京：中华书局，1991年，第564页。
②　《大明集礼》卷二，卷七，嘉靖九年，哈佛大学哈佛燕京图书馆藏。
③　《明史》卷四十七志第二十三礼一，北京：中华书局，1974年，第1232页。
④　《明史》卷四十七志第二十三礼一，北京：中华书局，1974年，第1233页。

同。正配位皆设酒尊三于坛东"①。于此可以看出在种类和数量上的明显区别了。

祭器依照祭祀神灵的不同而种类和数量不同，制作祭器的材质也有所不同。"凡祭祀器皿，洪武元年，令太庙器皿易以金造。乘舆服御诸物，应用金者以铜代之。二年定祭器皆用瓷。"②太庙的祭器都用金制，其他坛庙祭器从洪武二年（1369）开始用瓷制，而且各坛瓷质祭器的釉色各有不同，"圜丘青色，方丘黄色，日坛赤色，月坛白色"③。这种用色与古人对于各坛所祀神灵的用色象征相关。圜丘祭天，天为青色，祭器用青色；方丘祭地，地为黄色，祭器用黄色；日坛祭日，太阳赤红，祭器用红色；月坛祭月，月亮为白色，祭器用白色。而这些祭器中唯有一种例外，这就是笾，"今拟凡祭器皆用瓷，其式皆仿古簠簋登豆，惟笾以竹"。为符合古意，笾要用竹来编制。

这种情况在清代有了变化和调整，"初沿明旧，坛庙祭品遵古制，惟器用瓷。雍正时，改范铜"④。到了乾隆时期发生了较大的变化。乾隆十三年（1748），依照古礼确定了祭器材质的使用和关于制作的详细规定。笾用竹编成，里衬丝绢然后髹漆，郊坛的笾仅髹漆不衬丝绢，太庙的笾要彩画。郊坛的豆、登、簠、簋以陶质，太庙的仅登为陶质，其他的为木质髹漆并用金玉装饰。铏为铜质以金装饰。郊坛的尊为陶质，太庙所用的尊都用铜制成。祭祀天地的爵为匏器，太庙用玉爵，太庙两庑用陶爵。社稷祭祀正位用玉和陶质的祭器，配位祭器为陶质，豆、登、簠、簋、铏、尊都是陶质。日、月、先农、先蚕所用祭器质地和社稷礼仪相同。历代帝王、先师孔子、关帝、文昌及其他祠庙的祭器都为铜质。而对于祭器的色彩也较明代的规定更为细

① 《明史》卷四十七志第二十三礼一，北京：中华书局，1974年，第1233页。
② ［明］李东阳等撰，申时行等重修：《大明会典》卷二百一·工部二十一·器用，扬州：江苏广陵古籍刻印社，1989年，第2715页。
③ ［明］李东阳等撰，申时行等重修：《大明会典》卷二百一·工部二十一·器用，扬州：江苏广陵古籍刻印社，1989年，第2715页。
④ 《清史稿》卷八十二志五十七礼一，北京：中华书局，1976年，第2494页。

致，"凡陶必辨色，圜丘、祈谷、常雩青，方泽、社稷、先农黄，日坛赤，月坛白。太庙陶登，黄质采饰，馀俱白。盛帛用竹筐，髹色如其器。载牲用木俎，髹以丹漆。毛血盘用陶，色亦如其器"①。

坛庙祭祀是重要典仪，对于这些仪式所用的祭器管理十分严格。对于所有祭器都要造册登记，"祭器由承办衙门造成交寺（太常寺），由厅造册收储，并咨礼部备查"②。各坛庙所用的祭器一般都就近收存在该坛庙的神库中，而对于贵重的祭器则由太常寺统一收存，"惟城外各坛金银祭器，及各坛庙玉与玉特磬、先医庙祭器、通用祭器储于寺库，金镈钟储于广储司库"③。在举行祭器典礼前，交给各相关部门使用，结束后再交回储存。对于使用过程中发生损坏、破旧的祭器不能随意处理，可以修理后继续使用的则留存，而不能继续使用的就要焚烧或掩埋掉，不允许出现对祭器亵渎与轻慢的情况。

（4）祭品

祭品即祭祀所供奉的物品，包括食物、玉、帛、祝册等。这里所说的祭品是广义的祭品，在明、清两代的相关文献中，祭品指的就是"笾豆之实"，即笾、豆中盛放的食品，而牲牢、玉、帛是与神位、祭器、祭品相并列的。

食物又分为牲牢、酒以及称为"笾豆之实"的各种食物。牲牢指牛、羊、猪。牲即牺牲，是祭祀用的家畜。牢指太牢、少牢，是牺牲的不同组合。祭祀时用牛或与羊、猪同时作为祭品称为太牢，用羊或猪作为祭品称为少牢。对作为牲牢的牛、羊、猪要严格挑选，就牛而言，首先得是公牛，皮毛要纯净，选好后精心喂养，如果有一点损伤，都要立即更换。明代牲牢分为三等，即犊、羊、豕。清代牲牢分为四等，即犊、特、太牢、少牢。犊是指小牛，特是指公牛，而关于太牢、少牢清代规定为，"太牢：羊一、牛一、豕一，少牢：羊、豕

---

① 《清史稿》卷八十二志五十七礼一，北京：中华书局，1976年，第2494页。
② 《清会典》卷七十二礼部·太常寺，北京：中华书局，1991年，第664页。
③ 《清会典》卷七十二礼部·太常寺，北京：中华书局，1991年，第664页。

各一"①。而不同的坛庙依据等级的不同而使用不同的牲牢。明代对于牲牢的使用规定前后变化较多，清代则较为统一，"圜丘、方泽用犊，大明、夜明用特，天神、地祇、太岁、日、月、星辰、云、雨、风、雷、社稷、岳镇、海渎、太庙、先农、先蚕、先师、帝王、关帝、文昌用太牢。太庙西庑，文庙配哲、崇圣祠、帝王庙两庑，关帝、文昌后殿，用少牢。光绪三十二年，崇圣正位改太牢。直省神祇、社稷、先农、关帝、先医配位暨群祀用少牢。火神、东岳、先医正位，都城隍，皆太牢"②。

前面列举了各种祭祀用的礼器，这些礼器当然不能空着去献给神灵，因此要装满各种美味，并且不同的礼器内盛放不同的食物，称之为"笾豆之实"。明代是这样规定的：笾里盛放形盐（与散盐相对，是捣筑成虎形的盐，散盐则不捣筑成虎形）、鱐鱼（即干鱼）、枣、栗、榛、菱、芡（鸡头米）、鹿脯、白饼（熬稻米）、黑饼（熬黍米）、糗饵、粉糍（饵即今天的糕，糍即饼；糗与粉为同一种东西，是用炒米粉或炒豆粉加于糕、饼的外面），豆内盛放韭菹（切之四寸为菹，菹，将菜切得薄，但不细切。韭菹即韭菜丝）、醓醢、菁菹（菁指蔓菁，即大头芥菜丝）、鹿醢（鹿肉酱）、芹菹（芹菜丝）、兔醢（兔肉酱）、笋菹（笋丝）、鱼醢（鱼肉酱）、脾析（即牛胃，也叫百叶）、豚胉、饆食、糁食（米和羹）。笾、豆的使用数目也随祭祀等级的高低而变化。上边所说是使用十二个笾、豆所盛放的食物品名；如果用十个笾、豆，则从后边依次减去两种食物；如果用八个笾、豆，则从后边依次减去四种食物；如果用四个笾、豆，则笾里盛放形盐、鱐鱼、枣、栗，豆里盛放芹菹、兔醢、菁菹、鹿醢；如果用两个笾、豆，则笾里盛放栗、鹿脯，豆里盛放菁菹、鹿醢；如果各用簠、簋两个，则盛放黍稷、稻粱，簠、簋各一个则盛放稷、粱；登之中盛放太羹（羹为肉有汁者），铏内盛放和羹。酒在古代是很珍贵的东西，因而把它

---

① 《清史稿》卷八十二志五十七礼一，北京：中华书局，1976年，第2496页。

② 《清史稿》卷八十二志五十七礼一，北京：中华书局，1976年，第2496页。

作为祭品献给神也是理所当然，要用尊来盛放。清代的"笾豆之实"与明代基本相同，只有个别名称用字不同而已。

玉、帛指玉制的礼器和丝织品。

明代玉分为三等，"曰苍璧，曰黄琮，曰玉"①，在祭祀天、地、日、月时使用。上帝用苍璧，皇地祇用黄琮，太社、太稷用带底座的玉圭，朝日、夕月用五寸的圭璧。而清代对于祭祀用玉分得更为具体，共分六等，"上帝苍璧，皇地祇黄琮，大社黄珪，大稷青珪，朝日赤璧，夕月白璧"②。

不同的神灵使用不同等级、颜色的丝织品，这些丝织品有着专门的名称。洪武十一年（1378）议定帛共分五等，分别是郊祀制帛、奉先制帛、礼神制帛、展亲制帛和报功制帛。这些制帛如何区分呢？《大明会典》上记载："洪武三年定神帛织文。郊祀上天及配享皆曰郊祀制帛；太庙祖考曰奉先制帛，亲王配享曰展亲制帛；社稷、历代帝王、先师孔子及诸神祇皆曰礼神制帛，功臣曰报功制帛，苍、白、青、黄、赤、黑各以其宜。"③圜丘郊祀正位和配位用郊祀制帛，上帝的为青色，地祇的为黄色，配位的则用白色。社稷以下用礼神制帛，社稷为黑色，大明神为红色，夜明、星辰、太岁、风云雷雨、天下神祇都是白色；五行用五色；岳镇、四海、陵山为各自所处方位的颜色；四渎为黑色；先农的正位和配位都是青色；群神用白色；历代帝王、先师为白色；旗纛在洪武元年（1368）用黑色，七年（1374）改为红色，九年（1376）改为二条黑色，五条白色。太庙用奉先制帛，每庙用二条。亲王配享用展亲制帛。功臣配享要用报功制帛，每位用一条白色制帛④。

<hr>

① ［明］李东阳等撰，申时行等重修：《大明会典》卷八十一·祭祀通例，扬州：江苏广陵古籍刻印社，1989年，第1266页。

② 《清史稿》卷八十二志五十七礼一，北京：中华书局，1976年，第2495页。

③ ［明］李东阳等撰，申时行等重修：《大明会典》卷二百一·工部二十一·制帛，扬州：江苏广陵古籍刻印社，1989年，第2708页。

④ 《明史》卷四十七志第二十三礼一，北京：中华书局，1974年，第1235页。

清代的帛则分为七等，有郊祀制帛、奉先制帛、礼神制帛、告祀制帛、展亲制帛、报功制帛、素帛，较明代则又区分出告祀制帛和素帛两等①。对于这些制帛的样式和色泽在顺治八年（1651）有明确的规定："江宁织造局设神帛机三十张，岁织帛四百端，又准部移文额造二千端，其文兼清汉。曰郊祀制帛，曰告祀制帛，其色青黄；曰奉先制帛，色白；曰礼神制帛，青赤黄白黑五色；曰展亲制帛，曰报功制帛，均色白；曰素帛，色白不织文。"②这七等帛中，素帛没有花纹装饰，其他制帛都在帛的顶端装饰有花纹。可以看出，清代制帛的制度是延续了明代的做法并在此基础上做了进一步的细化，规定更为明确。

（5）乐器

坛庙祭祀典仪举行时需要奏乐，以烘托和营造气氛，演奏乐曲

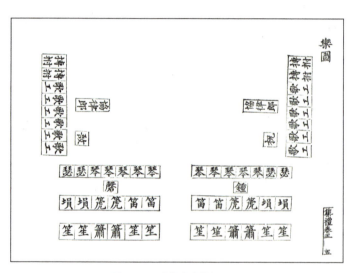

图 19-1　明代太庙祭祀乐图

---

① 《清会典事例》卷四百十五礼部·祭统·陈玉帛，北京：中华书局，1991年，第五册，第640—641页。

② 《清会典事例》卷九百四十工部·织造·制帛，北京：中华书局，1991年，第十册，第780页。

时使用的乐器都有一定的要求和规制（图19-1[1]）。明代坛庙的乐器使用制度确定于明初，"其乐器之制，郊丘庙社，洪武元年定"[2]。主要的乐器种类有编钟、编磬各十六件，琴十张，瑟四张，搏拊四件，柷、敔各一个，埙四只，篪四个，箫八支，笙八只，笛四支，应鼓一座（图19-2[3]）；洪武七年（1374）又增加了籥四个，凤笙四只，埙六只，而将搏拊改为两件。在坛庙中对于孔夫子的文庙祭祀乐器又有调整，乐器种类不变，而搏拊改为四件，应鼓改为大鼓。

图19-2　明代祭祀乐器图

这些在典礼中使用的乐器不是什么样的都可以用来演奏的，每一类乐器都是有其固定的样式和要求的。如琴"用桐木面、梓木底。长三尺六寸六分。黑漆身。临岳、焦尾、以铁力木为之。肩阔六寸，尾阔四寸。七弦俱带轸。其面有徽十三，底有雁足、护轸各二。用朱红漆几承之"[4]。再如搏拊，这是一种类似鼓的乐器，"其形如鼓，长一尺四寸。冒以革，二面。粉饰、绘彩凤文朱红漆木匡，绘彩云文。铜

①　《大明集礼》卷五，嘉靖九年，哈佛大学哈佛燕京图书馆藏。

②　《明史》卷六十一志第三十七乐一，北京：中华书局，1974年，第1505页。

③　[明]李东阳等撰，申时行等重修：《大明会典》卷八十一·祭祀通例，扬州：江苏广陵古籍刻印社，1989年，第1276—1279页。

④　[明]李东阳等撰，申时行等重修：《大明会典》卷一百八十三·工部三·乐器制度，扬州：江苏广陵古籍刻印社，1989年，第2516页。

钉环，贯以黄绒绲"①。

（6）器用

器用是指在祭祀过程中不在祭祀典仪中扮演主要角色的物品、器具等，不同于祭器与祭品是直接用于典仪的，主要有幄次、神座、祭服、拜垫、拜褥、灯具、辇等。

幄次是在祭祀过程中临时搭建的帐篷类的设施，其用途主要有三种，一是用于供奉放有神主牌位的宝座，二是用于祭祀前更衣的场所，三是用于行礼祭拜。用于皇帝更衣休息的幄次有两种，距离祭坛较远用于皇帝祭祀前略作休息的幄次称作大次，而距离祭坛较近用于皇帝更衣的幄次称作小次。幄次根据皇帝的需要还可以作为跪拜、行礼等的小空间；乾隆五十一年（1786）皇帝谕令，"向来致祭郊坛，于坛之二成设有幄次，以备拜跪、行礼、迎神、上香、进爵、供胙"②。

而幄次的规格也有明确的尺寸、用色的要求。以天坛为例，"天坛二成原有拜次一分，面宽一丈五尺，添设拜次，面宽九尺，撙小五尺七寸，原顶高八尺八寸，见高七尺五寸，撙低一尺三寸……著用金黄色……"原有的幄次要比添设的拜次在体量上要大很多，而且在"恭遇天神坛祈雨、祈晴、祈雪、谢降，皇帝亲诣行礼时，添设天青幄次四座，恭请神牌于幄内致祭"③。如果是派遣官员行礼时，则不再添设幄次了。

神座是供奉神主牌位的宝座。祭祀时受祭者的神牌或神版并不是如普通祭祀那样直接放在供案或供桌上的，而是有专门承放的神座。神座的样式与所祭祀神灵地位的高低而有所不同。明代神座的样式分为上下两部分，下部为须弥式底座，上部为屏风，神主安放在屏风

① ［明］李东阳等撰，申时行等重修：《大明会典》卷一百八十三·工部三·乐器制度，扬州：江苏广陵古籍刻印社，1989年，第2516页。

② 《清会典事例》卷九百五十六工部·制造库工作·幄次，北京：中华书局，1991年，第十册，第926页。

③ 《清会典事例》卷九百五十六工部·制造库工作·幄次，北京：中华书局，1991年，第十册，第927页。

前①。圜丘正位皇天上帝的神座安奉在皇穹宇中，底座为圆形须弥座样式，一周为仰覆变形莲瓣纹，莲瓣纹上下各有一周卷草纹，前有小阶梯；圆台上有八字三扇式屏风，顶上有雕花屏帽，神主在屏风前面正中。配位太祖的神座底座为前方后圆的长方形须弥座样式，四面为仰覆变形莲瓣纹，前有小阶梯；方台上有八字三扇式屏风，顶上有雕龙屏帽，装饰较正位神座简单，神主在屏风前面正中。从位神座体量较配位更小些，台座上屏风的装饰更为简单，没有雕花屏帽（图15、16）。

灯具是坛庙祭祀时所常备的用品，目的是为照明使用，根据其使用地点的不同，主要有道路用灯、装点用灯和祭灯三种。道路用灯主要是为在凌晨等举行的仪式所使用，安置在道路上照亮道路；装点用灯是小灯，装点在祭坛四周和神路的两侧；祭灯是放置在神位前面左右两侧的灯具，是在祭祀仪式举行时使用的。此外还有圜丘祭天所使用的"天灯"，这种天灯灯杆高达三十多米，安置在高高的石台上，是专门服务于祭天大典的特殊灯具。

祭服是祭祀时所穿的服装。坛庙典仪举行时，参加祭祀的人，尤其是主祭者要穿特定的服装来进行祭拜仪式。明代对于祭服的要求十分明确，凡是皇帝亲自参加的郊庙、社稷等祭祀大典，文武官员陪同祭祀的都要穿祭服。洪武二十六年（1393）规定，"文武官陪祭服一品至九品青罗衣，白纱中单，俱用皂领缘，赤罗裳、皂缘、赤罗蔽膝，方心曲领，其冠带佩绶等第并同朝服。又令品官家用祭服，三品以上去方心曲领，四品以下并去佩绶。又令杂职祭服，与九品同"。到了明后期，嘉靖八年（1529）则又进一步规定，"上衣用青罗皂缘，长与朝服同，下裳用赤罗皂缘，制与朝服同。蔽膝、绶环、大带、革带、佩玉、袜履俱与朝服同，去方心曲领"②。这里对于祭服样式、服

---

① ［明］李东阳等撰，申时行等重修：《大明会典》卷八十二·郊祀二，扬州：江苏广陵古籍刻印社，1989年，第1301页。

② ［明］李东阳等撰，申时行等重修：《大明会典》卷六十一礼部十九·祭服，扬州：江苏广陵古籍刻印社，1989年，第1057页。

图20 明代祭服样式

色、佩戴等都做了较为明确的要求（图20①）。而在清代则对于不同情况下祭服的穿用也做了较为具体的规定。以主祭者来说，皇帝在举行圜丘、祈谷、雩祀大典时要穿天青礼服，方泽祭祀时穿明黄礼服，祭日时穿大红礼服，祭月时穿玉色礼服，其余的祭祀典仪则穿明黄礼服。陪同皇帝祭祀的王公以下执事官员都穿朝服②。同时，还有很多具体情况需要分别处理，在服装上也要根据不同的情况来确定穿着。"郊坛大祀，恭逢祖、宗、列后忌辰，俱当备用吉服，不特祭祀之日应御礼服"③，特别是在遇到祖宗忌辰时，坛庙祭祀典仪的服装就需要调整。嘉庆二十五年（1820）定为常例，"向例凡祭祀斋戒期内，如遇忌辰，有执事及陪祀人员，俱常服挂朝珠，无执事不陪祀人员，常服不挂朝珠"④。

拜褥是祭祀典仪举行时行礼的必备物品，看似简单却并非可有可无。对于这样一件普通的祭祀用品同样也有着具体的规定，"初用绯。洪武三年定制，郊丘席为表，蒲为里。宗庙、社稷、先农、山川，红文绮为表，红木棉布为里"⑤。对于拜褥的颜色、表里的制作材料都做

① ［明］李东阳等撰，申时行等重修：《大明会典》卷六十礼部十八·冠服，扬州：江苏广陵古籍刻印社，1989年，第1024页。

② 《清会典事例》卷四百十五礼部·祭统·祭服，北京：中华书局，1991年，第五册，第648页。

③ 《清会典事例》卷四百十五礼部·祭统·祭服，北京：中华书局，1991年，第五册，第649页。

④ 《清会典事例》卷四百十五礼部·祭统·祭服，北京：中华书局，1991年，第五册，第649页。

⑤ 《明史》卷四十七志第二十三礼一，北京：中华书局，1974年，第1238页。

了详细的要求，可见当时朝廷对于坛庙祭祀典仪的重视程度。

辇是皇帝或主祭人前往坛庙时乘坐的工具。举行大祀礼仪时，皇帝乘坐凉步辇，也叫金辇。祭天时乘坐玉辇，仿照金辇来制作，"辇上方顶应照玉辂用天青色，前后左右各镶嵌圆花白玉一块，其上圆顶仍用金顶，乘以祀天"①。而祭祀方泽、宗庙和社稷时乘坐金辇，朝日、夕月、先农耕藉以下的祀典礼仪则用礼轿。

辂是古代帝王出行活动时的仪仗。坛庙祭祀对于辂的要求也十分明确。辂又称卤簿，清代分为法驾卤簿、銮驾卤簿和骑驾卤簿，三种一起则称作大驾卤簿，不同的坛庙祭祀则使用不同的卤簿。

（7）其他

除以上物品之外，还有五供、拜案、神椅、桌案、盥具、匣盒等。

（8）制备

祭品、祭器、器具等祭祀所用一应器物都需要制作和备办，由于祭祀所需物品种类不同，材料不同，因而也就由不同的部门负责制作准备。洪武二十六年（1393）规定，"凡供用器物及祭祀器皿，并在京各衙门合用一应什物，行下该局，如法成造。若金、银、铜、铁等器隶宝源局，皮革隶皮作局，竹木隶营缮所，匹帛隶文思院，皆须度量所料物色，委官覆实相同，不许多支妄费"②。到永乐时期又设立了器皿厂，下设十二个专门的"作"，分为戗金、油漆、木、竹、铜、锡、卷胎、蒸笼、桶旋、祭器、铁索等，其中就专门有祭器作。而从洪武二年（1369）确定祭器都用瓷质以后，这些祭器则"行江西饶州府如式烧造"③，也就是由位于今天景德镇的御窑厂来烧造完成的。

---

① 《清会典事例》卷九百五十四工部·制造库工作，北京：中华书局，1991年，第十册，第904页。

② ［明］李东阳等撰，申时行等重修：《大明会典》卷二百一工部·工部二十一·器用，扬州：江苏广陵古籍刻社，1989年，第2715页。

③ ［明］李东阳等撰，申时行等重修：《大明会典》卷二百一工部·工部二十一·器用，扬州：江苏广陵古籍刻社，1989年，第2715页。

清代对于制帛的制备有较为详细的说明。顺治八年（1651）规定，坛庙祭祀所用的制帛由江宁织造局负责制备，乾隆四十三年（1778）又明确，"各陵寝祭祀，应用制帛甚多，原额二千端不敷，嗣后每年由部核定数目，豫行江宁织造如数办解"[①]。而到了咸丰三年（1853），由于太平军战事兴起，江南织造负责办理军务，无力顾及祭祀制帛的织造，暂时交由杭州织造办理，等军务事务完成后，再交回江南织造办理。但到光绪四年（1878），朝廷认为制帛事务已经由杭州织造办理有些年头，而且为此添置了房屋和设备，因此这项工作继续由杭州织造办理，不再交给江南织造来做了。其他方面如潞绸由山西巡抚负责办理，葵藤、棕毛由两江总督负责等[②]。

祭祀所用的物品在祭祀典仪举行之前需要准备停当，这些主要的祭器、陈设等物品存放于举行祭祀仪式的坛庙中，而很多消耗性大的物品则需要从户部领取，"凡四时祭飨，所用纸张颜料、缎绸布匹等项，均咨工部复准，行文户部，由承办事务衙门出具文领，委员换给工部印领，前赴户部支领成造"[③]。可以看出，清代朝廷非常注重对于祭祀物品的使用控制，且规定了较为严格的领取手续，避免了物品流失与无端损耗。

物品制造、备办妥当以后，还要在祭祀地点由专门人员进行现场工作，安排停当。嘉庆十八年（1813）规定，"天坛大祀，制造库司员带匠拉放望灯，支搭更衣幄次（一名金殿），并幄内陈设，以及台上御拜位"[④]。而对于斋宫内需要的帘扇、雨搭、毡块等项差务，在皇帝亲自来行礼时，要由专门人员来现场准备，而且这些做活的匠役都要造册登记，详细记录人数及年貌特征，花名录做成两本，还要"钤

① 《清会典事例》卷九百四十工部·织造·制帛，北京：中华书局，1991年，第十册，第780—781页。

② 《清会典》卷六十工部，北京：中华书局，1991年，第566页。

③ 《清会典事例》卷九百四十八工部·支领祭物，北京：中华书局，1991年，第十册，第850页。

④ 《清会典事例》卷九百五十七工部·制造库工作·带领匠役，北京：中华书局，1991年，第十册，第938页。

用库印，一送太常寺，一由制造库司员点名放入，并由内务府发给腰牌，以备当差应用"①。于此足见对于皇帝亲自进行的祭祀典仪的重视程度，并要采取十分严格的安全措施。

四、祭祀仪式

单纯的祭坛建筑并不能完全体现它的功能与价值，它要与具体的祭祀礼仪结合起来才能达到其目的。因此，历代统治者对祭坛的祭祀礼仪极为重视，并对此做出了严格而繁缛的规定。

坛庙的祭祀仪式并不仅仅是祭祀当天的行礼和祭拜，而是包括祭祀前后、祭祀当天行礼的一系列的活动内容，尤其是祭祀日期的选定、祭祀乐舞的演练、祭祀前的斋戒、祭祀拜礼的各种细节等更是祭祀礼仪的重要内容。

1. 时间

坛庙的祭祀时间是有一定之规的，历朝历代把祭祀日期的选定当作一项非常庄重的事情。

明代的做法是日期由"钦天监选择，太常寺预于十二月朔至奉天殿具奏。盖古卜法不存，而择干支之吉以代卜也"②。洪武七年（1374），皇上命太常寺把议定好的祭祀日期写出公布，按时祭祀，并作为定制。

清代对于如何确定祭祀日期的记载则更为具体，"祀期郊庙祭祀，祭前二岁十月，钦天监豫卜吉期。前一岁正月，疏卜吉者及诸祀定有日者以闻。颁示中外。太常寺按祀期先期题请，实礼部主之。世祖缵业，诏祭祀各分等次，以时致祭。自是大祀、中祀、群祀先后规定祀期，著为例。嘉庆七年，复定大、中祀遇忌辰不改祀期。"③与明代做

---

① 《清会典事例》卷九百五十七工部·制造库工作·带领匠役，北京：中华书局，1991年，第十册，第938页。

② 《明史》卷四十七志第二十三礼一，北京：中华书局，1974年，第1239页。

③ 《清史稿》卷八十二志五十七礼一，北京：中华书局，1976年，第2497页。

法基本相同，仍然是由钦天监选择日期，太常寺奏请，实际是由礼部来主持具体事务，即便在遇到帝后祖先的忌辰时，大祀、中祀仍然举行，并不改变日期。

那么，每年这么多的大、中、小祀名目众多，具体的祭祀日期是怎么规定的呢？我们以清代的记载具体说明。

根据《钦定大清会典》的记载，"凡大祀，冬日至，祀皇天上帝于圜丘，夏日至，祀皇地祇于方泽"①，祭天在冬至日，祭地在夏至日。祭祀不是一整天都在进行，而是有着明确的具体时刻，"圜丘坛，冬至日祭，致斋三日，日出前七刻祭"，"方泽坛，夏至日祭，致斋三日，日出前七刻祭"②。这样看来，无论祭天还是祭地都是在黎明时分开始的。

以下根据《钦定大清会典》《坛庙祭祀节次》《钦定大清会典则例》等清代文献的记载，对于各坛庙的祭祀时间梳理如下。

圜丘坛，冬至日，日出前七刻祭。

祈谷，正月上辛日或二辛日，日出前七刻祭。

常雩，孟夏择吉日，日出前七刻祭。

大雩，择吉日，日出前四刻祭。

方泽坛，夏至日，日出前七刻祭。

太庙时享，四时孟月，正月初旬择吉日行孟春礼，四月朔日行孟夏礼，七月朔日行孟秋礼，十月朔日行孟冬礼；

太庙祫祭，岁除前，十二月大建二十九日（小建则二十八日），日出前四刻祭。

奉先殿，每月朔望日以及冬至令节、皇太后圣诞节、皇帝万寿节，日出前三刻祭。

社稷坛，春秋两次，仲春二月、仲秋八月上戊（或二戊）日，日出前四刻祭。

---

① 《清会典》卷三十五礼部，北京：中华书局，1991年，第297页。

② ［清］《坛庙祭祀节次》（东洋文库藏）圜丘坛、方泽坛。

朝日坛，春分日，卯时（5—7时）祭。

夕月坛，秋分日，酉时（17—19时）祭。

先农坛，季春三月亥日，辰时（7—9时）祭，巳时（9—11时）祭。

先蚕坛，季春三月巳日，寅正三刻（4时45分）祭。

历代帝王庙，春秋两次，春二月择吉日，秋八月择吉日，日出前六刻祭。

先师孔子文庙，八月上丁（或二丁）日，日出前六刻祭。

太岁坛，孟春上旬吉日，岁除前一日，日出前四刻祭。

天神坛祈雨，择吉日，日出前四刻祭。

地祇坛祈雨，择吉日，日出前四刻祭。

先医庙，春、冬仲月上旬甲日祭。

火神庙，季夏月下旬三日祭。

都城隍庙，秋月择吉日、皇帝万寿节祭。

东岳庙，皇帝万寿节祭。

黑龙潭龙神祠、玉泉山龙王庙、昆明湖广润灵雨祠、仓神各庙，春秋择吉日祭。

炮神，季秋朔日祭。

贤良祠、昭忠祠、旌勇祠等，春秋仲月择吉日祭。

其他群祀群庙，"皆以其时祭焉"①。

坛庙祭祀的时间必定要与所祭祀的对象结合起来考虑，特别是大祀的神灵就更为庄重和严肃，而群祀、小祀的坛庙在选择祭祀时间上则不那么严格与庄重，常常根据具体需要来确定时间。

2．习仪

祭祀大典是非常庄重和严肃的事情，行礼过程中不能出现差池，不然是对神灵的大不敬，上至帝王，下至百官都是不敢怠慢的。因

---

① 《清会典》卷三十五礼部，北京：中华书局，1991年，第310页。

此，为了保证祭祀的顺利和圆满完成，每次祭祀大典举行之前，都要进行排练，称之为"习仪"。

明代对于习仪的规定较为简单，一般是在祭祀前的三天和两天进行演练。嘉靖时规定对于冬至郊祀的习仪在祭祀举行的前七天和六天。而清代则不厌其烦，规定得十分具体。"凡大祀前四十日，中祀前三十日，每旬三、六、九日，太常卿帅读祝官、赞礼郎暨执事、乐舞集神乐署，习仪凝禧殿"①。大祀、中祀至少提前一个月就要进行演习排练，足见清廷对于祭祀这件事情的重视程度。在清初，根据惯例，坛庙祭祀之前由太常寺主持在坛庙中演习礼乐。雍正皇帝指出，虽然这样做可以在祭祀时更为娴熟，但在坛庙中演习却不够严肃庄重，有违祭祀本义，下令停止祭祀前一天在坛庙习仪的做法。虽然是演练，但同样不能马虎，朝廷还会派人监督检查。

3. 斋戒

斋戒是古代举行坛庙祭祀典仪前清整身心的礼仪，是对主祭者——天子和官员及陪祀人员的要求。对于斋戒的定义和范围，明初朱升有着精确的解释，即"戒者，禁止其外；斋者，整齐其内。沐浴更衣，出宿外舍，不饮酒，不茹荤，不问疾，不吊丧，不听乐，不理刑名，此则戒也；专一其心，严畏谨慎，苟有所思，即思所祭之神，如在其上，如在其左右，精白一诚，无须臾间，此则斋也。大祀七日，前四日戒，后三日斋"②。斋和戒的内涵与二者的区别说得明明白白。

古礼有"致斋于内，散斋于外"的做法，斋戒于是有致斋和散斋的区分。致斋是在特定的场所即斋宫中举行的斋戒礼仪，散斋则是不在特定场所进行的斋戒礼仪。斋戒的目的是要保持祭祀者身心的洁净，以表示对神灵的虔敬，内容主要是沐浴更衣。在此期间，要做到

---

① 《清史稿》卷八十二志五十七礼一，北京：中华书局，1976年，第2501页。
② 《明史》卷四十七志第二十三礼一，北京：中华书局，1974年，第1239页。

不饮酒、不吃荤、不看病、不娱乐，专心致志，心中默想要祭祀的神灵，就如同神在自己上下左右一般。

明清两代的要求一致，但又各有差异，明代要求斋戒者做到"不饮酒、不食葱韭薤蒜、不问病、不吊丧、不听乐、不理刑名、不与妻妾同处"①，大祀致斋要三天，中祀则两天。斋戒不仅仅是皇帝的事情，亲王、百官也要进行。皇帝斋戒有斋宫，而陪祀的官员则有斋房，洪武六年（1373），"建陪祀斋房于北郊斋宫之西南"②。皇帝主持祭祀，而居守宫中的皇太子及亲王们同样也要一体斋戒，其他官员也不例外。洪武三年（1370）规定，"大祀，百官先沐浴更衣，本衙门宿歇；次日听誓戒毕，致斋三日。宗庙、社稷亦致斋三日，惟不誓戒"③。为了加强斋戒的仪式感和环境氛围，礼部铸造斋戒铜人，铜人手里拿着牙简，简上写有文字。如是大祀则写"致斋三日"，如是中祀则写"致斋二日"，由太常寺放置在斋宫或斋所中。到洪武五年（1372），诏令各衙门也要做木制的斋戒牌，上面刻上"国有常宪，神有鉴焉"的文字，在遇到祭祀活动时则摆出来。

不同的祭祀对象则斋戒的要求也各有不同。明代规定，祭祀天地时，在正式祭祀前第五天的午后，皇帝沐浴更衣，第二天早上百官观看誓戒牌；再一天告祀祖庙后到斋宫致斋三天。享宗庙，祭祀前第四天午后，沐浴更衣；从第二天起再致斋三天。祭祀社稷、朝日、夕月、周天星辰、太岁、风云雷雨、岳镇海渎、山川等神灵时斋戒程序如前，只是致斋改为了两天④。

明代斋戒内容中有誓戒仪，类似于现代生活中的宣誓仪式。洪武二十六年（1393）制定了誓戒仪，即在大祀举行的前三天集合百官，

① ［明］李东阳等撰，申时行等重修：《大明会典》卷八十一·郊祀一，扬州：江苏广陵古籍刻印社，1989年，第1269页。

② 《明史》卷四十七志第二十三礼一，北京：中华书局，1974年，第1240页。

③ ［明］李东阳等撰，申时行等重修：《大明会典》卷八十一·郊祀通例，扬州：江苏广陵古籍刻印社，1989年，第1266页。

④ 《明史》卷四十七志第二十三礼一，北京：中华书局，1974年，第1240页。

由传制官宣读誓语。誓戒仪内容虽然简单，但仪式可一点也不简单。《大明会典》记载："凡大祀前三日、陈设如常仪。文武官各具朝服，诣丹墀拜位。钟声止，仪礼司跪奏请升殿。乐作，皇帝御华盖殿，具皮弁服。出升座，乐止，鸣鞭讫，赞四拜。传制官诣御前跪，传制由东门出，至传制位，称有制，赞跪。宣制云：'洪武某年正月某日，大祀天地于南郊。尔文武百官，自某日为始，致斋三日，当敬慎之。'传讫，赞俯伏，兴。乐作，又四拜，平身。乐止，奏礼毕。"① 一个简单的誓戒仪同样体现出了庄严隆重的仪式感，不能不让百官予以重视。而在《明史》中则说得简明扼要，誓词也更加通俗，"某年月日，祀于某所，尔文武百官，自某日为始，致斋三日，当敬慎之"②。可以说是皇帝在举行祭祀大典前提醒百官做好斋戒，更是对百官的要求。

以上所说是明代皇帝亲自祭祀时的斋戒要求，在皇帝不能亲祭时，就要派官员代为祭祀，这就是遣官祭祀。遣官祭祀也需要斋戒，但斋戒的规矩远远不如对皇帝的要求严苛。

清代对于斋戒的内容也更为明确和详细，"斋戒日，不理刑名；不办事，有紧要事仍办；不燕会；不听音乐；不入内寝；不问疾吊丧；不饮酒；不茹荤；不祭神；不扫墓"。斋戒虽然重要，但有紧要事还是要办理的。而清代对于参加斋戒的官员的规定更为详细。对于需要参加斋戒的人员，由礼部发文办理，"凡斋戒，由礼部行文吏、兵二部，转行文武衙门，将应入斋戒职名，于祭祀前十日开送太常寺"③。但对于大祀中负责"监宰及收职名官"不用致斋，其他监礼、监视的官员则需要在官署中斋戒。

斋戒是对待祭祀典仪的一种态度，上至皇帝，下至百官，都必须

① ［明］李东阳等撰，申时行等重修：《大明会典》卷七十四·传制仪，扬州：江苏广陵古籍刻印社，1989年，第1187页。

② 《明史》卷四十七志第二十三礼一，北京：中华书局，1974年，第1241页。

③ 《清会典事例》卷四百十五礼部·斋戒，北京：中华书局，1991年，第五册，第635页。

要毕恭毕敬，认真准备和执行，因此，对于斋戒事宜的规定也不厌其烦、事无巨细，清代这一点体现得尤其鲜明。

顺治八年（1651）规定，大祀和中祀时，"各衙门均设斋戒木牌"。第二年举行圜丘大祀时，顺治帝在清宫大内致斋二天，在圜丘斋宫致斋一天，而陪祀的各位官员都要到坛斋宿。乾隆时对于陪祀官员的斋戒规定很详细，"王以下公以上均于府第斋戒二日，坛外斋宿一日；宗室奉恩将军以上，在该衙门斋戒二日，坛外斋宿一日；八旗满洲、蒙古、汉军轻车都尉佐领以下、满汉文职员外郎并员外郎品级官以上、武职汉军冠军使参将游击以上均在部院衙门及各该衙门斋宿二日"①。而外任来京的官员参加斋戒就没有那么方便了，对于文职道府以上、武职协领副将以上官员，都要自己在附近找地方斋宿二日，在正式祭祀前一天还要各自到祭祀的坛庙外斋宿。对于遇到亲人故去的情况如何斋戒也做了明确的要求，"陪祀致斋各官，有期服者，一年不得与斋戒；大功、小功、缌麻在京病故者，一月不得与斋戒；在京闻讣者，十日不得与斋戒"②。

清代对斋戒的重视还表现在派专人加以稽查。雍正五年（1727），"命御史二人，各部院衙门司官二人，每旗贤能官各一人，内务府官二人，三旗侍卫二人，前往坛内稽查"③。圜丘、方泽斋戒有查斋官和查坛官，分别负责稽查各衙门官员的斋戒情况和祭坛内官员的斋戒情况。

斋戒虽然严肃，但也不能耽误政务，因此需要酌情调整和改变。清代雍正帝即位之后，在皇宫内建斋宫，祭天之前先在皇宫内致内斋，直到正式仪式举行之前才来到天坛的斋宫致外斋。这样也便于日

① 《清会典事例》卷四百十五礼部·斋戒，北京：中华书局，1991年，第五册，第637页。

② 《清会典事例》卷四百十五礼部·斋戒，北京：中华书局，1991年，第五册，第636页。

③ 《清会典事例》卷四百十五礼部·斋戒，北京：中华书局，1991年，第五册，第636页。

常政务的处理。

4. 乐舞

古来祭祀需要乐舞相伴，以悦神明。坛庙祭祀都有严格乐舞相配，形成了一定规制，明清相沿，规定日详，又各有不同。

明初，"郊社宗庙用雅乐"①，规定坛庙祭祀用乐分为四等，即祭祀天地用九奏，神祇、太岁用八奏，大明、太社稷、历代帝王用七奏，夜明、帝社稷、宗庙、先师孔子用六奏②。这里的用乐等级是指在祭祀时所演奏的乐曲数目，九奏是指九种乐曲。如圜丘在不同祭祀仪式过程中要演奏九首不同的乐曲，这九曲是《中和之曲》《肃和之曲》《凝和之曲》《寿和之曲》《豫和之曲》《熙和之曲》《雍和之曲》《安和之曲》《时和之曲》③。而不同神灵用乐的曲数不同，且乐曲的名称也各有不同，如历代帝王用七奏，七首乐曲分别是《雍和之曲》《保和之曲》《中和之曲》《肃和之曲》《凝和之曲》《寿和之曲》《豫和之曲》④。演奏乐曲的同时还要有舞蹈，明代用舞规定"舞皆八佾，有文有武；先师舞六佾，用文"⑤。佾是指乐舞行列，八佾是指横竖各八人，即八八六十四人；六佾就是六六三十六人，依此类推。而其中又分为文舞生和武舞生。文舞生和武舞生所跳的舞样式不一样，手里所拿的物品也各不相同（图21-1、21-

舞器圖
節

图21-1 明代祭祀舞器图之节

---

① 《明史》卷六十七志第四十三舆服三，北京：中华书局，1974年，第1651页。
② ［明］李东阳等撰，申时行等重修：《大明会典》卷八十一·郊祀通例，扬州：江苏广陵古籍刻印社，1989年，第1267页。
③ 《明史》卷六十一志第三十七乐一，北京：中华书局，1974年，第1501页。
④ 《明史》卷六十一志第三十七乐一，北京：中华书局，1974年，第1502页。
⑤ ［明］李东阳等撰，申时行等重修：《大明会典》卷八十一·郊祀通例，扬州：江苏广陵古籍刻印社，1989年，第1267页。

2[1]）。武舞生手里拿干、戚，文舞生手里拿羽、籥。前面有二名舞士手里拿着"节"引导[2]。文舞生所舞叫作文德之舞，武舞生所舞为武功之舞（图22[3]）。

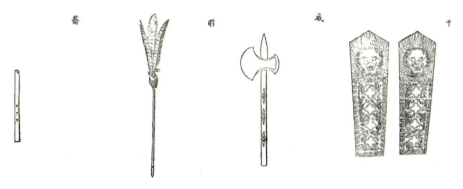

图21-2 明代祭祀舞器图之干、戚和羽、籥

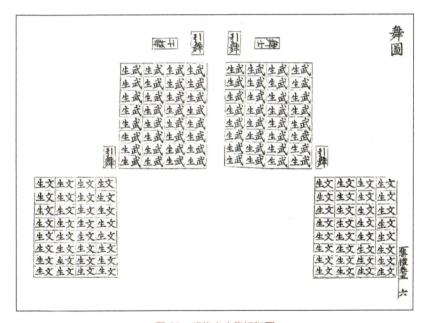

图22 明代太庙祭祀舞图

---

① ［明］李东阳等撰，申时行等重修：《大明会典》卷八十一·郊祀通例，扬州：江苏广陵古籍刻印社，1989年，第1279—1280页。

② 《明史》卷六十一志第三十七乐一，北京：中华书局，1974年，第1505页。

③ 《大明集礼》卷五，嘉靖九年，哈佛大学哈佛燕京图书馆藏。

清代对于乐舞的等级规定则更加明确，同时对于所用乐曲的名称也一并规范。

顺治元年（1644）规定，圜丘坛九奏，方泽坛八奏，社稷坛、日坛、先农坛七奏，太庙、历代帝王庙、先师孔子、太岁坛、月坛、先蚕坛各六奏。同时对于乐曲所使用的名称也做了规定，圜丘、方泽、太庙、社稷、历代帝王、先师、太岁"均用平字为乐章佳名"①，日坛用"曦"字，月坛用"光"字，先农坛用"丰"字。乾隆时期，先蚕坛也用"平"字，社稷坛、天神坛、地祇坛、太岁坛乐章用"丰"字。嘉庆时社稷坛乐章则改为"和"字。其他如关帝庙、文昌帝君也都规定乐用六奏，乐章都用"平"字。关于乐章的名字，清代所选用字都是美好的意思，主要是为了与前朝历代的用字相区别。这一点，在顺治元年（1644），摄政王多尔衮定都北京，在告祭天地宗庙社稷前，大学士冯铨、洪承畴进言说："郊庙及社稷乐章，前代各取嘉名，以昭一代之制，梁用'雅'，北齐及隋用'夏'，唐用'和'，宋用'安'，金用'宁'，元宗庙用'宁'、郊社用'咸'，前明用'和'。我朝削平寇乱，以有天下，宜改用'平'。"②如圜丘的《始平之曲》《咸平之曲》《嘉平之曲》等。

清代礼仪用乐有十一种之多，分为中和韶乐、丹陛大乐、中和清乐、丹陛清乐、导迎乐、铙歌乐、禾辞桑歌乐、庆神欢乐、宴乐、赐宴乐、乡乐，而用于坛庙祭祀的就是中和韶乐③。康熙五十四年（1715），"冬至，祀天于圜丘，始用御定雅乐"④。因此，这类乐曲沿袭明代叫法又被称作雅乐。

清代对于用舞规定得更加清晰，明确了不用舞的祭祀名目。天、地、太庙、社稷、日、月、历代帝王、先农、天神、地祇、太岁、关

① 《清会典事例》卷四百十五礼部·用乐，北京：中华书局，1991年，第五册，第643页。
② 《清史稿》卷九十四志六十九乐一，北京：中华书局，1976年，第2733页。
③ 《清史稿》卷一百一志七十六乐八，北京：中华书局，1976年，第2985页。
④ 《清史稿》卷八本纪八圣祖本纪三，北京：中华书局，1976年，第287页。

帝祭祀都用八佾舞，文、武舞生各六十四人；先师、文昌帝君用六佾舞，文、武生各三十六人；而"先蚕坛不用佾舞，乐无钟磬，余祭均无佾舞"[1]。

5．仪式

以上介绍了古代坛庙祭祀典仪相关的不同内容，而对于祭祀来说最重要、最核心、最能体现祭祀特色的还是祭祀的仪式。不同规格和种类的祭祀名目有着不同的祭祀仪式，仪式有繁有简，无论繁简都需要遵循一定的规程。当然，还是皇家祭祀坛庙的仪式最为隆重、最为繁复、最具有代表性。

祭祀仪式可以分为祭前仪、正祭仪和祭后仪。明代祭祀礼仪有合祀仪和分祀仪的区别。明初坛庙祭祀多种神祇同时供奉祭祀，故定有合祀礼仪。嘉靖九年（1530）分建四郊，更改为不同的神祇各自祭祀，为分祀仪。

古代的坛庙礼仪是颇为隆重的国家祀典，受到历朝历代帝王的高度重视，其中尤以圜丘祭天最为重要，也最为繁缛隆重。从祭天仪式可以一窥古代坛庙祭祀盛典之一斑。以下以明代圜丘祭天礼仪来说明坛庙祭祀仪式的隆重与繁复。

（1）祭前仪[2]

正式祭祀前十天，由太常寺上奏题请皇帝准备视牲仪式，并安排三名大臣先期看牲。

正式祭祀前六天，皇帝着常服到太庙告祀，先给太祖上香，再给列圣上香，然后要跪读告辞：

孝玄孙嗣皇帝（御名）明日恭诣

---

① 《清会典事例》卷四百十五礼部·用乐，北京：中华书局，1991年，第五册，第643页。

② ［明］李东阳等撰，申时行等重修：《大明会典》卷八十一·郊祀通例，扬州：江苏广陵古籍刻印社，1989年，第1281—1285页。

南郊，视大祀牷牲。谨诣

祖宗列圣帝后神位前，恭预告知。

在视牲仪式结束后还要到太庙告祀，仪式与前面一样，致辞则不一样：

孝玄孙嗣皇帝（御名）恭视

大祀牷牲礼毕。恭诣

祖宗列圣帝后神位前，谨用参拜。

正式祭祀前五天，皇帝在锦衣卫的护从下到牺牲所视牲。

正式祭祀前四天，皇帝在奉天殿，由太常寺奏祭祀、进铜人。太常寺博士告请太祖的祝版，由皇帝亲笔把自己的名字写上。

正式祭祀前三天，皇帝穿上祭服，带着脯醢酒果拜诣太庙，恭请太祖配祀皇天上帝。皇帝在典仪的引导下跪拜、献礼，并由读祝官跪读祝词：

维嘉靖×年岁次×月×朔×日，孝玄孙嗣皇帝（御名）

敢昭告于皇祖太祖高皇帝，曰：兹以今月×日冬至，祗祀

上帝于圜丘。谨请皇祖配帝侑神。伏惟鉴知。谨告。

之后，皇帝更衣后到华盖殿，太常寺卿和光禄寺卿面奏省牲完毕，皇帝再到奉天殿与百官进行誓戒仪。

正式祭祀前二天，在奉天殿由锦衣卫准备好神舆香亭，太常官准备好玉帛匣和香盒。

正式祭祀前一天，皇帝到奉天殿亲笔书写祝版，将玉帛放到匣中，由太常卿安放到神舆中，然后皇帝三上香，行一拜三叩礼。之后由锦衣卫将神舆送到天坛，太常寺卿将其放到神库。

皇帝穿吉服到太庙告祀，之后在奉天门乘舆到南郊圜丘。从西天

门进入，到昭享门外下舆。礼部太常卿导引皇帝到圜丘恭视坛位，再到神库视笾豆、神厨视牲，最后到斋宫。

（2）正祭仪①

圜丘祭天仪式在当天凌晨举行。祭祀当日三更一点要先从皇穹宇恭请神位。前一天已经在丹墀正中摆好了香案，礼部太常寺堂上官到香案前行礼，尚书上香率领官员行一拜三叩礼，然后太常寺九名官员从东西配殿的龛位中请出从位的神牌。恭请神牌也有前后顺序，按照雷师、风伯、雨师、云师、周天星辰、二十八宿、五星、夜明、大明，捧到丹墀东西向站立；然后太常寺一名官员到殿中请太祖的神位，由太常寺少卿一员捧出西向站立；之后太常寺二名官员请上帝的神版，太常寺卿捧出南向站立。由礼部侍郎二人导引，按照刚才恭请神位顺序的反向出殿，从圜丘北门进入，按照从上帝、太祖一直到雷师的顺序先后安放到各自的神座上。祭祀结束后，太常官仍然要按照这一程序依次将神位送回龛内。

祭祀的主角是皇帝。三更时候，皇帝已从斋宫乘舆来到了圜丘外墙的神路的东大次中，更换祭服后，从左棂星门进入圜丘内墙时，典仪官唱"乐舞生就位，执事官各司其事"。各方人员各就各位，一切准备停当后，祭天大典就正式开始了。

祭天仪式从冬至日拂晓开始，因为从冬至这天夜里阳气开始逐渐增强，而阳气使万物滋生繁衍。由于仪式在拂晓举行，天色尚暗，所以在圜丘坛内墙外面西南方向立有灯杆，上面悬挂大灯笼，叫作天灯，照得坛内通明。

整个仪式在赞礼官的指挥下进行。祭天大典分为迎神、奠玉帛、进俎、行初献礼、行亚献礼、行终献礼、撤馔、送神、望燎九项程序，直到祭品焚烧完才算结束。祭祀过程中，皇帝要率领文武百官不断跪拜行礼。赞礼官就如同我们看到的司仪一般，高声唱和，人们随

---

① ［明］李东阳等撰，申时行等重修：《大明会典》卷八十一·郊祀通例，扬州：江苏广陵古籍刻印社，1989年，第1285—1287页。

之做相应的动作。

皇帝到御拜位就位，典仪官唱"燔柴、迎帝神"。在赞礼官的唱和下，《中和之曲》奏响，迎神开始。乐声之中，祭祀者想象皇天上帝率领众神来到祭坛，然后郊社令把燎坛上的柴草点燃，焚烧牺牲。随着烟雾飘飘而起，祭品也就意味着送到了上天那里。皇帝三上香行跪拜礼后，走到盥洗位搢圭（把手里的圭插在腰间），洗净手，拿出圭，走上祭坛。《肃和之曲》随之奏响。皇帝跪在皇天上帝的神位前，再搢圭，三上香，奠玉帛，出圭，行再拜礼，回到原位。开始奏《凝和之曲》。皇帝到神位搢圭，奠俎，出圭，回到原位。接着行初献礼。皇帝走到爵洗位，搢圭，洗爵，擦爵，交给执事者，出圭。又走到酒尊所，搢圭，执爵承酒，交给执事者，出圭。当《寿和之曲》响起，随之跳武功之舞。皇帝在神位前下跪，搢圭，上香，祭酒，奠爵，出圭。读祝官读完祝文后，皇帝俯身下拜，起身，再拜，然后回到原位。亚献礼在《豫和之曲》与文德之舞中进行。行终献礼时奏《熙和之曲》。亚献礼和终献礼与初献礼仪式相同，但不读祝文。

在赞礼官"饮福受胙"的唱和声中，皇帝再次走上祭坛二层，在饮福位行再拜礼，下跪，搢圭，接过爵，祭酒，饮福酒，把爵放在坫上，然后从奉胙官手中接过胙，交给执事者，出圭，下拜，起身，再拜，回到原位。随之《雍和之曲》响起，撤馔。掌祭官把豆撤下，在《清和之曲》中送神。皇帝行再拜礼，走到望燎位，在《时和之曲》中看着焚燎祝版丝帛。至此祭天仪式礼毕。皇帝回到大次中，脱去祭服。太常官将神位再送回皇穹宇中。

但是，祭天典礼此时并没有真正结束，还有后续礼仪。

（3）祭后仪[1]

皇帝行礼完成后，到斋宫稍事休息后回皇城，到太庙参拜，致辞：

————

① ［明］李东阳等撰，申时行等重修：《大明会典》卷八十一·郊祀通例，扬州：江苏广陵古籍刻印社，1989年，第1287页。

孝玄孙嗣皇帝（御名）

圜丘大报礼成。恭诣

祖宗列圣帝后神位前。谨用

参拜。

然后百官随皇帝到奉天殿举行庆成礼。

到此，全部祭天仪式才宣告最终完成。

祭天仪式既繁缛又枯燥，真难为了皇帝。平日里威福有加，但在皇天上帝面前却要毕恭毕敬，丝毫不敢怠慢，毕竟他自称是"上天之子"，自然就要表现出万分虔诚的态度。

其他由皇帝亲祭的坛庙典仪与圜丘坛祭仪大同小异，仅在祭器、牲牢的数目多少上、仪式的繁简上有所区别而已。中祀、小祀等坛庙祭仪也都参照大祀礼仪制定而成，而不如大祀典仪的繁复。

清代祭祀典仪基本继承了明代的做法，特别是祭祀的细节上规定更为严格、程序更为琐细，仪式也更为隆重。同时由于清代的民族特点，也加入了自己的特色，在坛庙祭祀礼仪上进行了改易，形成了清代的特色。

6. 祭品的处理

坛庙祭祀中使用的祭品是奉献给上天等神灵的，各类美味的祭品要让神灵们享受到才能达到祭祀和供奉的目的。祭祀仪式过程中祭品如何让各路神灵享用到呢？古人是通过以下几种方法实现的。

①燔烧。神灵高高在上，因此要筑高坛祭拜才能与神灵交流沟通。《礼记》中说"燔柴于泰坛，祭天也"①，祭祀时将祭品放到交叉

---

① ［清］孙希旦撰，沈啸寰、王星贤点校：《礼记集解》，北京：中华书局，1989年，第1194页。

堆放的木柴上焚烧，就可以送到神灵那里。古人认为"天神在上，非燔柴不足以达之"。祭品随着木柴的燃烧，烟气升腾而起涌向高空，这样就能直达神灵了，祭品也就被神灵所接受了。坛庙中所设的燔柴炉就是发挥这个作用的。

②灌注。古人以血祭祀社稷，就是将血滴到地里，如同将美酒灌注到地里一样。灌注祭祀的方法就是把血、酒等液体类的祭品灌注到地里，血、酒等很快便渗透到地下，这样就可以到达神灵那里。

③瘗埋。古人认为将祭品放到挖好的坑洞中用土掩埋起来，就可以达于神灵了。《礼记·郊特牲》中孔颖达解释说，"地示在下，非瘗埋不足以达之"。古人认为只有将祭品埋到地下，地神等一类神灵才会知道世间在祭祀它们，这样就会接受供献的祭品。坛庙中设有瘗坎就是做此用途的。

④沉水。这是将祭品投入水中以达于神灵的做法，主要是祭祀水神。《竹书纪年》《帝王世纪》等书中就有关于帝尧将玉璧沉入洛水祭祀洛神的传说，甲骨文中更有用人祭祀河神的记载。

⑤悬投。这是将祭品悬挂起来或投放于地便于神灵享用的方法，主要用于祭祀山神。

北京坛庙中所使用的祭品处理方法主要以前三种为主，并在坛庙建筑中设立燔柴炉、瘗坎等专门的场地和设施来完成这一仪式。

第四节　北京坛庙的管理

北京坛庙众多，一年之中坛庙祭祀不断，这诸多事务需要专门的机构和人员进行管理，而历代王朝也认识到坛庙对于朝廷统治的重要性，在王朝统治体系中设立了专门的机构并任命了专门的官员与属吏开展日常的工作。

从金代定都北京开始，坛庙祭祀的事务就由礼部来统一管理。金代礼部"掌凡礼乐、祭祀、燕享、学校、贡举、仪式、制度、符印、表疏、图书、册命、祥瑞、天文、漏刻、国忌、庙讳、医卜、释道、四方使客、诸国进贡、犒劳张设之事"①。这里说到的礼乐、祭祀、庙讳等都是和坛庙祭祀相关的内容，而直接负责坛庙祭祀礼仪的是太常寺，"太庙、廪牺、郊社、诸陵、大乐等署隶焉"②。

元代基本延续金代的做法，礼部"掌天下礼乐、祭祀、朝会、燕享、贡举之政令"③，改太常寺为太常礼仪院，"掌大礼乐、祭享宗庙社稷、封赠谥号等事"④，下设太庙署、郊祀署、社稷署、大乐署诸署负责具体的坛庙事务。太庙署，掌宗庙行礼，兼廪牺署事。郊祀署，掌郊祀行礼，兼廪牺署事。社稷署、大乐署，掌管礼生乐工。

明、清两代的规定则更为明确和详细，"凡祀事皆领于太常寺而属于礼部"⑤。坛庙祭祀同样延续金、元时期由礼部和太常寺管理的做法。

明代礼部下设仪制、祠祭、主客、精膳清吏司，其中"祠祭分掌诸祀典及天文、国恤、庙讳之事。凡祭有三，曰天神、地祇、人鬼。辨其大祀、中祀、小祀而敬供之。饬其坛壝、祠庙、陵寝而数省阅

---

① 《金史》卷五十五志第三十六百官一，北京：中华书局，1975年，第1234页。
② 《金史》卷五十五志第三十六百官一，北京：中华书局，1975年，第1247页。
③ 《元史》卷八十五志第三十五百官一，北京：中华书局，1975年，第2136页。
④ 《元史》卷八十八志第三十八百官四，北京：中华书局，1975年，第2217页。
⑤ 《明史》卷四十七志第二十三礼一，北京：中华书局，1974年，第1225页。

之。蠲其牢醴、玉帛、粢盛、水陆瘞燎之品，第其配侑、从食、功德之上下而秩举之。天下神祇在祀典者，则稽诸令甲，播之有司，以时谨其祀事"①。如此可以看出，祠祭清吏司主理坛庙祭祀相关事务，而且对于祭祀等事要"皆定其程则而颁行之"②，显示出礼部祠祭清吏司对于坛庙等祭祀相关事务的统领作用。

坛庙祭祀的具体礼仪事务则由太常寺来负责，而且是直接听命于礼部，"太常掌祭祀礼乐之事，总其官属，籍其政令，以听于礼部。凡天神、地祇、人鬼，岁祭有常"③。各坛庙分别设置了天坛、地坛、朝日坛、夕月坛、先农坛、帝王庙等祠祭署管理日常具体事务。"凡祭，掌燎、看燎、读祝、奏礼、对引、司香、进俎、举麾、陈设、收支、导引、设位、典仪、通赞、奉帛、执爵、司尊、司罍洗，卿贰属各供其事"④，祭祀过程中的各种具体细节事务都是由太常寺的属吏们来完成的。

清代的分工和所负责的具体工作则更为清晰了。礼部仍设祠祭清吏司掌管祭祀之事；太常寺下设博士厅、典簿厅、祠祭署、神乐署、牺牲所等机构，由专人署理负责具体事务。"卿掌典守坛壝庙社，以岁时序祭祀，诏礼节，供品物，辨器类。前期奉祝版，稽百官斋戒，祭日帅属以供事。少卿佐之。寺丞掌祭祀品式，辨职事以诏有司，并遴补吏员，勾稽廪饩。赞礼郎、读祝官分掌相仪序事，备物絜器，并习趋跄读祝，祭祀各充执事。博士考祝文礼节，著籍为式，坛庙陈序毕，引礼部侍郎省荐，并岁核祀赋。典簿掌察祭品，陈牲牢，治吏役。库使掌守库藏。"⑤太常寺中卿、少卿、寺丞、赞礼郎、读祝官、博士、典簿各有职责，分工负责。太常寺卿管理坛庙祭祀的安排，祝

① 《明史》卷七十二志第四十八职官一，北京：中华书局，1974年，第1748页。
② 《明史》卷七十二志第四十八职官一，北京：中华书局，1974年，第1749页。
③ 《明史》卷七十四志第五十职官三，北京：中华书局，1974年，第1796页。
④ ［清］孙承泽：《天府广记》卷二十七太常寺，北京：北京古籍出版社，1982年，第360页。
⑤ 《清史稿》卷一百十五志九十职官二，北京：中华书局，1976年，第3315页。

版的供奉、稽查百官斋戒等；寺丞则要负责祭祀时祭品的样式；博士厅的博士要查考祝文、礼节，确定仪规；典簿厅典簿要负责祭品的检查、牲牢的摆设以及吏役的管理；库使要做好日常库藏的保管。这其中的神乐署本为乐部所管辖，同时又兼属太常寺，"掌奏坛庙之乐而舞其舞"①。神乐署有署正一人，署丞二人，协律郎五人，司乐二十五人，乐生一百八十人，舞生三百人②，总人数达到了五百一十三人，如此规模的队伍保证了诸多坛庙祭祀的乐舞需求。

历代礼部和太常寺都管理坛庙祭祀事务，二者在职能定位上各有侧重。礼部为统领其事，太常寺则专司其职，而两者职能既有交叉，又先后互有归属的转变。其中部分下属机构或归礼部管辖，或归太常寺管辖，或兼属两部管理。如祭祀事务，"凡祭祀事宜均归礼部掌行。十六年（顺治十六年，1659）定祭祀事宜悉归本寺（指太常寺）。康熙二年（1663）复以寺事属礼部。十年仍以礼部祠祭司所掌改归本寺"③。而上文所说的神乐署则由礼部和太常寺兼管。由此，可以看出在坛庙祭祀事务上礼部和太常寺密不可分，相互依佐。

民国时期，坛庙建筑依然保存，但祭祀典仪基本不复存在，大量的坛庙仍然需要管理。对于这样一批已经失去其原本功能的礼制建筑，民国成立了专门的机构进行管理，这就是北平坛庙管理所。北平坛庙管理所隶属于内政部，办公地点设在先农坛的神仓；下设总务与保管两股，管理清代遗留的曾经列入祀典的京畿坛庙专祠，其中坛十一座、庙十六座、祠十九座④。

---

① 《清会典》卷四二乐部，北京：中华书局，1991年，第382—383页。

② 《清会典》卷四二乐部，北京：中华书局，1991年，第382页。

③ 《清会典事例》卷二十一吏部·官制·太常寺，北京：中华书局，1991年，第一册，第276页。

④ 《北平市坛庙调查报告》，1934年，首都图书馆藏本。

第四章

万物之灵——自然神灵坛庙

北京是五朝古都，坛庙的存在表明了皇权的至高无上，而这种至尊地位则表现在皇帝对天、地、日、月等自然神灵国家祭祀权的掌握上。天、地、日、月之外的先农、社稷、先蚕以及风云雷雨、都城隍等的祭祀同样体现出了都城坛庙统领天下的皇家威仪。

第一节　天坛与祭天

在永定门内偏东北方向，一片绿树掩映之中，有一处规模宏大的古建筑群，这即是明清两代帝王与上天对话的场所——天坛。

天坛建成于明朝永乐十八年（1420），因为当时是天地合祀，故名天地坛。嘉靖九年（1530）时，朝廷制定了四郊分祀制度。四年之后，祭地挪到了新建的地坛之中进行，原天地坛成为帝王祭天、祈谷、祈雨之所，从此改称天坛。

天坛的整个建筑群被内外两重坛墙包围，总面积约273万平方米。天坛的大门在外坛墙西边，共有两座，北边的门称"祈谷坛门"，南边的门叫"圜丘坛门"，东、南、北三面没有门，新中国成立后，增修了东门和北门。

天坛是现今我国保存下来的最完整、最重要、规模最为宏大的一组祭祀建筑群，同时也是我国古代建筑史上最为珍贵的实物资料与历史遗产。它充分运用了各种建筑手法与建筑形式，充分利用了美学、力学、声学、几何学的原理，代表了中国古代建筑的最高成就。

天坛建筑按照使用性质大体上可以分为四组，以祈年殿为中心是一组，以圜丘坛为中心是一组，斋宫又是一组，这三组建筑在内坛墙里呈"品"字形排列，内坛墙与外坛墙西门以内为神乐署是又一组。

从西边的祈谷坛门进入，穿过内坛墙的西天门，经过长长的步道，便来到了被称为"海墁大道"的丹陛桥。这是联结南北两组建筑的中心干道，长360米，宽28米，高2.5米，由砖石砌成。丹陛桥之所以名桥，是因为在这条大道和东西天门相交的地方有一条曲尺形、拱券顶的隧道穿过台基，它的用途是让祭祀用的牲畜从牺牲所赶往宰牲亭时通过，称为走牲路，因而叫走牲门，又叫鬼门关。

站在丹陛桥上，向北望去便是祈年殿。祈年殿是祈谷坛的一部分，初名大祀殿，嘉靖二十四年（1545）改建后，称为大享殿，三层檐从上至下用蓝、黄、绿三色琉璃瓦覆盖，三色分别代表昊天、皇帝和庶民，乾隆十七年（1752）再修时，将檐瓦统一更换为蓝色琉璃瓦。

高38米的祈年殿是天坛的象征。一说到天坛，人们首先想到的就是三层檐、圆形攒尖顶的祈年殿。祈年殿结构雄伟，架构精巧，设计独到。大殿采用上屋下坛的构造形式，基座平面高出地面达4米，分为三层，四面出阶，正中为祈年殿。大殿全部为木结构，不用大梁长檩，而用28根楠木大柱与36根枋桷衔接支撑，在我国古代建筑中也是为人所称道的。龙凤和玺彩画金碧辉煌，装饰精美，殿顶蟠龙藻井富丽堂皇，雕刻精工。中央4根构造独特的通天柱（又叫龙井柱）高达19.2米，直径1.2米，围合成一个纵向的空间，并逐层向殿顶的藻井收缩，造成内部空间层层上升向中心聚拢的态势，同时对结构、色彩、装饰也在这种由下而上的空间过渡中作了相应的处理。而大殿内的其他24根柱子则密集地安排在外沿，把空间尽量多地留给中央的四根柱子围合出的空间，这样一来，增强了殿内空间纵向的延伸。人在进入大殿时注意力便被它的"高"所吸引，而减弱了大殿空间原本狭窄的感觉。外部的台基和屋檐也层层收缩上举，同样造成了强烈的向上动感，显示了独具匠心的设计构思。祈年殿没有像通常的传统建筑那样用高围墙封闭起来，而是用高度仅为1.8米的矮墙环护。三层洁白的台基把大殿高高托起，院子地面高出院外地面4米，院外高大茂密的柏树林仅露树冠，相映对衬，大殿"超然在上，似有凡界尽在脚下之感"，"进入视线的仅仅是矗向天空的祈年殿与其上的冥冥青天，以及在下的色调深沉的大片柏林，静谧、肃穆、与天接近之感不觉油然而生"。

祈年殿设计精美，最能体现建筑之美。大殿为三层檐、圆形攒尖顶，若不仔细看，会以为三层檐的直径是成比例的，各层之间的距离也相等。其实不然，聪明的工匠在设计上独具匠心，使建筑物最大限度地显露出它的美。上层檐直径最小，中层檐比下层檐直径略小，上层和中层之间的距离要大于中层和下层之间的距离。如此安排，克服了呆板、僵硬的弊病，使得祈年殿庄严而不失活泼，规整而不失灵动，生趣盎然。白色的坛台上一座红墙蓝瓦的大殿，殿上白云缭绕，宝顶金光灿灿，四周苍松翠柏映衬，美如一幅绚丽的图画。

在祈年殿的周围还有与之相配套的几处建筑。皇乾殿在祈年殿的北面，又叫祈谷坛寝宫，是存放皇天上帝神牌的地方。神厨、神库、宰牲亭在祈年殿的东面，由俗称七十二连房的长廊与祈年殿相连，是收藏祭器、乐器和备制祭品的地方，这是祭祀场所必不可少的组成部分。

从祈年殿向南走过长长的海墁大道，跨过成贞门，便来到了皇穹宇。这里是放置圜丘神牌的地方，建于明嘉靖九年（1530），当时叫泰神殿，后来才改叫皇穹宇。乾隆八年（1743），将重檐圆顶的殿堂改建成单檐圆形亭子式的殿堂。大殿正中为汉白玉雕花石座，龛设在上面，供奉"皇天上帝"的神牌。

皇穹宇最为吸引人的地方倒不是这神圣的牌位，而是那神奇的回音壁和三音石。回音壁是围绕大殿的一道圆弧形磨砖对缝的砖墙，又叫传声墙。墙的弧度十分规则，表面极其光滑，能反射声波。如果两人分别站在东西配殿后，面北站立，一个人挨着墙说话，另一个人耳贴墙壁，即使声音很小，对方也能听得清楚，而且回音悠长，好似从墙中发出一般。皇穹宇殿前到大门中间有一条石板路，由北向南数第三块石板就是能产生"人间私语，天闻若雷"现象的三音石。站在石上击掌一声可以听到回音三声，且回声很大，但这种效果不是任何时候都能产生的。当人站在这块石板上，把殿门敞开，而且要把全殿的窗户关紧，在殿门到殿内正北神龛之间没有任何障碍物，然后对殿门说话，就可以听到两三声回音，声音洪亮，站在殿外任何地方都可以听到回声。声学原理在中国古老的建筑艺术中得到了巧妙的体现。

穿过皇穹宇，眼前豁然开阔，展现在面前的便是圜丘坛。这里也是天坛的主要建筑，又叫祭天台；坛四周有两重墙墙环护，内圆外方；坛分三层，逐渐内收。明嘉靖九年（1530）用蓝色琉璃砖和汉白玉石建成，清乾隆十四年（1749）又加以扩建，坛面改为艾叶青石。明代的蓝色琉璃砖不是和天的青色很契合吗？为什么要更换呢？乾隆皇帝认为，"坛面甃砌及栏板栏柱，旧皆青色琉璃，今改用艾叶青石，朴素浑坚，堪垂永久"①，这样可以更长久地使用下去。这种从北京房山采挖的青石细腻润滑，坚硬耐久。这些石板大小形状相同，而且拼合得严丝合缝，密不容针，二百多年来，依然水平如镜，更没有上翘下沉的现象发生，足见当时工匠们设计之精妙，技艺之高超。坛中心的一块石板称作太极石或天心石，当人站在这块石板上轻轻呼喊时，就会有洪亮之声从四面八方传来，清晰响亮。但站在圆心以外说话或听起来，却没有这种感觉。这是什么缘故呢？原来，从天心石发出的声音传到四周石栏后被迅速反射回来，而从发音到声波被反射回来仅有0.07秒，所以很难分清原音和回音，这样听起来声音极洪亮，而周围的人是无此感受的。可以想见，当年皇帝站在天心石上，四周寂寂无声，只有自己响亮无比的声音在天空中回荡，仿佛自己真能与上天对话，他的内心，一定是充满了无比的庄严与自豪感。

圜丘坛真正体现了天的魅力。坛并不很高，但周围没有任何高于它的建筑，只有翠柏森森。人站在上面，天是那样的近，那样的蓝，白云轻轻飘过，你无法抗拒那种力量，仿佛要投入它的怀抱。坛虽然独立于此，但工匠们巧妙地运用了借景手法，使你眼前出现了苍茫林海、巍峨宫阙、红墙蓝瓦、斗拱彩绘，尽管相隔很远，但却尽收眼底，组成了一个建筑整体，让人赞叹，令人神往。

圜丘坛以东建有神厨、神库、宰牲亭等，用来收藏祭器、乐器和备制祭品。坛的东南方为燔柴炉，西南方有望灯台，灯台上设有长杆，高悬大灯笼，用以照明。在坛的周围还有燎炉十二座，用以焚烧供品。这些建筑与圜丘坛共同组成了一个整体，为"皇天上帝"所服务。

从圜丘坛向西，在西天门以南沿内坛墙一侧以内便是斋宫。斋宫是又一处较为重要的建筑，属于祭天的辅助性建筑，供皇帝祭祀之前斋戒沐浴之用。斋宫坐西朝东，平面是一个正方形，占地达四万平方

---

① 《清会典事例》卷八百六十四，工部·大祀坛庙规制，北京：中华书局，1991年，第十册，第31页。

米，两重高大的宫墙把宫殿围得严严实实，两道宽宽的御河令人望而生畏，不敢越雷池一步。在外沟内岸还建有一百六十三间回廊，是皇帝斋戒时侍卫兵士放哨警卫的处所。斋宫共有房屋六十多间，主要有正殿、寝宫、钟楼等，布局严谨，结构规整，有小皇宫之称。正殿气宇轩昂，立于台基之上，红墙绿瓦，对比鲜明。大殿面阔五间，是拱券形砖石结构，没有一根梁枋木柱，技艺超群，手法精湛，被称作无梁殿，确是名副其实。殿前丹墀上一左一右两座石亭子，右边放置时辰牌，报告时间；左边放置斋戒铜人，在皇帝斋戒期间亭子内放一张方几，上罩黄云缎桌衣，再设约半米高的铜人像一尊，铜人双手捧着写有"斋戒"二字的简牌，让皇帝"触目惊心，恪恭罔懈"。大殿后是寝宫，为皇帝斋宿的所在。这里有宿卫房、衣包房、茶果局、御膳房、什物房等，宫中所有为皇上服务的机构在这里一应俱全，无怪乎有小皇宫之誉呢！

在外坛西墙内祈谷门和西天门一线以南便是神乐署与牺牲所，前者在北，后者在南。神乐署是祭天时管理演奏古乐的机关，也是乐舞生练习乐舞的排练场，建于永乐十八年（1420），当时叫作神乐观，清乾隆八年（1743）改叫神乐所，二十年（1755）才改叫今天的名字——神乐署。整组建筑坐西朝东，有大殿五间，明代叫太和殿，清代康熙时改叫凝禧殿，殿后为显佑殿，共七间；此外还有奉祀所、掌乐房及存放乐生冠服的库房等一系列建筑。牺牲所则是祭祀时所用牲畜的饲养场所。

天坛建筑宏伟雄奇，个性鲜明，是中国古代建筑中坛庙建筑的典范之作，具有很高的历史艺术价值；它所包容的深刻的文化象征意义，把天坛的个性特征烘托得更加鲜明，极富吸引力。

突出天空的辽阔与高远，从而表现天帝的至尊无上，这是天坛建筑设计的中心思想。为此，天坛建筑布局最为引人注目的一点，即是摆脱了古代建筑群中惯用的以中轴线对称的设计方案。打开天坛平面布置图即可发现，天坛设有呈"回"字形的两重坛墙，把整群建筑分为内坛和外坛两大部分，主要建筑都处在内坛之中。但内坛却并未安置在外坛的南北中轴线上，而是位于这条中轴线偏东，从而在主体建筑群以西留出了一片旷大的空地。这样，当人们从西门进入天坛之后，映入眼帘的首先就是那开阔的天宇，神圣、博大与至高无上的天帝立刻在蓝天白云的映衬之下凸现出来，人们顿时会感觉到自身的软弱与渺小，因此便会心甘情愿地向天帝顶礼膜拜，祈求保佑。祈年殿、圜丘坛等建筑的设计，也遵循了同样的原则。

天坛在建筑设计思想上，充分体现了它的祭祀功能，每一处建筑的设计都与天地息息相关，透露出深刻的文化象征意义。

"天圆地方"的说法反映了古人对自然界的初步认识。天坛北沿为圆弧形，南沿与东、西墙成直角，呈方形，北圆南方，象征着"天圆地方"的观念，因此被称作天地墙。祈年殿立于圆形基座之上，大殿为圆形攒尖顶，围墙方形，也正是"天圆地方"思想的体现。圜丘坛外有两道壝墙，外方内圆，同样是"天圆地方"思想的表示。圜丘坛初建时坛面为蓝色琉璃砖，皇穹宇、祈年殿、皇乾殿等建筑的屋顶都用蓝色琉璃瓦，这些设计都是以蓝色象征天空，以此加重了人们进入天坛后对"天"的感觉与敬重。祈年殿三重攒尖顶逐层向上收缩，象征与天相接。大殿内的大柱也是按天象所建的，中央的四根龙井柱代表着春、夏、秋、冬四季，中间十二根楠木柱代表一年十二个月，外围的十二根檐柱则代表一天的十二个时辰，而中、外两层柱子加起来共二十四根，象征着一年的二十四个节气，三层相加共二十八根柱子，表示周天的二十八星宿，再加上柱顶的八根童柱就象征三十六天罡。

我国古代把一、三、五、七、九等单数称作阳数，阳代表天，故又叫天数，而九是最高的，常被用来表示天的至高至大。作为祭天的圜丘坛，是万万不能违犯"天数"的，所以坛上的石板、石栏以及台阶都与"九"这个阳数密切相关。圜丘坛的坛面尺寸与布局，尤其是坛面铺墁石块的情况先后曾有不小的变化，这一变化体现了古人建筑与思想观念的认识，我们也能够更深地领会古人天人关系理念在建筑上的表现。

清代初期沿用明代的圜丘,《清会典事例》中对当时的情况是这样描述的:

制圆,南向三成。上成,面径五丈九尺,高九尺;二成,面径九丈,高八尺一寸;三成,面径十有二丈,高八尺一寸。每成面砖用一九七五阳数,周围防版及柱,皆青色琉璃,四出陛,各九级,白石为之[①]。

到乾隆十四年(1749)的时候,由于祭祀的需要,在圜丘坛面上架设幄次和陈设祭品的时候觉得空间较窄,不便安排,于是就将圜丘三层坛面展宽,坛面石块数量仍然按照九、五的规制安排。展宽坛面是按照康熙皇帝御制的《律吕正义》中的古尺标准来做的:

上成径九丈,取九数;二成径十有五丈,取五数;三成径二十一丈,取三七之数。上成为一九,二层为三五,三成为三七,以全一三五七九天数。且合九丈、十五丈、二十一丈共成四十五丈,以符九五之义。至坛面砖数,原制上成九重,二成七重,三成五重;上成砖取阳数之极,自一九起,递加环砌,以至九九,二成、三成围砖不拘,未免参差。今坛面既加展宽,二成、三成亦应用九重递加环砌。二成自九十至百六十二,三成自百七十一至二百四十三。四周栏板,原制上成每面用九;二成每面十有七,取除十用七之义;三成每面积五,用二十五,虽各成均数阳数,而各计三成数目,并无所取义。今坛面丈尺既加展宽,请将三成栏板之数,共用三百六十,以应周天三百六十度。上成每面十有八,四面计七十二,各长二尺三寸有奇;二成每面二十七,四

① 《清会典事例》卷八百六十四,工部·大祀坛庙规制,北京:中华书局,1991年,第十册,第28页。

面计百有八，各长二尺六寸有奇；三成每面四十五，四面计百八十，各长二尺二寸有奇；每成每面亦皆与九数相合，总计三百六十，取义尤明①。

这样调整以后，坛的每一层除四个出入口外，周围都有石栏板环绕，上层为七十二块，中层是一百零八块，下层最多，共一百八十块，这三个数都是九的倍数，相加共三百六十块，象征周天三百六十度。但实际情况却与此有所出入，根据实地调查的数据看，各层护栏板的总数要比《清会典事例》中的记载少了一百四十四块。那为什么会出现这种情况呢？从实际建造的情况看，"如按《事例》方案，则栏板数量必然要增加近一倍，在各层圆径不变的情况下，其宽度必然要缩小一半，大约只有六十厘米。这么窄的栏板，设计施工烦琐且不说，修好后必然栏柱如林，很不好看，因而有可能是设计施工人员为了适应人们的视觉习惯而加以修正的结果"②。当然，这么大的改变，是不可能不经过对礼天极为重视的乾隆皇帝的应允的。但从此也可以看出，古人要体现的"周天三百六十度"的美好愿望与实际效果还是有差距的！

从坛中心的天心石向外三层台面，每层铺设九圈扇形石板，上层第一圈九块，第二圈十八块，第三圈二十七块，到第九圈为八十一块，中层从第十圈到第十八圈。下层从第十九圈至第二十七圈，一共三百八十七个九，共计三千四百零二块石板。坛面的直径也是如此，上层直径九丈，中层直径十五丈，下层直径二十一丈，三层合起来共四十五丈，不仅是九的倍数，而且象征"九五之尊"的含义。这些数字与中国古建筑合而为一，几何学在这里得到了充分的应用，同时它又与古老的帝王神权哲学紧紧相扣，包含了深刻的文化象征意义。可以想见，聪明的古代工匠在设计时恐怕也是绞尽脑汁，煞费了一番苦

① 《清会典事例》卷八百六十四，工部·大祀坛庙规制，北京：中华书局，1991年，第十册，第31页。

② 赵迅：《南庭柯集》，北京：北京燕山出版社，2018年，第227—228页。

心的！

天坛的建筑多姿多彩，亭、坛、殿、宇，雕梁画栋，红墙碧瓦，翠柏苍松，相映成趣，把这座古典建筑群映衬得亦庄亦谐。无论从色彩的搭配、结构的造型、建筑的布局上无不表现出古人对美的追求，体现了古人的审美情趣。

整个天坛面积广大，但建筑物并非充满其中，而只是疏朗地分散其间。整组建筑的主题十分突出，即用一条高出地面的丹陛桥作为轴线贯通南北，两端恰当地安排了体量与形状不同的建筑，作为全部建筑的重心所在。空地遍植翠柏，远隔尘嚣，衬托出环境的静谧。圜丘坛、丹陛桥和祈年殿高出地平面，矮墙之上树梢微露，建筑物高出林表与天相接的效果鲜明。

从空中俯瞰天坛，建筑物顶部大多数都覆盖蓝色琉璃瓦，简直就是一片蓝色的海洋，浩渺无垠。白色的汉白玉石栏杆、阶梯恰似汪洋中的一片小岛，而红色的围墙与门窗星星点点，给这庄严甚至有几分肃杀的气氛增添了几许活力，让人感到兴奋与欢愉。天坛的色彩虽不能说丰富，但颇有特色，层次分明，配合巧妙。

走进天坛，极目远眺，几乎全是青蓝的天空颜色，在这里能真正体会到天的存在。人们敬畏天，祭拜天，希望能够得到庇护与福佑。明清时的郊祀每年三次都由皇帝亲自主持，在天坛举行。

天坛并非仅仅用来祭天，它兼有祈谷和祈雨的功能。每年正月上辛日要在祈年殿举行祈谷礼，祷告上天保佑五谷丰登；四月吉日在圜丘坛举行雩礼，为百谷祈求膏雨；而每年冬至日皇帝要来圜丘坛举行告祀礼，禀告上天五谷业已丰登，主祭昊天上帝，配祭皇帝列祖列宗及日、月、星辰、云、雨、风、雷，这就是祭天大礼。

祭天是随着先民对天的不断认识而逐渐发展、完善的。在中国，"天"的信仰从周朝时就已固定下来。历代统治者都认为自己是天之子，受命于天，天能主宰世间一切，天是人间帝王的君父，帝王顺理成章成为天子。《礼记·经解》中说，"天子者，与天地参，故德配天地，兼利万物；与日月并明，明照四海，而不遗微小"①。因而，祭天理所当然成为天子的特权。

祭天的种类也有多种，古代主要有三种情况，一是季节性常祀，分为孟春祈谷，孟夏大雩，季秋大享明堂；二是皇帝于冬至在圜丘举行的南郊大礼；三是最隆重的祭天礼即在泰山举行的封禅大典。

祭天被列为国家的重大典礼之一，周朝时已经成为制度，有了一套颇为复杂的仪式。祭天大礼在南郊设圜丘举行始于汉代。西汉成帝（前32—前7）时，在长安南郊设立圜丘，并按古代礼仪进行了隆重的祭典。这套仪礼制度曾有反复，直到西汉末年才最终确定下来，明确了天（昊天上帝）的至上地位，而曾受人尊崇的五帝（苍帝、赤帝、黄帝、白帝、黑帝）则变成了昊天上帝的属神。从此以后，历代统治者沿袭此制，在南郊建立圜丘祭天直至清末。

历代帝王在南郊设立的圜丘都称作天坛，它渐渐成为一个王朝政权合法的标志。历史上的每一代帝王都极为重视天坛的兴建，祭天成为国家政治伦理中必备的仪式大典，成为王朝政治生活中的一个程式。这一程式，不但被汉族帝王所传承，就是少数民族进入中原建立的政权也都沿袭不改。金人在重五、中元、重九这几天要举行颇具草原民族豪情的"拜天射柳"仪式，而一旦入主中原，立即放弃旧俗，建坛拜天。

祭天通常露天举行，人们供奉的祭品上天才容易看见并接受。圜丘坛建于旷野，直面蓝天，正体现了古人的这一思想。祭品在仪式中必不可少，因为它是虔敬的象征。苍璧、黄琮是首要的祭品，其次才是牺牲、醴酒、绢帛、黍稷。璧圆琮方，象征天圆地方，其意义在于表达一种理念上的崇敬心情。而牺牲主要有牛、羊、猪等，是供奉上天的实物，要经过严格挑选。就牛而言，在祭祀仪式之前进行拣选，首先得是公牛，皮毛要纯净，选好后精心喂养，祭祀用的牛不能有丝

---

① ［清］孙希旦撰，沈啸寰、王星贤点校：《礼记集解》，北京：中华书局，1989年，第1255页。

毫损伤，倘若有任何一点疵漏，都要随时更换，因为给天的祭品必须是完美无缺的。羊、猪等作为祭品必须要挂上绣好的锦袍，而牛则不用，可见古人对于牛作为祭品是相当看重的，反映了牛在人们生活中的重要地位。

历代帝王祭天都遵循周朝礼制，虽然时有增删，但大体变化不大，明代祭天于此可见一斑。

封建帝王敕建天坛祭天，虽然名义上是为百姓祈福，但实际上却只是祈求上天保佑自己的万年一统。因此，无论祭日还是平日，天坛都是把百姓摒于门外的。只有在人民成为国家主人的今天，百姓才可以自由地徜徉于天坛之内，尽情地欣赏我国古代劳动人民的伟大创造。今日的天坛虽然失去了原来的功能，但它那精美的建筑以及特有的文化氛围，仍然具有强烈的吸引力。曾经担任美国国务卿的基辛格博士先后19次访华，除去第一次为秘密使命所限而未去天坛之外，其后每次访华，他都要到天坛参观。在这位曾是建筑师的政治家眼中，天坛的祈年殿等建筑，不仅代表了中国乃至东方古代建筑的最高成就，而且也是中国乃至东方古代世界哲学体系的物质反映。因此，它们便成为中国古代建筑遗存中最好看、最值得看、最耐看的一组。在北京申办2000年奥运会主办权的活动中，组委会也以祈年殿为原型而设计了会徽。而以祈年殿为主要图形的各种标志、徽记也随处可见。这些情况充分说明，天坛建筑群已经成为中国古代文明的典型代表，在世界范围内拥有极高的声望和巨大的影响。

第二节　地坛与祭地

大地是万物滋生的源泉，人们一向看重土地，把它喻为母亲，特别是中国，一个古老的农业大国，对土地更有一种特殊的情感。从遥远的新石器时代开始，人们就以血祭地母的形式来表达对土地神与土地的崇拜。之后，为了祭祀地神，求得保佑与恩赐，人们修建各种场所供奉、祭祀地神。相传周朝时已经有了"祭地于泽中方丘"的制度。从西汉成帝建始元年（前32）按阴阳方位建天地之祠于长安城南北郊，祭地之坛成为历代都城规划中必不可少的项目。北京的地坛是中国历史上最后修建的一座祭地坛，同时也是中国历史上修建的最大的一座祭地坛。

地坛坐落在北京城安定门外，是明、清两代皇帝祭祀皇地祇的所在，也是中国历史上连续祭祀时间最长的一座地坛。自1531年至1911年，先后有明、清两代的15位皇帝在此连续祭地长达381年。明代前期祭地与祭天是合并在今天的天坛内举行的，直到明嘉靖九年（1530）定立四郊分祀的制度以后，才另建坛祭地，当时称作方泽坛。嘉靖十三年（1534），改叫地坛。清代沿用明代的地坛，雍正、乾隆时大规模修建。坛墙和皇祇室瓦由原来的绿色换成了黄色；坛面由黄琉璃瓦改为墁石块；修建了望灯、牌坊等附属建筑物，形成了今天的大体规模。

地坛分为内坛和外坛，以祭坛为中心，周围建有皇祇室、斋宫、神库、神厨、宰牲亭、钟鼓楼等。方泽坛是地坛的中心建筑，俗称拜台，坐南朝北。坛为正方形，为上下两层，用汉白玉砌成，上层高1.28米，边长20.35米，下层高1.25米，边长35米。坛四面出陛，每面各八级台阶。在坛的下层东西两侧放置四个精工雕造的石座，这些石座不是单纯的装饰品，而是祭祀时不可缺少的物品，它们是用来摆

172

放五岳①、五镇②、四海③、四渎④神位的。依照被祭祀对象特性的不同，这些石座上的花纹雕造也各不相同，五岳、五镇为山的形状，四海、四渎为水的形状。围绕方泽坛是两重正方形的壝墙，内墙厚80厘米，边长86.1米，外墙厚89厘米，边长132.9米，墙顶为黄琉璃筒瓦；四面各有棂星门一座，东、南、西三面为二柱一门式，北面为四柱三门式，是方泽坛的正门。在内壝墙北门外东北角有望灯台一座，是在祭祀大典举行时用来悬挂灯盏照明的；西北角有瘗坎一座及燎炉五座，瘗坎是用来埋藏祭祀时牺牲的毛血等物品的。

围绕祭坛的外壝墙有一条水渠，长167米，宽2米，深2.9米，渠中贮水，是为祭祀时提供用水的。水渠西南角有一个石雕龙头，在祭祀大典举行之前，从暗沟向渠内引水，水深以石雕龙头为准。这条水渠称作方泽，方泽坛的名字即由此而得名。

出方泽坛南门便是皇祇室，大殿面阔五间，坐南朝北，单檐歇山顶，上覆黄琉璃瓦。这里是平时存放皇地祇神位以及五岳、五镇、四海、四渎神位的地方，到祭祀的时候从这里移到方泽坛，祭祀完毕后再送回供奉。皇祇室有东西配殿各三间，四周有正方形垣墙环绕，北面开一门与方泽坛相通。

方泽坛西门外是神库、神厨，这是一处独立的小院，专门存放祭器和制备祭品的地方，由四座大殿和两座井亭组成。神库西边为宰牲亭，亭前左右各有一座井亭，是祭祀前宰杀牺牲准备祭品的场所。神库、神厨、宰牲亭都以黄琉璃瓦覆顶。

斋宫是祭祀大典前皇帝斋戒的地方，是必不可少的一处建筑。它位于方泽坛的西北，坐西朝东，正殿七间，单檐歇山顶，上覆绿琉璃瓦；左右各有配殿七间，后有守卫住房，四周有两重围墙环护，戒备

① 即中岳嵩山、东岳泰山、西岳华山、南岳衡山和北岳恒山。
② 即中镇冀州霍山（今山西霍县）、东镇青州沂山（今山东沂水）、南镇扬州会稽山（今浙江绍兴）、西镇雍州吴山（今陕西陇县）和北镇幽州医巫闾山（今辽宁北宁市）。
③ 即东海、南海、北海和西海。
④ 即黄河、长江、淮河和济水。

森严。斋宫的东南有钟楼及神马圈。

在古代，祭祀地祇是仅次于祭祖、祭天的国家大典，地坛和天坛一样，是异常重要的礼制建筑。但是，当天坛以其精美绝伦的建筑形式和艺术享誉天下之时，地坛却一直鲜为人知。近些年来，春节在此举办的地坛庙会，虽然给地坛营造了一些声势，但在不少人的心目中，那座占地不过半公顷，高度不及一层楼的平台子实在是其貌不扬，看不出有什么独特的建筑技巧和丰富的内涵，这实实在在是一种误会。

是的，地坛面积确实不大，37.3公顷的占地面积，仅是天坛面积的1/8左右。举行祭地大典的方泽坛平面为正方形，层高不足1.5米，边长不足40米，乍一看去，似乎给人以矮小、简单的感觉。但是，就在这看似一无所有的表象下面，却隐含着象征、对比、透视效果、视错觉、夸大尺度、突出光影等一系列建筑艺术手法，隐含着古代建筑师们的匠心巧思。

在古代中国，"天圆地方"的观念源远流长，因此，作为祭祀地祇场所的地坛建筑，最突出的一点，即是以象征大地的正方形为几何母题而重复运用。从地坛平面的构成到墙圈、拜台的建造，一系列大小平立面上方向不同的正方形的反复出现，与天坛以象征苍天的圆形为母题而不断重复的情形构成了鲜明的对照。这些重复的方形，不仅具有强烈的象征意义，而且还创造了构图上平稳、协调、安定的建筑形象，而这又与大地平实的本色是何等的一致！

在数字的表现上，地坛所表现的是阴数，正好与天坛所表示的阳数相对。"泽中方坛，北向二成。上成方六丈，高六尺；二成方十丈六尺，高六尺。二成坛面，均用黄色琉璃。合六八阴数。"[1]这是乾隆十五年（1750）时，方泽坛二层的坛面为黄琉璃砖，中间的铺设含着六六阴数，而周围都是用小砖凑合，没有一定的规矩，因此按

---

① 《清会典事例》卷八百六十四，工部·大祀坛庙规制，北京：中华书局，1991年，第十册，第33—34页。

照圜丘坛的做法将坛面改成了石块。对于石块的数量则进行了统一规划，"上成正中，仍照原制六六三十六，外八方均以八八积成，纵横各二十四路，二成倍上成八方八八之数，半径各八路，以符地偶之义"[①]。

按照这样的设计原则，方泽坛坛面的石块均为阴数即双数，中心是三十六块较大的方石，纵横各六块；围绕着中心点，上台砌有八圈石块，最内者三十六块，最外者九十二块，每圈递增八块；下台同样砌有八圈石块，最内者一百块，最外者一百五十六块，亦是每圈递增八块；上层共有五百四十八个石块，下层共有一千零二十四块，两层平台用八级台阶相连。凡此种种，皆是"地方"学说的象征。

空间节奏的完美处理，是方泽坛建筑艺术上的又一突出成就。全坛方形平面向心式的重复构图，使位于中心的那座体量不高不大的方形祭台显得异常雄伟。这种非凡的气魄，主要来自两个方面：首先是最大限度地去掉周围建筑物上一切多余的部分，使其尽可能地以最简单、最精练的形式出现，从而形成了一个高度净化的环境。其次则是巧妙的空间节奏处理手法，即两层坛墙被有意垒砌出不同的高度，外层墙封顶下为1.7米，内墙则只有0.9米，外层比内层高出了将近1倍；外门高2.9米，内门高2.5米。两层平台的高度虽然相近，但台阶的宽度却不同：上层台宽3.2米，下层台宽3.8米。这种加大远景，缩小近景尺寸的手法，大大加强了透视深远的效果。更重要的是，这样的安排还造成了祭拜者的一种特殊的心理节奏，当他沿着神道向祭坛走去时，越向前走，建筑物就越是矮小，而祭拜者本人则越是显得高大，当他最终登上祭坛时，自然会有一种临空抚云、俯瞰尘世之感。除了视觉上促使人产生节奏感之外，这里还重视人的触觉，特别是脚的感觉。中国建筑历来重视地面的铺作和道路、台阶的距离、曲直，目的即是要创作出一种特定的意境或气氛。方泽坛的空间距离，

---

① 《清会典事例》卷八百六十四，工部·大祀坛庙规制，北京：中华书局，1991年，第十册，第35页。

从一门到二门、二门到台阶前都是三十二步左右，两层平台都是八级台阶，上二层平台又是三十二步左右。"这种人行进间持续时间久暂相同的重复，自然而然地使人脚的触觉转化成心理上的节奏，舒畅的'平步青云'之感便油然而生。"①如果说，帝王祭天是为了表现自己是天之元子，是受命于天的话，那么，他们在祭地之时，所要强调的则是自己君临大地、统治万民的法统。因此，天坛建筑以突出天的至高至大为主，祭天者被放到了从属的地位，而地坛建筑则不然。它虽然也要表现大地的平实与辽阔，但更要突出作为大地主人的君王的威严，要唤起帝王统治万民的神圣感和自豪感，所以，营建地坛的古代建筑师们才煞费苦心地做了上述构思与设计。

地坛建筑在色彩运用方面也颇具匠心。全部方泽坛只用了黄、红、灰、白四种颜色，便完成了象征、对比、过渡，形成协调艺术整体、创造气氛的作用。祭台侧面贴黄色琉璃面砖，既标明其皇家建筑规格，又是地祇的象征，在中国古代建筑中，除了九龙壁之外，很少见到这种做法。在黄瓦与红墙之间以灰色起过渡作用，又是我国古代宫廷建筑常见的手法。整个建筑物以白色为主并伴以强烈的红白对比，给人以深刻的印象。红墙庄重、热烈，汉白玉高雅、洁静；红色强调粗重有力，白色如轻纱白云，富有变幻丰富的光影和宜人的质感；红色在视觉上近在眼前，象征尘世，而白色则透视深远，象征苍天。它们的强烈对比加强了祭坛环境透视深远的效果，远方苍松翠柏的映衬，又使祭坛的轮廓十分鲜明，更增添了它神秘、神圣的色彩。

祭地大典是极为重要的国家典仪，历代帝王都要亲自出席而很少让他人替代。时代的变迁使当年帝王祭地的盛典不复存在，但借助于文献，我们仍可想象出祭地典仪的大致情形。以清代为例，祭典定在每年的夏至这一天举行。皇帝照例要提前三天进行斋戒，以示虔诚。致祭的当天，祭坛上层南面正位摆放皇地祇的神位，下层东侧摆放五岳、四海神位，右侧摆放五镇、四渎神位。为表示敬重，各神位都以

---

① 顾孟潮：《建筑艺术瑰宝——方泽坛》，《文史知识》1985年第6期，第123页。

三层明黄色帷幔遮覆。当黎明时分，身着祭服的皇帝率领文武百官，沿着密林中幽邃的神道，向着方泽坛缓缓走去，在庄重的礼乐声中，皇帝庄重地迎神、上香、献帛、献爵、进俎，不断地三跪九拜。当他完成了这套繁缛的仪式之时，灿烂的阳光已洒满大地。在大臣跪拜称贺、高呼万岁的欢呼声里，喜气洋洋的皇帝乘兴回宫，祭地大典遂告结束。

由于清末幼帝不能亲祭，更由于晚清政局的混乱，祭地典仪已名存实亡。进入民国以后，地坛更是迅速地走向衰败与荒芜。当年充满神秘与庄严的祭坛，几乎成了废墟。1925年，京兆尹薛笃弼将地坛辟为京兆公园，建立了世界园、通俗图书馆、公共体育场（这是北京第一个体育场），三年后改为市民公园。不久因为费用困难，加上驻军的破坏，地坛又一次荒落下去，世界园成了育苗场，斋宫成了种子交换站，神库也被用作训练警犬。1935年，北平市政府接管了地坛，随即停办公园，仍以地坛名义开放。卢沟桥事变后北平沦陷，侵华日军为修整西郊机场，强行将地界内的贫民迁至地坛，后来又将地坛房地分拨给这些贫民居住和耕种。中华人民共和国成立后，于1954年4月将地坛恢复为公园。20世纪70年代以来，对地坛古建筑进行了大规模的植树绿化，较好地恢复了古坛风貌，使之成为一处人民群众休闲娱乐的重要文化场所。

　　　　附：明代方泽坛正祭礼[1]
　　　是日五鼓、太常卿候上御奉天门，跪奏请圣驾诣地坛，锦衣卫备随朝驾。
　　　上常服乘舆由长安左门出，入坛之西门。
　　　太常官导上至具服殿，易祭服出。
　　　导引官导上由方泽右门入。

　　① ［明］李东阳等撰，申时行等重修：《大明会典》卷八十三·郊祀三·方泽，扬州：江苏广陵古籍刻印社，1989年，第1304—1306页。

典仪唱乐舞生就位，执事官各司其事，内赞奏就位。

上就位。

典仪唱瘗毛血，唱迎神，乐作，乐止。内赞奏四拜（传赞百官同）。

典仪唱奠玉帛，乐作，内赞奏升坛，导上至皇祇香案前。奏跪，奏搢圭，司香官捧香跪进于上右。

内赞奏上香。上三上香，讫，捧玉帛官以玉帛跪进于上右。

上受玉帛，内赞奏献玉帛。

上奠讫，奏出圭，导至太祖香案前（仪同）。奏复位，乐止。

典仪唱进俎，乐作，斋郎舁俎安讫，内赞奏升坛，导上至皇祇俎匦前。奏搢圭，奏进俎，奏出圭，导上至太祖俎匦前（仪同）。奏复位，乐止。

典仪唱行初献礼，乐作。内赞奏升坛，导上至皇祇前。奏搢圭，捧爵官以爵跪进于上右。

上受爵，内赞奏献爵。上献讫，奏出圭，奏诣读祝位，奏跪（传赞众官皆跪）。乐暂止，内赞赞读祝，读祝官跪读祝毕，乐复作。内赞奏俯伏，兴，平身（传赞百官同）。

导上至太祖前，奏搢圭，捧爵官以爵跪进于上右。

上受爵，内赞奏献爵。上献讫，奏出圭，奏复位，乐止。

典仪唱行亚献礼。乐作（仪同初献，惟不读祝），乐止。

典仪唱行终献礼。乐作（仪同亚献），乐止。太常卿进立坛左，东向，唱赐福胙。内赞奏诣饮福位。

内赞对引官导上至饮福位，奏跪，奏搢圭。光禄卿捧福酒跪进于上右，内赞奏饮福酒。上饮讫，光禄官捧福胙跪进于上右。内赞奏受胙，上受讫，奏出圭，奏俯伏，兴，平身。奏复位，奏四拜（传赞百官同）。

典仪唱撤馔，乐作，执事官撤馔讫，乐止。

典仪唱送神，乐作，内赞奏四拜（传赞百官同），乐止。

典仪唱读祝官捧祝，进帛官捧帛，掌祭官捧馔，各诣瘗位。典仪唱望瘗，内赞奏诣望瘗位。内赞对引官导上至望瘗位。

祝帛埋讫，配帝帛燎半，内赞奏礼毕，导引官导上至具服殿易服。

第三节　社稷坛与社稷崇拜

　　中国是一个历史悠久的农业大国，土地对每一个人来说都是十分重要而宝贵的。"民以食为天"，人们离不开食物，因此必须在土地上稼穑耕作；由于土地和粮食是人们所必需的，因此，格外受人重视，逐渐产生了对土地和五谷的崇拜。相传共工氏之子名叫勾龙，能平水土，被人称作"后土"，即社神，厉山氏之子名叫农，能播植百谷，被人当作稷神；一说商汤灭夏以后，周人的始祖弃（后稷）被奉为了稷神，这就是社稷。

　　历代帝王十分重视社稷，把它看作是国家存亡的标志，于是社稷成了国家的同义语。《白虎通·社稷》上说："王者所以有社稷何？为天下求福报功。人非土不立，非谷不食，土地广博，不可遍敬也。五谷众多，不可一一祭也。故封土立社，示有土也。稷，五谷之长，故立稷而祭之也。"[1]这段话说的就是这个道理。社稷又象征着农业生产，因此它是国家的根本。社稷比天神更实际些，更贴近生活，无论官方还是民间都普遍奉祀。祭祀社稷之礼，从天子到诸侯都可以举行。《礼记》上讲，帝王为群姓立的社叫大社，帝王自己立的社叫王社，诸侯给百姓立的社叫国社，诸侯自己立的社叫侯社，大夫以下成群立社都叫置社[2]。北京的社稷坛就是明清两代皇帝祭祀土地和五谷神的地方。

　　北京社稷坛坐落在天安门的右侧，现在的中山公园内，与东边的太庙一左一右，体现了"左祖右社"的帝王都城设计原则。社稷坛早期是分开设立的，称作太社坛、太稷坛，供奉社神和稷神（社即土地，稷即五谷），后来才逐渐合而为一，共同祭祀。北京社稷坛建成

---

　　① ［清］陈立撰，吴则虞点校：《白虎通疏证》卷三·社稷，北京：中华书局，1994年，第83页。

　　② ［清］孙希旦撰，沈啸寰、王星贤点校：《礼记集解》，北京：中华书局，1989年，第1201页。

于明永乐十八年（1420）。它所在的地方，唐代是幽州城东北郊的一座古刹，辽代扩建为兴国寺，元代又被圈入大都城内，改叫万寿兴国寺。明成祖朱棣迁都北京后，在万寿寺的基础上建起了社稷坛。

社稷坛整个园区平面呈南北稍长的不规则长方形，南部东西宽345.5米，北部东西宽375.1米，南北长470.3米，占地面积达24公顷。社稷坛共有两道坛墙，外坛墙周长约2015米。东墙开有东向的大门三座；南边的叫社稷街门，是清代社稷坛的正式街门，每当打胜仗以后举行献俘礼时押解战俘从这道门经过；中间是社稷左门，这是社稷坛的旁门，皇帝行祭礼的时候，陪同祭祀的王公大臣们从这道门出入；北边的叫社稷东北门，明代专门供卒役及参加祭礼的小官吏出入，清代成为社稷坛的总大门。当中门洞专供皇帝出入，两侧门洞是王公大臣、兵卒等人出入的通道。内坛墙南北长266.8米，东西宽205.6米，黄琉璃瓦顶红墙皮，每面正中有门一座。

北门是正门，跨入这道门便来到了社稷坛的中心建筑——祭坛，位于园中心偏北。社稷坛的制度，从古就有。周代已经有五色土坛了，北京在金代就设立了社稷坛。现存的社稷坛是明清时期的建筑，用汉白玉石砌成，正方形三层平台，上层边长15米，中层边长16.4米，下层边长17.8米，总高1米，每侧正中各有汉白玉石台阶四级。根据相关史料的记载，社稷坛在明清两代都是二层，"坛制方二成，高四尺，上成方五丈，二成方五丈三尺，四出陛，皆白石，各四级"[①]，而我们现在看到的却是三层，不知什么时候改变的。据《周礼·春官》上说，社稷坛要建在"中门之外，外门之内"，而且建筑的材料也十分讲究。

社稷坛最为人所熟知的当数五色土了。五色土是社稷坛台中所铺填的五种颜色的泥土，这些特殊颜色的土铺设于坛的最上层，东为青色土，南为红色土，西为白色土，北为黑色土，中间为黄色土。五

---

① 《清会典事例》卷八百六十四，工部·大祀坛庙规制，北京：中华书局，1991年，第十册，第37页。

色土的配置与古人对于社稷的认识有关，汉代班固《白虎通》中说："天子有大社也，东方青色，南方赤色，西方白色，北方黑色，上冒以黄土。"①五色与五方相配，五方则与中国传统的金、木、水、火、土五行相合。按照阴阳五行的学说，金、木、水、火、土是构成世界的五种最基本的物质，代表五方五色，所以五色土蕴含了全国的疆土。五色土究竟如何理解它，仁者见仁，智者见智，不同的人有不同的感受，今天的人更有新的理解。

五色土是从哪儿来的呢？明清两代的来源还是有区别的。明代关于北京社稷坛所用土的来源没有十分明确的记载，但我们可以从明代中都社稷坛取土的情况略知大概。朱元璋曾于洪武四年（1371）在中都凤阳建有太社坛，"取五方土以筑。直隶、河南进黄土，浙江、福建、广东、广西进赤土，江西、湖广、陕西进白土，山东进青土，北平进黑土。天下府县千三百余城，各土百斤，取于名山高爽之地。"②成祖朱棣在北京建都后依照太祖的规制建造坛庙，社稷坛自然也不例外，五色土的取用方法也应遵照太祖的做法。明代五色土的做法确实是体现出了五色土来自五方，能够覆盖全国，以表明"普天之下，莫非王土"之意，以此体现出社稷代表国家之重要。

清代五色土的取用与明代有所不同，其取土的范围远远不及明代的广泛，而是从京城周围顺天府所管辖的州县地方取用，"土由涿、霸二州、房山、东安二县豫办解部"③。具体的做法是，每年在社稷坛祭祀之前要铺填五色土，由太常寺提前行文给工部，由工部转给涿州、房山县、东安县和霸州，由这些地方来备办五色土，并且还必须在祭祀前五天将土送到社稷坛，由太常寺验收。同时对各处解送的土的数量也是有非常具体而明确的要求的。涿州为"春、秋二季各额

① ［清］陈立撰，吴则虞点校：《白虎通疏证》卷三·社稷，北京：中华书局，1994年，第91页。

② 《明史》卷四十九志第二十五礼三，北京：中华书局，1974年，第1268页。

③ 《清会典事例》卷八百六十四，工部·大祀坛庙规制，北京：中华书局，1991年，第十册，第37页。

解黄土十袋七分七厘,青、赤、白、黑土各九袋";房山县为"春、秋二季各额解黄土五袋二斤,青、赤、白、黑土各五袋";东安县为"春季额解青、黄、赤、白、黑土五十六袋五十五斤一两五钱";霸州为"秋季额解黄土十二袋十五斤一两五钱,青、赤、黑、白各十一袋十斤"[1]。

五色土按方位铺填,要用多少土呢?《明孝宗实录》中记载了弘治五年(1492)社稷坛五色土用土量前后变化的情况:

> 社稷坛春秋祭,每用铺坛五色土二百六十石,顺天府民取而输之,神宫监石加八斗。本府言土以饬坛,义取别其方色。初不以多为贵,况小民取之山谷,劳费不赀,请著为定例,庶民劳可纾,而有司亦无延误之失。命工部尚书贾俊会神宫监、太常寺核用土多寡之数。俊等至坛相度,言常年所输土用以铺坛,厚可二寸四分,若厚止一寸,则仅用百一石而足。遂以为请得旨,铺坛土止以厚一寸为度,令今后但如此数办纳[2]。

明代孝宗弘治朝之前五色土的用量在二百六十多石,铺垫的厚度是二寸四分。这样看来,五色土用量不少,各地百姓取土后再运至北京还是费工费力费财的。而铺设坛土的目的只是区分方位,并不在土的多少,因此孝宗皇帝让负责官员进行测算后确定五色土的厚度为一寸,这样用土量可以比原来的减少一半以上,并形成定制。

祭坛的正中是一块五尺高、二尺见方的石社主,一半埋在土中,每当祭礼结束后全部埋在土中,上边加上木盖。祭坛四周壝墙环护,墙上青、红、白、黑四色琉璃瓦按东、南、西、北的方向排列,每面

① 故宫博物院编:故宫珍本丛刊第297册清代则例《钦定工部则例三种》,海口:海南出版社,2000年,第57页。
② 中央研究院历史语言研究所校印:《明孝宗实录》卷五十九,弘治五年正月,第二页,总第1133页。

墙上正中各有一座汉白玉石的棂星门。

每年春秋两次皇帝要亲自来祭社神和稷神，祭礼繁缛冗长，既有迎神、升坛、跪拜，也有乐舞、奠玉帛、蹈献爵、终献礼，前后达两三个时辰。每当天气不好，遇上刮风、下雨时，祭祀仪式就在坛北的拜殿中举行。拜殿为一座大型木结构建筑，面阔五间，进深三间，庑殿顶覆黄琉璃瓦，殿内无天花板。社稷坛拜殿一反中国传统建筑的布局方式，设在了祭坛的北方，由北向南行礼，这正符合《礼记》上所讲的"社祭土而主阴气也，君南向于北墉下，答阴之意也"[①]。1925年，孙中山先生在北京逝世后，这里曾作为停灵场所，所以1928年改叫"中山堂"。直至今日，每年孙中山先生的诞辰与祭日都要在此举行隆重的纪念活动。

拜殿后是戟门，即中山堂后殿。当中的三个门洞各陈列二十四把大铁戟，长一丈一尺，戟头镀金，戟镈镀银，还有个好听的名字叫银镈红杠金龙戟，所以这道门也就被称作戟门。戟门建于明代，面阔五间，进深三间，黄琉璃瓦歇山顶，清代是社稷坛的正式宫门，叫作大戟门。

神库、神厨与宰牲亭是必不可少的配套建筑，社稷坛也不例外。神库、神厨位于坛的西南，坐西朝东，神库在南，神厨在北，是两座形制完全相同的建筑，黄琉璃瓦悬山顶，进深三间。宰牲亭位于内坛墙西门外南侧，黄琉璃瓦歇山顶，四角重檐，亭内有方井一口，亭外有矮墙环绕。

社稷坛共有内、外两道坛墙，主要建筑都集中于内坛墙里。建筑中树木荫荫，苍翠浓郁。据史书记载，在"社"中必须种植松、柏、栗、梓、槐五种树木，而且树栽种时也要按一定的方位排列，可见古人对于社稷之礼的高度重视，其中也包含了浓厚的阴阳五行学说，特别是坛内五色土的布置尤为明显。

---

① ［清］孙希旦撰，沈啸寰、王星贤点校：《礼记集解》，北京：中华书局，1989年，第684页。

以上我们所说的现存紫禁城旁的社稷坛只是明清祭祀的太社、太稷的场所，而曾在北京的历史上还有一座与此相伴而存的帝社稷坛。这座帝社稷坛绕不开明代热衷礼仪的嘉靖皇帝。

嘉靖九年（1530），世宗皇帝谕令礼部，"'天地至尊，次则宗庙，又次则社稷。今奉祖配天，又奉祖配社，此礼官之失也。宜改从皇祖旧制，太社以句龙配，太稷以后稷配。'乃以更正社稷坛配位礼，告太庙及社稷，遂藏二配位于寝庙，更定行八拜礼。"①这样的情况下，嘉靖皇帝下令在西苑豳风亭的西面建造帝社稷坛，"上命于西苑空闲地开垦为田，树艺五谷，建帝社帝稷坛"②，帝社稷坛在嘉靖十年（1531）建成。这座社稷坛的基址高六寸，坛方广有二丈五尺，用细砖砌造，四周有墙，北面有棂星门。坛的南面有高六尺、宽二尺的石龛，用来存放帝社稷的神位。供奉的帝社稷的神位用木头制成，高一尺八寸，宽三寸，以朱漆涂地，上面以金色书写"帝社之神""帝稷之神"。祭器库、乐器库位于坛的西面。坛的北面立着两座牌坊，上写"帝社街"。朝廷在每年春秋两次来此行礼祭拜。

嘉靖皇帝虽然对礼十分重视，但这座帝社稷坛他也没有亲自来过几次，到了他儿子隆庆皇帝时，礼部认为："帝社稷之名，自古所无，嫌于烦数，宜罢。"③于是，嘉靖皇帝所创立的存在了几十年的帝社稷坛就寿终正寝了。

社稷，国脉所系，民脉所系，是政权的标志，又是农业的象征。古人选择社与稷奉祀不是随随便便的，社稷之神是文明的产物，它的出现既有政治上的作用，又有经济上的意义。官民都普遍祭祀社稷神。官方建坛奉祀，礼仪繁缛，庄重肃穆。而民间祭祀则是另一番景象，充满了生活气息，社日成为睦邻欢聚的日子，同时还有各种欢庆活动，"社戏""社火"就是很好的例子。现代生活中的"社会"一

---

① 《明史》卷四十九志第二十五礼三，北京：中华书局，1974年，第1267—1268页。

② ［明］李东阳等撰，申时行等重修：《大明会典》卷八十五·社稷等祀，扬州：江苏广陵古籍刻印社，1989年，第1340页。

③ 《明史》卷四十九志第二十五礼三，北京：中华书局，1974年，第1268页。

词，也与社日活动有关。

京城的社稷坛现已辟为中山公园。1914年以后，陆续添建、迁建了许多风景建筑和纪念建筑。保卫和平坊记述了一段近代中国的屈辱历史，兰亭八柱碑亭让人领略了天下第一行书的风采，来今雨轩风景宜人，四宜轩、习礼亭、唐花坞、投壶亭、格言亭等各具特色，而那昔日庄严神圣的社稷坛如今只是孤零零地躲在一旁，与坛墙外喧闹的人群形成两个截然不同的世界。

附：明代太社稷祭祀乐章①

迎神 【广和之曲】

予惟土谷兮造化功，为民立命兮当报崇，民歌且舞兮朝雍雍，备筵率职兮候迓迎。想来兮祥风生，钦当稽首兮（告拜）年丰。

初献 【寿和之曲】

氤氲气合兮物遂蒙，民之立命兮荷阴功。予将玉帛兮献微衷，初斟醴荐兮民福洪。

亚献 【豫和之曲】

予今乐舞兮再捧觞，愿神昭格兮军民康，思必穆穆兮灵洋洋，感厚恩兮拜祥光。

终献 【熙和之曲】

干羽飞旋兮酒三行，香烟缭绕兮云旌幢。予今稽首兮忻且惶，神颜悦兮霞彩彰。

撤馔 【雍和之曲】

祖陈微礼兮神喜将，琅然丝竹兮乐舞扬。愿祥普降兮遐迩方，烝民率土兮尽安康。

送神 【安和之曲】

---

① ［明］李东阳等撰，申时行等重修：《大明会典》卷八十五·礼部四十三·太社稷，扬州：江苏广陵古籍刻印社，1989年，第1336—1337页。

氤氲氤氲兮祥光张，龙车凤辇兮驾飞扬。遥瞻稽首兮去何方，民福留兮时雨旸。

望瘗 【时和之曲】

捧肴羞兮诣瘗方，鸣銮率舞兮声铿锵，思神纳兮民福昂，予今稽首兮谢恩光。

第四节　先农坛与耤田之礼

我国古史传说中把最先教民耕种并受奉祀而成为神者称作先农。历来有把神农当作先农祭祀的，也有供奉后稷的，而以炎帝神农为先农的影响最广。先农坛即为祭祀先农而建，坐落在北京外城永定门内，和天坛一西一东，相对而立。

先农坛在明代并不算是一座具有严格意义上的独立建筑群，而是属于山川坛建筑群中的一组。山川坛建筑包括了明清两代帝王祭祀先农、山川、天神、地祇、太岁诸神的众多祭坛，这些祭坛组成了一处综合建筑群，尤以祭祀先农之礼最为隆重。山川坛是这组建筑群的总名称，而先农坛仅仅是其中的一组建筑，并不是总称，先农坛成为这组建筑的总称要到明万历年间了。

山川坛建成于永乐十八年（1420），它和天坛都在城外南郊，一切遵从太祖朱元璋在南京山川坛的规制，但在高敞壮丽上更胜南京一筹。包含先农坛在内的山川坛的建造历史经历了明初永乐时期、明后期嘉靖时期和清乾隆时期三个阶段，三个阶段对于先农坛的营造都进行了不同的改变。

永乐帝迁都北京后，按照南京的规制建造了比南京山川坛更为壮丽的新坛。据《大明会典》及《天府广记》的有关记载，当时山川坛四周有垣墙，周回六里；正殿为七间，供奉太岁、风云雷雨、五岳、四镇、四海、四渎、钟山和天寿山神；东西两庑各十五间，分别祭祀京畿山川和春夏秋冬四季月将和都城隍神，左边供奉京畿山川、夏冬季月将，右边供奉都城隍、春秋季月将。先农坛在山川坛内的西南，坛的南边是耤田，东边是旗纛庙。

明嘉靖年间世宗朱厚熜在著名的大礼仪之后，对祀典礼仪做了全面的更定，改变了山川坛一坛多神的祭祀格局。嘉靖九年（1530）把风云雷雨岳镇海渎诸神迁出了内坛，"又分云师、雨师、风伯、雷师以为天神，岳镇、海渎、钟山、天寿山、京畿并天下名山大川之神以为地祇"①。嘉靖十年（1531）在先农坛的南侧建造了天神坛、地祇坛，这样使得先农、天神、地祇都有了自己专门祭祀的场所。这期间除了以上建筑外，还建造了观耕台和神仓。观耕台最初只是为了每次的亲耕而临时在耤田北面搭建的木质台子。

嘉靖十一年（1532），山川坛改叫天神地祇坛。隆庆元年（1567），因"天神地祇已从祀南北郊，其仲秋神祇之祭不宜复举"②而停止了对于天神地祇的祭祀，山川坛内的祭祀只以先农、太岁、四季以及旗纛为主了，这种状况一直延续到万历年间。万历四年（1576），"改铸神祇坛祠祭署印为先农坛祠祭署印，仍掌行耕耤事务"③，至此，先农坛的称呼代替了山川坛和天神地祇坛的称呼，成为了这组建筑群的总称，也就是我们现在称之为先农坛的建筑群。当然，此时先农坛的称呼是广义的先农坛，同样包括了先农神坛、太岁坛、天神坛、地祇坛、旗纛庙等建筑，而不仅仅是狭义的先农坛一组建筑。

清代乾隆十八年（1753）到二十年（1755）间，清王朝对先农坛进行了大规模的改建与修缮，是北京先农坛发展过程中一个重要的阶段。由于先农坛内外墙垣坍塌和损毁的地方越来越多，乾隆帝认为有必要加以维修，因此让工部会同太常寺把需要修理的地方"计费兴修"。乾隆十八年（1753）时特意下谕旨，说明改建和修缮的缘由，"朕每岁亲耕耤田，而先农坛年久未加崇饰，不足称祇肃明禋之意。今两郊大工告竣，应将先农坛修缮鼎新，即令原督工大臣敬谨将事。又先农坛外堧隙地，老圃于彼灌园，殊为亵渎，应多植松柏榆槐，俾成阴郁翠，以昭虔妥灵。著该部会同该衙门绘图具奏"④。

改造过程中最主要的一个内容，就是将原本每年临时搭建的木质

① ［明］李东阳等撰，申时行等重修：《大明会典》卷八十五·社稷等祀，扬州：江苏广陵古籍刻印社，1989年，第1343页。

② 《明史》卷四十九志第二十五礼三，北京：中华书局，1974年，第1281页。

③ ［明］李东阳等撰，申时行等重修：《大明会典》卷九十二·先农，扬州：江苏广陵古籍刻印社，1989年，第1451页。

④ 《清会典事例》卷八百六十五，工部·中祀坛庙规制，北京：中华书局，1991年，第十册，第45页。

结构的观耕台改建为砖石琉璃建筑，而且乾隆帝十分关注此事，并在乾隆十九年（1754）做了具体的指示，"观耕台著改用砖石制造，钦此。遵旨议定，台座用琉璃，仰覆莲瓣式成造，前左右三出陛，砌青白石，栏板用白石，台面铺墁金砖。"①之后撤除了旗纛庙，将神仓移建于此。乾隆二十年（1755），将明代时的斋宫更名为庆成宫，并将原来建造的回廊式宫墙改为实体围墙，此外还拆掉了具服殿和耤田之间的仪门。乾隆皇帝在对先农坛进行改建和修缮的同时，还下令在坛内种植松、柏、榆、槐等树木，增加了坛内幽静肃穆的氛围。

经过乾隆时期的改建，先农坛建筑形成了新的规模，虽然名为先农坛，实际是由包括先农神坛、太岁殿、观耕台、神仓、庆成宫和神祇坛六组建筑群组成的一组庞大的古建筑群，全部建筑分为内外两层，主要建筑都集中在内坛之中。这种格局一直延续到清末，仍然统称为先农坛。

先农坛现在的规模形成于明嘉靖年间，以后历代都有修葺。全部建筑被周长3公里的坛墙围住，北圆南方，占地130万平方米。整座神坛大建筑群的格局并没有因循中国古建筑传统的中轴对称形式，而是在每一组小建筑群中又严格遵循中轴对称的平面布局形式，体现出了大处松散、小处严谨的独特风格，展示了既协调统一，又富于变化的设计思想。

先农神坛在先农坛墙内西北隅，始建于明嘉靖年间，清乾隆时重修。神坛坐北朝南，是一座砖石结构的方形平台，一层，周长60米，高1.5米，四面各出8级台阶，祭祀先农的礼仪就在这里举行。每当皇帝祭祀先农行礼时，坛的正中要搭设黄色帷幔，摆放先农神位。坛北为正殿，是一处由红墙环绕的小院，正殿坐北朝南，面阔五间，殿内供奉先农神位。东西两侧是神库和神厨，均面阔五间。南面是两座井亭，一东一西排列。宰牲亭位于小院的西北侧，祭祀时所用的

---

① 《清会典事例》卷八百六十五，工部·中祀坛庙规制，北京：中华书局，1991年，第十册，第46页。

"牛、羊、猪"三牲都在这里宰杀。最令人称道的是宰牲亭的建筑结构，特别是重檐悬山式的屋顶被专家们认证为国内的孤例。

先农坛的东南是观耕台，耤田仪式在这里举行。它是皇帝在行完躬耕礼之后观看群臣从耕的地方。观耕台原本是木结构的，而且往往是在举行耤田仪式时临时搭建的，始建于明嘉靖年间，清代乾隆时改为砖石结构。台南向，为方形平台，周长64米，高1.5米，比先农神坛稍大些。台座四面包砌琉璃砖，砖上以谷穗图案为装饰；台面四周为汉白玉石栏杆，台阶为浮雕莲花图案，制作十分考究，装饰庄重大方而又寓意吉祥。观耕台北为具服殿，是皇帝躬耕祭祀先农之前更衣的场所。

先农神坛的东北是太岁坛，又叫太岁殿，为祭祀太岁神的场所。太岁神是值年之神。明嘉靖八年（1529）曾设露祭，三年后建太岁殿，是先农坛内最雄伟的单体建筑，面阔七间，坐北朝南，黑琉璃筒瓦绿剪边歇山顶。建筑外部为和玺彩画，色彩浓艳，金碧辉煌；内部为旋子彩画，色彩古朴，肃穆典雅。一浓一淡，一动一静，互相呼应，相得益彰。大殿对面为拜殿，与东西配殿组成了宽敞的院落。每逢祭祀太岁，逢水、旱或出征、凯旋等重大事件时，皇帝都要派官员来这里行祭礼。

神仓在太岁殿的东侧，又称东院。外有围墙环护，分为前后两进院落，中间有门相通。这里在明代为旗纛庙的位置，清乾隆时改建为神仓，是贮藏五谷祭品的所在。前院根据收谷、碾磨、贮藏等功能而设置了收谷亭、碾房、神仓和仓房等建筑。神仓为中心建筑物，圆筒形，位于院中，黑琉璃筒瓦绿剪边，圆攒尖顶，为储粮防潮，又在室内砖地上加设了一层木地板。收谷亭为方形四角攒尖顶，为利于空气流通而不设门窗，四面开敞。仓房在收谷亭东西各列一排。后院正中为祭器库，存放祭祀所用的瓷、铜祭器。

从神仓继续往东便是庆成宫。庆成宫是帝王在躬耕礼结束后，休息并接受百官朝贺、犒劳随从官员的一组建筑；坐北朝南，共有三进院落，占地1.3万多平方米。这里在明代及清初叫作斋宫，乾隆二十年（1755）改叫庆成宫，有正殿、后殿、配殿等建筑。

神祇坛在太岁殿的正南，包括天神坛和地祇坛两座，建于明嘉靖十一年（1532）。天神坛在东边，坐北朝南，方形砖石结构。地祇坛在西边，坐南朝北，也是方形砖石结构。天神坛奉祀风、云、雨、雷四神，地祇坛奉祀五岳、五镇、五山、四海、四渎之神，祈佑风调雨顺，国泰民安。

中国自古重农，农业是国家的根本，人民生活的保证。历代帝王都十分重视农业生产，虽然自己不可能亲自下田劳动，但是也要做出某种姿态，让天下百姓知道皇帝是重视耕种的，于是便有了"耤田礼"。

耤田礼是指皇帝在特定的地方模拟耕田的仪式，这种仪式就其本质而言，是统治者美化自己、笼络百姓的一种政治手段。尽管如此，毕竟反映出农业在国家政治、经济中的重要地位。耤田仪式通常在都城南郊举行，虽然是象征性仪式，皇帝也要率领文武百官出城躬耕。西汉武帝刘彻时，把耤田仪式从郊外搬到了京城的行宫，既然是象征性做做样子，那么在行宫举行既达到了目的，又省去了许多风尘辛苦。隋唐以后，耤田礼大都在宫苑里进行，同时还建起了观耕台，皇帝登台观看群臣耤田。虽然这种仪式并不是年年举行的常典，但当皇帝觉得有必要加强一下对农业的重视，或显示一下太平盛世的景象时都会来一次耤田仪式。从唐宋以后，耤田之礼尽管不断松弛，但一直到清代都没有废掉，特别是明清两代还专门在城南建立了先农坛，作为耤田之礼进行的场所，以示重视。

每年农历三月上亥日，皇帝要到这里亲耕，行耤田礼。在清代，耤田礼举行的前一天，户部、礼部的堂官要和顺天府的官员把耕耤器具与农作物的种子送到太和殿丹陛下，待皇上御览后，再授还给顺天府官，顺天府官捧着从午门左门出，放在备好的彩亭内，送到先农坛耤田处。耤田仪式举行的当天清晨，午门钟鸣后，皇帝身着礼服，坐着龙辇，在陪耕文武官员的簇拥下，来到先农坛。先到先农神坛行祭礼，然后在具服殿换上明黄色的龙袍，稍微休息一下，由导驾官和太常寺卿充当导引，来到耕藉位。亲耕田就在观耕台的东面，共一亩三分，民间流行的"一亩三分地"的典故就是由此而来的。亲耕田两旁分为十二畦，由三公九卿从耕。皇帝在亲耕田面南站立，鸿胪寺官赞唱仪式开始，户部尚书、顺天府尹分别向皇上敬献耒耜、牛鞭，然后礼部銮仪卫、太常寺官导引皇上亲耕。明代的制度是皇帝右手扶犁，左手执鞭，往返犁三趟。府丞捧着装有种子的青箱，由户部侍郎跟着皇帝播种。亲耕之后，由教坊司乐工唱《三十六禾词》，礼部尚书、顺天府尹跪接耒耜、牛鞭，皇帝上观耕台看三公九卿耤田。亲耕仪式后，皇帝到斋宫，听礼部尚书跪奏终耕的亩数。后面还有一系列的赐茶、设宴、歌舞、杂戏等活动，直至皇帝乘辇回宫，午门再次钟鸣才宣告耤田礼仪结束。

然而，耤田礼也有不成功的时候。嘉庆二十年（1815）三月，嘉庆帝率领文武百官像往常一样来先农坛祭祀先农，行耕藉礼。嘉庆帝开始亲耕时，顺天府准备的耕牛不服驯导，失去了往日的温顺，死活不往前走。嘉庆帝没办法，只好命令换牛。谁曾想，刚换的牛还是不听话。嘉庆帝只得让御前侍卫来帮忙，十来个人乱作一团，勉勉强强让嘉庆帝亲耕完毕。之后，嘉庆帝登上观耕台，观看三公九卿从耕。嘉庆帝早已忙得浑身是汗，可是，当他站在观耕台上时，看到的情景却令他龙颜大怒。观耕台下三公九卿们所用的耕牛也是不听驯导，有的耕牛还四处乱跑，实在不成体统。嘉庆帝将专司供办耕牛的大兴县知县、宛平县知县免去官职，并严加议处，顺天府尹等专职人员和其他兼管人员一并受到了处分。隆重的耤田仪式也只好草草收场了。

清末，先农坛随着封建王朝的没落也失去了往日的神采，日渐破败。特别是八国联军的入侵，使先农坛再次遭到摧残，古坛渐渐被人们遗忘了。辛亥革命后，先农坛收归国有，1913年正月对外开放，但由于战事频仍，作为公园的先农坛也命运不济，破坏严重。1949年以后，先农坛长期被一些单位占用，直到20世纪80年代末期才得到了应有的保护。

如今，北京古代建筑博物馆、北京古代建筑研究所以及一所中学就坐落在先农坛内。人们虽然再也不会听到耤田礼乐的鸣奏，但却能领略中国古代华美建筑的风采。历代建筑的展示与祭坛建筑互为依托，相得益彰。先农坛并未被历史前进的车轮所抛弃，在新时代找到了自己合适的位置。

第五节　日坛与祭日

古代祭日的礼制很早就形成了，但直至秦汉时期，还没有形成一定之规，仪式也不十分严格。秦始皇曾在成山（今山东成山角）祭日，汉代有祭日神的"东君祠"。春分东郊朝日的礼仪制度是在魏晋南北朝时确定的，唐朝以后祭日之礼和圜丘祀天相似，但规格稍低，一般为中祀，偶然也有作为大祀的。春分在东郊的日坛祭日，属于正祭。除此之外，在祭祀天地等大礼仪时，还作为配祀参加。诸侯朝觐天子行礼时要到南门拜日。明、清两代建有日坛，专门举行祭日之礼。

日坛坐落在北京市朝阳区朝阳门外东南日坛路东，又叫作朝日坛，它是明、清两代皇帝在春分这一天祭祀大明神（太阳）的地方。

中国古代对太阳神崇拜在七八千年前的新石器时代就已形成了，在这种观念下，人们赋予太阳以神性和神职，通过各种仪式来表达对太阳神的虔敬之心，希望得到太阳神的庇护。朝日仪式是最初的崇日仪式，每当日出的时候，人们作揖、叩头、跪拜，迎接太阳的升起。历朝历代都十分重视祭日典礼，都要在东郊日坛举行，而祭日的时间却不尽相同。三国时魏文帝在正月祭日，而魏明帝在二月丁亥祭日，后周则在春分祭日，明、清两代也在春分日进行。

日坛作为祭日的固定场所，是随着祭日礼仪的固定而逐渐形成的。日坛建于明嘉靖九年（1530）。它被正方形的外墙围护，每次祭祀之前皇帝要来到北坛门内的具服殿休息，然后更衣到朝日坛行祭礼。朝日坛在整个建筑的南部，坐东朝西，这是因为太阳从东方升起，人要站在西边向东行礼的缘故。朝日坛为方形，坛台一层，周围砌有圆形矮墙，东、南、北各有棂星门一座。西边为正门，有三座棂星门，以示区别。坛台在壝墙内正中用白石砌成，高五尺九寸，方五丈。明朝建成时坛面用红色琉璃砖砌成，以象征大明神太阳，这本是一种非常富有浪漫色彩的布置，但到清代却改用青色金砖铺墁，使日坛逊色不少。

以朝日坛为中心，周围还建有神库、神厨、钟楼、燎炉、瘗坎和宰牲亭等为祭日服务的附属性建筑。

　　祭日仪式虽然比不上祭天与祭地典礼，但也颇为隆重。明代皇帝祭日时，用大牢玉，礼三献，乐七奏，舞八佾，行三跪九拜大礼。当然皇帝不是每年都来亲祭的，每逢甲、丙、戊、庚、壬年皇帝亲自来，其他年份就由大臣们代祭了。

　　日坛现在已辟为日坛公园，面积也比原来扩大了四倍。由于地处使馆区，所以各种肤色的外国人成为这里的常客，他们在此感受着古老的东方文化。

第六节　月坛与祭月

中国人对"月"有一种特殊的感情，每年农历八月十五日是传统的中秋佳节，全家人总要团坐畅饮、赏月闲谈。在普通人看来，"日"好像颇为遥远，且有几分神秘，不易接近，而"月"则更贴近人的生活，更亲切些，特别是"嫦娥奔月""玉兔捣药"等美丽的民间传说给人们留下了深刻的印象。古人赞美月的名篇佳作，俯拾皆是："举杯邀明月，对影成三人""举头望明月，低头思故乡""但愿人长久，千里共婵娟""明月却多情，随人处处行"。在古人的眼中，"月"虽然受人崇拜，但却充满了亲情，颇有人情味。

在人们看来，月亮在天空星宿中的地位仅次于太阳，太阳白天出来，月亮晚上显身，好像是轮流值班一样。月的崇拜与日的崇拜的形成几乎是同时的。随着对月崇拜的加深，人们采取各种方式表达自己对月的崇敬之心。古代平民百姓或在院中，或在门前，摆上桌案，放好供品，焚香跪拜，甚至在晚上走路看到月亮也要停下来叩头作揖。设立专门的祭坛拜月是在都城或王侯居住的地方，平民百姓是没有这种能力和资格的。

古代的祭月礼仪与祭日礼仪同样形成较早，到秦汉时期仍未形成一定之规，也没有较为严格的仪式规程。秦始皇曾经在莱山（今山东掖县一带）举行过祭月仪式。在魏晋南北朝时基本确定了秋分在西郊祭月的制度，唐朝以后祭月的礼仪近似于祭天大典，当然，在规格上要低一些，一般为中祀，但也有偶然作为大祀的。秋分在西郊的月坛祭月属于正祭，除此之外，在祭祀天地等大礼仪时，月为配祀，诸侯朝觐天子行礼时要到北门拜月。历史上多数王朝都建坛拜月，现存比较完好的一座是北京的月坛，它是明、清两代统治者祭月的场所。

月坛，又叫夕月坛，是明、清两代皇帝祭祀夜明神（月亮）和天上诸星宿的场所。这座月坛建于明嘉靖九年（1530），坐落在北京市西城区月坛北街路南。月坛坐西朝东，祭坛为中心建筑，坛台一层，全部用白石砌成，高1.5米，周长56米，比日坛规模要小一些。祭台四周有壝墙环护，西、北、南各有棂星门一座，东边为正门，有三座棂星门。每年秋分之日都要在这里举行祭月典礼，凡丑、辰、未、戌年份，皇帝要亲自参加祭礼，其他年份由大臣们代祭。祭月典礼在等级上较祭日典礼差一些，规模也小。祭祀用牲玉，献舞和祭日仪式一样，而乐由七奏改为六奏，行三跪六拜之礼，显然不如祭日典礼隆重。

壝墙南门外西侧为神库、神厨各三间，宰牲亭、井亭各一间，南侧为祭器库、乐器库各三间，具服殿为南向，有正殿三间，东、西配殿各三间。此外还有钟楼、燎炉、瘗坎等一系列附属建筑，为祭月典仪服务。

月坛现在已辟为月坛公园，增建了不少新的景点，成为人们休闲的好去处。

第七节　先蚕坛与蚕神祭祀

北京众多的祭坛礼仪之中，绝大部分是由皇帝或派遣官员等男性主持的祭祀礼仪，而其中只有一项例外是由女性主持的祭祀典仪，这就是由皇后娘娘亲祭的先蚕坛礼仪。

"先蚕"的名字，在古代的《礼经》中并没有确切的记载。祭祀蚕神自古就有。相传西陵氏嫘祖是黄帝的妃子，她是养蚕缫丝的始祖，因而被尊奉为先蚕神受到古代妇女的祭祀。有明确记载的先蚕坛修筑于隋朝，唐代曾派有司祭祀先蚕神，宋代皇帝也常派官员前往祭祀。

北京先蚕礼仪开始于元代。元代初期对于汉族礼法不以为然，但随着统治的加深也认识到了汉族礼法对于王朝统治的重要性，逐步接纳汉族礼法，尤其是开始恢复汉族的坛庙祭祀礼仪，先蚕礼就是其中之一。元代先蚕坛并不是单独设置的，而是与先农坛一起都放在了耤田中。虽然有了先蚕坛的建置，但到元代灭亡史书上也没有看到关于元代皇后祭祀先蚕的记载。不管是为了笼络汉人、加强统治也好，还是为了装装礼法门面也好，先蚕坛的祭祀表明了蒙古族建立的元朝对于汉族礼法的认同与重视。

明代对于礼法的重视不必多言，但明成祖朱棣迁都北京后，对于各种坛庙都按照南京的规制建造，唯独不见有先蚕坛的建立，先蚕祭仪在明朝初年并未列入正式的国家祀典。也许是朱元璋时候就没有设立先蚕坛的缘故，作为儿子的朱棣也不好新创。北京先蚕坛的出现和先蚕礼仪的举行要到嘉靖帝时候了。都给事中夏言建议嘉靖帝把各宫庄田改为亲蚕厂公桑园，种植桑柘，为宫中蚕事做好准备。嘉靖九年（1530），嘉靖皇帝敕谕礼部，"古者天子亲耕，皇后亲蚕，以劝天下。自今岁始，朕亲祀先农，皇后亲蚕，其考古制，具仪以闻。"[1]如

---

[1] 《明史》卷四十九志第二十五礼三，北京：中华书局，1974年，第1273页。

此，皇帝、皇后可以为天下臣民做出榜样。这样便开始了对于先蚕祭祀的筹备，但对于先蚕坛建立的位置却出现了争议。大臣张璁建议在都城北门安定门外建造先蚕坛，这样就符合周礼的要求，而詹事霍韬认为安定门离皇宫道远不便皇后出行，户部也认为安定门外往西的地方，没有水源，不能设立浴蚕所，无法完成礼仪，而皇城内西苑中有太液、琼岛之水可以利用，应把先蚕坛建在西苑。而嘉靖帝不同意把坛建在西苑，他认为唐人把蚕坛设在禁苑是"因陋就安，不可法"。先蚕坛于是仍旧在安定门外建造，建成后皇后在此举行了先蚕礼。到了第二年，嘉靖帝又改变了主意，接受了大臣们的建议，以皇后亲蚕出入不便为由，把先蚕坛改建到了西苑，"坛之东为采桑台，台东为具服殿，北为蚕室，左右为厢房，其后为从室，以居蚕妇。设蚕宫署于宫左，令一员，丞二员，择内臣谨恪者为之。四月，皇后行亲蚕礼于内苑。"[1]明代先蚕坛亲蚕礼在嘉靖三十八年（1559）停止。

目前我们看到的北京所存的先蚕坛是清代的建筑。清代初期也没有将先蚕祭仪列入国家祀典。康熙帝在丰泽园曾建立蚕舍。雍正时河东总督王士俊上疏请求奉祀先蚕，而且详述了祭祀先蚕的理由，并提出"按周制，蚕于北郊。今京师建坛，亦北郊为宜"[2]，指出了建造先蚕坛合适的方位。之后，侍郎图理琛也曾提出在安定门外先建先蚕祠行先蚕礼仪，但并没有实行。直到乾隆七年（1742）才制定了亲蚕礼仪，并选择西苑的东北建造先蚕坛。

清代先蚕坛所在的位置——西苑东北隅，即今天北海公园画舫斋的北部。整个建筑坐北朝南，南北长130米，东西宽132米，占地约1.7万平方米。据史籍记载：先蚕坛呈方形，为一层，高四尺，径四丈，四面有台阶。坛三面种满桑柘，东面是观桑台，前边为桑园，后边是亲蚕门。坛院内共有两重殿宇。前殿为亲蚕殿，殿内悬挂皇帝御书匾额"葛覃遗意"，两侧是一副对联："视履六宫基化本，授衣万

① 《明史》卷四十九志第二十五礼三，北京：中华书局，1974年，第1275—1276页。

② 《清史稿》卷八十三志五十八礼二，北京：中华书局，1976年，第2519页。

国佐皇献。"殿后为浴蚕池，池北即为后殿。后殿照例悬匾曰："化先无教"，联曰："三宫春晓觇鸠雨，十亩新阴映鞠衣。"浴蚕河上有南北两座木桥，南桥东侧是先蚕神殿。此外还有蚕署、蚕所、牲亭、井亭、神厨、神库等。全部建筑包围在长一百六十丈的壝墙之内，所有这些设置都是依照古代礼制建造的。

从乾隆九年（1744）开始，每年春天由皇后在先蚕坛主持亲蚕礼，如果皇后不能亲自来，那么就由内务府总管大臣、礼部、太常寺堂官、奉宸苑卿内酌情派一人来行祭礼，或者派其他妃子代替皇后来行礼。亲蚕礼在清代属于中祀，全部礼仪分为亲祭先蚕坛礼、躬桑礼、献茧缫丝礼三项内容。

先蚕坛行礼的准备阶段工作由礼部、工部、太常寺等机构的官员承担，具体行礼过程中的仪式由内务府总管大臣及所属机构官员或太监、宫女承担。

每年三月季春举行亲蚕大礼。行礼之前，交泰殿设斋戒铜人，皇后斋戒两天后至先蚕坛行礼。行礼时要摆放好先蚕西陵氏的神位。祭祀先蚕由皇后行礼。祭祀这天的辰时初刻，皇后穿好礼服，乘坐凤辇从宫内出发，在先蚕坛壝左门下辇，由妃、嫔们陪着来到具服殿盥洗，然后到拜位行三跪三拜礼。仪式大体与祭先农相同，分为迎神、初献、亚献、终献、赐福酒福胙、撤馔、送神、视瘗等。皇后行完礼后回宫。斋戒一天后行躬桑礼。参加躬桑礼的有蚕母二人，蚕妇二十七人，蚕宫令、丞各一人。在黎明时分，跟随采桑的侍班公主等人就要恭候在南门以内。巳时初刻，皇后从宫中出发来到先蚕坛，换完礼服后，妃、嫔、公主等等候在采桑位，典仪奏请皇后行礼。这时，皇后来到桑田北面正中，相仪二人跪着把筐、钩捧给皇后，皇后接过来，右手拿钩，左手提筐，开始采桑。与此同时，内监扬动彩旗，鸣响金鼓，唱起采桑歌。皇后采桑三次后把钩、筐交给相仪，然后走上观桑台，看妃、嫔、公主、命妇们采桑。采完以后把桑叶切碎，再交给蚕妇喂蚕。皇后到茧馆行礼后回宫。蚕茧长成后皇后要在蚕坛举行献茧缫丝礼。皇后在织室正殿升座后，蚕母带领全部蚕妇挑选蚕茧装入筐内献给皇后，皇后亲自挑选圆形的、表面光洁的蚕茧，分别装入容器中，然后献给皇帝。献茧后，皇后带领嫔妃等人到缫丝处，皇后亲手在蚕母的帮助下做象征性的缫丝动作，然后，嫔妃们也要在蚕母的帮助下缫丝各五次。蚕丝缫出后献给皇后，皇后回宫把蚕茧献给皇帝、皇太后，并把所缫的丝染成朱、绿、黑、黄各色，用来制作皇帝的祭祀礼服。至此，全部礼仪才算结束。

先蚕礼与先农礼一样，只不过是皇后、皇帝为劝导农桑做做样子而已，并非实际操作，具体事项当然是由其他人来完成了。

附：明嘉靖朝亲蚕礼[1]

国初无亲蚕礼。肃皇帝始敕礼部以每岁季春，皇后亲蚕于北郊，后改于西苑，未久即罢。

嘉靖九年定：

先期，钦天监择日以闻。顺天府具蚕母名数奏送蚕室内，工部具钩箔筐架及一应养蚕什物给送蚕母。顺天府将蚕种及钩筐一副进呈讫。捧自西华门出，置彩舆中，鼓乐送至蚕室。蚕母浴种伺蚕生先饲以待。

先一日，蚕宫令丞设皇后采桑位于采桑台，东向，执钩筐者位于稍东；设公主及内命妇位于皇后位东；设外命妇位于采桑台东陛之下，南北向。以西为上。

至日四更，宿卫陈兵卫，女乐工备乐，司设监备仪仗及重翟车，蚕宫令备钩筐、俱候于西华门外。

内执事女乐生并司赞六尚女官等皆乘车先至坛内候。

将明，内侍诣坤宁宫，奏请皇后诣先蚕坛所。

皇后服常服。导引女官导皇后出宫门，乘肩舆。侍卫警跸如常仪。公主及内命妇应入坛者各服其服以从。

---

① ［明］李东阳等撰，申时行等重修：《大明会典》卷五十·礼部八·亲蚕，扬州：江苏广陵古籍刻印社，1989年，第914—915页。

至西华门。内侍奏请降舆，升重翟车。兵卫仪仗女乐前导。女官捧钩筐行于车前。

皇后至具服殿少憩，易礼服。祭先蚕（仪具祠祭司）。

祭毕，更常服。司宾引外命妇先诣采桑台位，南北向。女侍执钩筐者各随于后。尚仪入奏请诣采桑位，导引女官导皇后至采桑位，东向。公主以下各就位，南北向。执钩者跪进钩，执筐者跪奉筐，受桑。

皇后采桑三条，还至坛南仪门坐，观命妇采桑。三公命妇以次取钩采桑五条，列侯九卿命妇以次采桑九条。

采讫，各以筐授女侍。司宾引内命妇一人诣蚕室，尚功帅执钩筐者从。尚功以桑授蚕母，蚕母受桑，缕切之以授内命妇。内命妇食蚕洒一箔讫，司宾引内命妇还。

尚仪前奏采桑礼毕。

皇后还具服殿，候升座。尚仪奏司宾率蚕母等行叩头礼讫，司赞唱班齐，外命妇序列定，赞四拜毕，赐命妇宴于殿内外，并赐蚕母酒食于采桑台傍。

公主及内命妇殿内序坐，外命妇从采桑者及文武二品以上命妇于殿台上、三品以下于台下各序坐，尚食进膳。司宾引公主及内命妇各就座，教坊司女乐，奏乐进酒，及进膳进汤如仪。宴毕，撤案。

公主以下并外命妇各就班，司赞赞四拜，尚仪跪奏礼毕。

皇后兴，还宫，导从如前。

亲蚕坛筑于安定门外，皇后率公主及内外命妇躬往采桑。而择内西苑隙地盖造织堂，以终蚕事。十年，以出入不便，改筑坛于西苑。

第八节　风、云、雷、雨、城隍、火神诸庙

1. 宣仁庙

宣仁庙是清代祭祀风神的地方，俗称风神庙，位于皇城之东，今天北京东城区北池子大街2–4号，是北京市第三批文物保护单位。该庙建于雍正六年（1728），嘉庆九年（1804）重修，属于皇家坛庙之一，庙内有清世宗雍正皇帝御书"协和昭泰"的匾额。庙门坐东朝西，门前有大照壁，长二十三米，绿琉璃瓦顶黄琉璃砖心，色彩鲜艳，制作精美。大门两侧为八字屏墙，门额上书"敕建宣仁庙"。庙内殿宇则坐北朝南，主要建筑有钟鼓楼、前殿、正殿和后殿。前殿面阔三间，殿内奉祀风伯，后殿面阔五间，奉祀八风神。殿宇样式都为歇山式顶，覆黄琉璃瓦绿剪边。

目前该庙大部分建筑保存较好。

2. 凝和庙

凝和庙为清代祭祀云神的场所，俗称云神庙，位于皇城之东，今天北京东城区北池子大街46号，是北京市第三批文物保护单位。这座神庙建于雍正八年（1730），由皇家敕建，庙内有雍正皇帝御书"兴泽昭彩"匾额。庙门坐东朝西，门前有琉璃砖照壁，庙内殿宇则坐北朝南，主要建筑有山门、钟鼓楼及三重殿宇。前殿和正殿均面阔三间，正殿前有浮雕云龙纹的御路，后殿面阔五间。

此处1922年即已改为了学校，现在仍然是北池子小学。原有建筑仅存大殿和后殿。

3. 昭显庙

昭显庙是清代祭祀雷神的所在，俗称雷神庙，位于皇城之西，今天北京西城区北长街71号，是北京市第三批文物保护单位。此庙建

于雍正十年（1732），大门坐西朝东，整个建筑坐北朝南。大门前有长达二十二米的大照壁，之后是山门三间，大门石额上书"敕建昭显庙"，门两侧有八字墙。院内建筑有钟、鼓楼各一，重檐歇山顶覆绿琉璃瓦；前殿三间，歇山顶覆绿琉璃瓦；中殿三间，歇山顶覆黄琉璃瓦绿剪边，中间御路雕二龙戏珠纹饰及东西配殿各三间；后殿五间，歇山顶覆黄琉璃瓦绿剪边，带左右朵殿各三间。

现仅存照壁及后殿。

4. 时应宫

雍正时期，建了风、云、雷神庙后，"并以时应宫龙神为雨师，合祀之"[①]，也就是说，把原来供奉龙王的时应宫作为了雨神庙，与风、云、雷神一起祭祀。这样，时应宫也就成了雨神庙。

时应宫，清雍正元年（1723）敕建。这座建筑位于西苑中海的西岸，紫光阁的北面，坐北朝南，宫门为三间，门内以东西为钟、鼓楼。宫内共有三进殿，前殿供奉有四海、四渎的龙神像，正殿奉祀顺天佑畿时应龙神像，后殿供奉八方龙王神像。后宫门曰福华门，门外就是金鳌玉蝀桥。此处建筑与金鳌玉蝀桥都已不存在了。

5. 都城隍庙

对于城隍的供奉与祭祀来源于古代蜡祭中的坊与水庸之神。城隍之神的职责是护守城郭，兼有地府冥籍的事务。唐代开始祭祀城隍，宋代则各地普遍祭祀城隍，明代洪武时期更是诏令天下各府州县建立城隍庙。明、清以来，城隍俨然地府的主官，与朝廷任命的地方官分理阴阳二界。城隍神对上归属东岳大帝和阎王管辖，对下管理土地神，各级城隍所担负的职责与权力与朝廷任命的各级地方官相对应，成为冥界神灵体系中的一个重要环节。

城隍庙在北京算是数量多的，而且种类较为多样。城隍也有级

---

① 《清史稿》卷八十三志五十八礼二，北京：中华书局，1976年，第2514页。

别，各府、州、县都有城隍，在原来北京所管辖的各县县城中都曾建有城隍庙，供奉本县的城隍，此外还有都城隍庙、皇城城隍庙、禁城城隍庙等不同级别和类型。都城隍是北京城的城隍。禁城城隍庙和皇城城隍庙，其规格显然还要比都城隍庙高，是直接守卫皇宫大内的。

大兴县城隍庙在东城区大兴胡同中，奉祀大兴县城隍，建于明代，后经重修，至今庙宇完整。

宛平县城隍庙，在西城区地安门西大街长桥路北，供奉宛平县城隍，今庙已不存。

永佑庙又称永佑宫，奉祀皇城城隍，在西城区府右街北口路西，建于清雍正九年（1731），部分建筑仍存。

紫禁城城隍庙供奉禁城城隍，在故宫西北角楼下，清雍正四年（1726）敕建。建筑有庙门、正殿、配殿等，正殿五间，坐北朝南，每年万寿节和秋天遣官祭祀。如今庙宇建筑保存较为完整。

如上所说，各府、州、县有城隍，而作为都城的北京更要有城隍，这便是都城隍。洪武二年（1369）正式封都城隍并开始祭祀。清代北京"都城隍庙……其在燕京者，建庙宣武门内"①。北京目前遗存的都城隍庙坐落在北京西城区金融街成方街33号，是北京市第三批文物保护单位。

这座都城隍庙建于元代。据虞集《大都城隍庙碑》的记载："至元四年，岁在丁卯，以正月丁未之吉，始城大都。立朝廷宗庙社稷官府库庾，以居兆民，辨方正位，井井有序，以为子孙万世帝王之业。七年（1270），太保臣刘秉忠、大都留守臣段贞、侍仪奉御臣和坦伊苏、礼部侍郎臣赵秉温言：大都城既成，宜有明神主之，请立城隍神庙。上然之，命择地建庙，如其言。得吉兆于城西南隅，建城隍之庙，设象而祠之，封曰祐圣王，以道士段志祥筑宫其旁，世守护之。"②明代永乐年间重修后改叫大威灵祠，明正统十二年（1447）重

---

① 《清史稿》卷八十四志五十九礼三，北京：中华书局，1976年，第2544—2545页。
② ［清］于敏忠等编撰：《日下旧闻考》（第3册），卷五十·城市，北京：北京古籍出版社，1981年，第793页。

建，明嘉靖二十七年（1548）毁于大火并重建。之后屡经风雨，多次重修，先后在明万历三年（1575）、清雍正四年（1726）、乾隆二十八年（1763）重修。清同治十年（1871）再次被火烧毁，再次重建，目前所存建筑为清光绪时大火后修复仅存的寝殿。

都城隍庙坐北朝南，中轴线上有庙门、顺德门和阐威门。庙内原有钟鼓楼各一座，阐威门两侧供奉各行省城隍像，两庑为十八司，正中是大威灵祠，供奉城隍塑像，后面是寝祠。其他还有治牲所、井亭、燎炉、碑亭等，并有明英宗、清世宗、清高宗所立石碑。现存寝祠面阔五间，前面出抱厦三间，歇山顶覆黄琉璃瓦黑剪边，黑、红、黄、灰、白等色对比强烈，色彩明快，在现代高楼大厦的环抱中，别有情趣和意蕴。

都城隍庙在福佑百姓的同时，还是很著名的庙市。清代每月的初一、十五、二十五开市，整个市场从都城隍庙开始向东到刑部街，长度有三里多。庙市与灯市相仿，售卖的货物很多，"城隍庙市陈设甚夥，人生日用所需，精粗毕备，羁旅之客，但持阿堵入市，顷刻富有完美。以至书画、古董，真伪错陈，剔红、填漆，旧物自内廷阑出者尤精好"[①]。每逢开市，这里便会人声鼎沸，热闹非凡，欢快喧嚣与庙内的威严庄重形成了鲜明的对照，甚是有趣。

都城隍庙香火非常旺盛，除了受人间的供奉外，每年旧历的五月初一这天，大兴、宛平两县城隍庙的城隍还要来此朝拜都城隍，这就是当时所谓的"城隍出巡"，在当时来说是非常热闹的场景。

6. 火神庙

火神是受到上至官府下至百姓都普遍奉祀的民间俗神，具体是谁则没有定论，有说是炎帝的，有说是祝融的，有的叫火德真君、火帝真君，也有的叫火祖、赤帝真君，还有叫炳灵公的，总之五花八门，

---

① 吴廷燮等纂：《北京市志稿》（八）宗教志、名迹志，北京：北京燕山出版社，1997年，第442页。

不一而足。北京的火神庙数量很多，但凡有人聚居的区域都会有火神庙的存在。据1928年和1936年北平市政府寺庙登记的统计情况，当时尚有火神庙40座[①]。

北京现存火神庙不多，很多已经改变了用途，变成了民居或办公场所。什刹海边上的火德真君庙就是为数不多的一座。该庙坐落在北京西城区什刹海地安门外大街77号，属于道教正一派的道观。据传建于唐代贞观年间，元代至正年间重修。明代万历三十八年（1610）在元代基础上改建，殿宇改为琉璃瓦顶，并增建了重阁。清代顺治、乾隆年间再次重修。目前所见的建筑格局是2005年修缮、恢复的面貌。

火德真君庙俗称火神庙，庙门朝东，整组建筑为坐北朝南。山门内外各有一座牌楼，并有旗杆在门外，钟鼓楼在门内。前殿叫作灵官之殿，面阔三间，歇山顶覆灰瓦绿琉璃瓦剪边。殿内供奉道教护法神王灵官。中殿也是面阔三间，建筑分为前后两部分，前面硬山卷棚顶勾连后身歇山顶，殿内供奉火祖。之后有后殿与后楼，均为两层，后楼名为万寿景命宝阁，俗称玉皇阁。此外，重修后的建筑还有真武殿、斗姥殿等。

---

① 北京市档案馆编：《北京寺庙历史资料》，北京：中国档案出版社，1997年，第717页。

第五章

祖先之神——宗庙与家祠

北京的宗庙以太庙为代表，而曾经的堂子告诉人们清王朝独特的祭祖礼仪。仅存的历代帝王庙则是城市作为都城地位的象征之一。从百姓到帝王都把对祖先的祭拜作为重要的人生礼仪，百姓家祠虽然简单而礼仪则毫不懈怠。皇家祖祠并不限于一处，尚不论建筑的华丽与高贵，在礼仪规制上则较民间更胜一筹。

第一节　太庙

　　太庙位于紫禁城的东边，与西边的社稷坛左右相对，形成了"左祖右社"的封建帝王都城的设计格局。它始建于明永乐十八年（1420），是明初皇家合祀祖先的地方。到了明代中期，嘉靖帝改变了太庙合祀的制度，于嘉靖十四年（1535）把太庙一分为九，建立九座庙分祭历代祖先。可是天不遂人愿，嘉靖二十年（1541），其中八座庙遭雷火击毁，皇帝和大臣们认为这是祖先不愿分开，通过上天来警告他们。于是，在二年后重建太庙，恢复了同堂异室的合祀制度。清军入关以后，继承了汉族"敬天法祖"的传统礼制，一进入北京城，就把清太祖、太宗等神主供奉在太庙中，原来明朝历代帝王的神位被移送到了历代帝王庙，同时重修了太庙。乾隆即位后，为了自己死后神主能进入太庙奉祀，把明代所修面阔为九间的正殿扩建为十一开间，把原先为五开间的后殿扩建为九开间，同时添建了一些墙、门及辅助性建筑，形成了今日人们所看到的太庙的规模。

　　太庙坐北朝南，平面呈长方形，占地面积约二百余亩，整个建筑被三道黄琉璃瓦顶的红围墙分隔成三个封闭式的院落。主要建筑由南向北依次排列在中轴线上，古朴典雅，加上封闭的院墙，浓荫的古柏，衬托出一种肃穆庄重的氛围，恰与皇家祭祖建筑的性质相一致。

　　第一层院落面积很大，由最外一道墙垣围成，约占太庙总面积的百分之六十。南面为正门，门前是一座石栏三孔石桥，西墙有三座门分别是通向天安门的太庙街门、通向端门的太庙右门和通向午门外阙左门的太庙西北门。这里除少数假山、凉亭外，四周种满了柏树，浓荫蔽日，枝繁叶茂，历尽沧桑。在院子的南面东侧有一个幽静的小院，这里就是太庙的牺牲所，西侧为六角井亭。

　　第二层院落集中了太庙主要建筑，平面呈长方形，东西宽二百零八米，南北长二百七十二米，南墙正中是一组黄琉璃瓦庑殿顶的琉璃砖门，中间为正门，共三间，两侧旁门各一座。穿过琉璃门，跨过一字排开的七座汉白玉石桥，便是戟门了。戟门面阔五间，黄琉璃瓦庑殿顶，建于三层汉白玉石台基之上。戟门内外各陈列着朱漆戟架四座，每架上插放镀金银铁戟十五支，总共有一百二十支戟，威严而有气势，足以体现皇家的派头。跨入戟门，迎面看到的就是金碧辉煌的正殿，三层汉白玉石须弥座把大殿稳稳托住，台基周围都有汉白玉石护栏，望柱头浮雕龙凤纹，安详而庄严。大殿面阔十一间，进深四间，重檐庑殿顶，上覆黄色琉璃筒瓦。重檐庑殿顶与黄色琉璃瓦是皇家建筑最高等级的标志。为更好地突出宗庙祭祀性建筑的特色与效果，大殿梁柱外面都用沉香木包裹，其他构件都用金丝楠木。明间和次间的殿顶、天花、四柱全部贴赤金花，不用彩画装饰，极尽富丽。地面则满铺金砖，光亮莹润。这种金砖主要产于苏州，从取土到成泥就有六道工序，再做成砖坯，烧一百三十六天才成为砖，最后要放在桐油里浸泡。金砖击之有声，断之无孔，光滑耐磨，而且越磨越亮。

大殿是皇帝举行祭祖大典礼仪的场所。祭祖是非常庄重的事情，礼仪名目也不少，主要有时享和祫祭。时享是每年四季第一个月举行的祭祀礼仪，祫祭在每年末举行，即对所有供奉于太庙神主的合祭。此外，每逢祭日即每年四月初一、七月初一、十月初一、皇帝生辰、清明节、七月十五日、先皇的忌辰日都要在这里举行相应的祭典。殿内按左昭右穆的次序摆设历代帝后的神位，神位前设供案，案上陈设祭器和礼器。大殿东、西两庑各有十五间配殿，东庑供奉有功皇族人员的神位，西庑供奉异姓功臣的神位。

历来祭祖的仪式十分繁复，以明代为例，对祭器有严格的规定，种类有登、铏、笾、豆、簠、簋、酒尊、金爵、瓷爵等，数目则各朝不尽相同。祭祖大典分为迎神、奉册宝、进俎、初献、亚献、终献、彻豆、送神一系列程序。其间，随着每一项仪式的进行，要分别奏《太和之曲》《凝和之曲》《寿和之曲》《豫和之曲》《雍和之曲》《安和之曲》，与各项仪式相配合。整个仪式在赞礼官的指挥下有条不紊地进行，祭拜者要不断地三跪九拜，庄重地上香、献帛、献爵、进俎。此外，对诸如天子的坐向、方位，祭拜者如何献、如何拜，供品、祭器的数量、内容都有明确而细致的规定，不能有半点疏忽。每当仪式的最后，都要在大殿东南隅和西南隅黄琉璃砖砌的燎炉内焚烧祭品，以告慰祖先。

中殿在大殿之后，又叫寝宫。殿内设有神龛，供奉历代帝后的神龛，每一神龛外摆放一代帝后的神椅。每逢祭祀的时候，要把神主牌位放到神椅上抬到大殿，安放在神座木托之上。中殿左右两庑专门存放祭器。

后殿又称"祧庙"，形制与中殿相同，专门供奉清代立国前追封的四代帝、后的神主牌位。每逢祭祀的时候，也要把神位请到前殿，祭礼之后再送回。后殿与前殿、中殿之间有一道红墙相隔，这是因为后殿是祭祀远祖的神庙之故。

第三层院落在后殿以北，为一狭长的小院。

太庙在总体设计上突出了庄重肃穆的氛围，以大面积的林木包围主体建筑群，并在较短的距离内安排了多重的门、殿、桥、河来增加入口部分的深度感，这样便大大地突出了肃穆、深邃的气氛。庭院广阔幽深，而大殿体量大，又有三层台基承托，周围以廊庑环绕，突出了主体建筑雄伟的气势。大殿内外彩绘以黄色为底色，配以简单的旋子彩画，进一步加强了建筑物庄重严肃的气氛。

清朝统治结束之后，祭祀大典也就废除了，太庙也失去了原来的作用，但仍然由清室保管。直到1924年北洋政府接管了太庙，并改为和平公园。1928年又归民国政府内政部所有，三年后由故宫博物院接管，将这里建成分院。新中国成立后成为劳动人民文化宫。

太庙虽然经过了许多次的修缮与增建，但主体建筑仍然是明代原构，保存了明代的建筑风格，但仍存在不尽如人意的地方。如今，它的用途已与过去截然不同，昔日庄严宁静、无人敢越雷池一步的地方，现在已是人声鼎沸的人民公园。一处处新建筑零星散布其间，侵蚀着太庙的整体布局与景观。太庙成为了普通百姓的乐园，所有的祭品、祭仪都已荡然无存，这里已经成为太庙艺术馆的所在，昔日的神圣的祖宗神庙如今变为了传播艺术的殿堂。但是，每当暮色沉沉、游人各散的时候，这座古代宫殿的那种凝重感、威严感仍然会扑面而来，令人肃然敬立。

附：明代太庙祭礼
时享①
洪武二十六年初定仪。

斋戒。
前一日，太常司官宿于本司，次日具本奏致斋三日，次日进铜人。

省牲。（牛九，羊八，山羊十，豕十九，鹿一，兔四。今时享犊十五，北羊十四，山羊十七，豕三十一，鹿一，兔十三。祫祭犊十九，北羊十八，豕三十五，兔十五，山羊鹿不加。）
正祭前二日，太常司官奏明日与光禄司官省牲。至次日省牲毕同复命。

陈设。
皇高祖前，犊一，羊一，豕一，登二，铏二，笾豆各十二，簠簋各二，帛二（白色，奉先制帛）。
上曾祖，陈设同。
皇祖，陈设同。
皇考，陈设同。
共设酒尊三、金爵八、瓷爵十六、篚四于殿东，祝文案一于殿西。后奉祧四祖。太祖而下诸庙陈设并同。嘉靖

---

① ［明］李东阳等撰，申时行等重修：《大明会典》卷八十六·礼部四十四·时享，扬州：江苏广陵古籍刻印社，1989年，第1362—1367页。

214

二十九年，奉祧仁宗，升祔孝烈皇后。后前止设金爵一、瓷爵二、通设酒尊九、金爵十七、瓷爵三十四、篚九，祫祭则尊加五、金爵加十、瓷爵加二十、篚加五。

亲王配享四坛（共二十一位）。

第一坛：寿春王、妃刘氏。

犊一，羊一，豕一，登二，铏二，笾豆各十，簠簋各二，爵六，帛二（展亲制帛）。

第二坛：霍丘王、妃翟氏，下蔡王，安丰王、妃赵氏，南昌王。

犊一，羊一，豕一，登六，铏六，笾豆各十，簠簋各二，爵十八，帛六（展亲制帛）。

第三坛：蒙城王、妃田氏，盱（日台）王、妃唐氏，临淮王，妃刘氏。

陈设与二坛同。

第四坛：宝应王、六安王、来安王、都梁王、英山王、山阳王、招信王。

犊一，羊一，豕一，登七，铏七，笾豆各十，簠簋各二，爵二十一，帛七（展亲制帛）。

共设酒尊三、篚四于殿东南，北向。

功臣配享十坛（今十七坛）。

中山武宁王徐达、开平忠武王常遇春、岐阳武靖王李文忠、宁河武顺王邓愈、东瓯襄武王汤和、黔宁昭靖王沐英、虢国忠烈公俞通海、蔡国忠毅公张德胜、越国武庄公胡大海、梁国武桓公赵德胜、泗国武庄公耿再成、永义侯桑世杰、河间忠武王张玉（以下四坛俱洪熙元年增）、东平武烈王朱能、宁国忠庄公王真、荣国恭靖公姚广孝（嘉靖九年迁于大隆兴寺）、诚意伯刘基（嘉靖十年增）、荣国威襄公郭英（嘉靖十六年增）。

每坛羊一，豕一，铏一，笾豆各二，簠簋各一，帛一

（报功制帛），爵三，篚一。

共设酒尊三于殿西南，北向。

正祭。

典仪唱乐舞生就位，执事官各司其事，导引官导引皇帝至御拜位。内赞奏就位，典仪唱迎神。奏乐，乐止。内赞奏四拜（百官同）。

典仪唱奠帛行初献礼。奏乐，执事官各捧帛，金爵受酒，献于神御前。读祝官取祝跪于神御右。内赞奏跪，典仪唱读祝。读讫，奉安于神御前。内赞奏俯伏，兴，平身（百官同）。乐止。

典仪唱行亚献礼。执事官以瓷爵受酒，献于神御前，乐止。

典仪唱行终献礼（仪同亚献）。乐止。太常司卿进立殿东，西向，唱赐福胙。光禄司官捧福酒胙自神御前中门左出，至皇帝前。内赞奏跪，搢圭。光禄司官以福酒跪进，内赞奏饮福酒。光禄司官以胙跪进，内赞奏受胙，出圭，俯伏，兴，平身。内赞奏四拜（百官同）。

典仪唱撤馔，奏乐，执事官撤馔。乐止。太常卿诣神御前跪奏礼毕，请还宫。奏乐，内赞奏四拜（百官同），乐止。

典仪唱读祝官捧祝，进帛官捧帛，各诣燎位。奏乐，内赞奏礼毕。

祝文。

维洪武年岁次月朔日，

孝玄孙皇帝（御名）敢昭告于

高曾祖考四庙、太皇太后，

时维孟（春、夏、秋、冬）礼严祭祀，谨以牲醴庶品，用申追慕之情。尚享。

乐章。

迎神【中和之曲】

庆源发祥，世德惟崇。致我眇躬（今云助我祖宗），开基建功。京都之内，亲庙在东。维我子孙，永怀祖宗。气体则同，呼吸相通。来格来崇，皇灵显融。

初献【寿和之曲，武功之舞】

思皇

先祖，耀灵于天，源衍庆流，繇高逮玄。玄孙受命，追远其先。明禋世崇，亿万斯年。

亚献【豫和之曲，文德之舞】

对越至亲，俨然如生。其气昭明，感格在庭。如见其形，如闻其声。爱而敬之，发乎中情。

终献【熙和之曲，文德之舞】

承前人之德，化家为国。毋曰予小子，基命成绩。（今云：惟前人之功，肇膺天历，延及予小子，爰受方国）欲报其德，昊天罔极。殷勤三献，我心悦怿。

撤馔【雍和之曲】

乐奏仪肃，神其燕娱。告成于祖，亦佑皇妣。敬撤不迟，以终祀礼。祥光焕扬，锡以嘉祉。

还宫【安和之曲】

显兮幽兮，神运无迹。鸾驭逍遥，安其所适。其灵在天，其主在室。子子孙孙，孝思无斁。

祫祭①

---

① ［明］李东阳等撰，申时行等重修：《大明会典》卷八十七·礼部四十五·祫祭，扬州：江苏广陵古籍刻印社，1989年，第1377—1380页。

国初，以岁除日祭太庙，与四时之祭合为五享。其陈设乐章并与时享同。累朝因之。弘治初，既祧懿祖，始以其日奉祧主至太庙行祫祭礼。

先期遣官祭告太庙，又遣官祭告懿祖于祧庙，告俱用祝文酒果。告毕，太常寺设懿祖神座于玉殿西向，至日祭如仪。

嘉靖十年，祧德祖，罢岁除祭，而以季冬中旬行大祫礼。太常寺设德祖神座于太庙正中南向，懿祖而下，以次东西向。十五年，奉懿祖、熙祖、仁祖、太祖神座皆南向。成祖而下东西向。陈设、乐章、祝文皆更定。而先期遣官祭告如前。二十四年，罢季冬中旬大祫，并罢祭告。每遇岁除祫祭，位次如十五年之制。祝则自德祖而下，备列帝后谥号，而祝文及陈设、乐章并如旧。二十八年，复祭告仪，今备著焉。

国初岁除祭太庙祝文：

维洪武年月日，

孝玄孙皇帝（御名）敢昭告于

高曾祖考四庙太皇太后。时当岁暮，明旦新正，谨率群臣，以牲醴庶品，恭诣太庙，用申追慕之情。尚享。

弘治初祫祭祝文：

太庙祭告

维年月日

孝玄孙嗣皇帝（御名）谨遣某官敢昭告于

入庙太皇太后、皇考宪宗纯皇帝。兹者岁暮，特修祫祭之礼，恭迎懿祖皇帝同临享祀。伏惟鉴知，谨告懿祖祭告。兹者岁暮恭于太庙举行祫祭之礼，祇请圣灵诣庙享祀。特申预告，伏惟鉴知。谨告太庙祫祭。时当岁暮，明旦新正，谨率群臣，以牲醴庶品，恭诣太庙，特修祫祭之礼。用申追慕之情。尚享。

嘉靖十五年定大祫仪（后罢）

前期一日，太常寺陈设如图仪。

正祭日，上至庙戟门东帷幕具祭服出，自戟门左门入，率捧主官至祧庙及寝殿出主。捧主官请各庙主至太庙门外，候五祖主至，辟殿门入。

上安德祖主，捧主官各安懿祖以下主讫，典仪唱乐舞生就位，执事官各司其事，上至御拜位如常仪。懿祖而下，上香，献帛，献爵，俱捧主官代。

祝文。

维嘉靖年月日

孝玄孙嗣皇帝（御名）敢昭告于德祖玄皇帝、玄皇后，懿祖恒皇帝、恒皇后，熙祖裕皇帝、裕皇后……皇高祖考宣宗章皇帝、皇高祖妣孝恭章皇后，皇曾祖考英宗睿皇帝、皇曾祖妣孝庄睿皇后……皇兄武宗毅皇帝、孝静毅皇后。曰：气序云迈，岁事将终，谨率群臣，以牲帛醴、齐粢盛庶品，特修大祫礼于太庙，用申追感之情。伏惟尚享。

乐章。

迎神【太和之曲】

仰庆源兮大发祥，惟世德兮深长。时维岁残，大祫洪张。祖宗圣神，明明皇皇。遥瞻兮顿首，世德兮何以忘。

初献【寿和之曲】

神之格兮慰我思，慰我思兮捧玉卮。捧来前兮栗栗，仰歆纳兮，是幸已而。

亚献【豫和之曲】

再举瑶浆，乐舞群张。小孙在位，陪助贤良。百工罗从，大礼肃将。惟我祖宗，显锡恩光。

终献【宁和之曲】

思祖功兮深长，景宗德兮馨香。报岁事之既成兮，典则先王。惟功德之莫报兮何以量。

撤馔【雍和之曲】

三酌既终，一诚感通。仰圣灵兮居歆，万祀是举兮，庶乎酬报之衷。

还宫【安和之曲】

显兮幽兮，神运无迹，神运无迹兮化无方。灵迓天兮主迓室，愿神功圣德兮启佑无终。玄孙拜送兮，以谢以祈。

第二节　历代帝王庙

中国从禹传位于启开始，出现了"家天下"的局面，天下成为一人之天下，"普天之下，莫非王土，率土之滨，莫非王臣"，国家的权力牢牢掌握在帝王一人手中，支配着一切。社会的兴衰治乱与帝王统治有着密切的关系，人们拥戴明君，痛恨昏主。历代帝王都愿意留下明君的美名，并不时地标榜自己是有道之君，因而对于前代明君十分敬重，把他们树为榜样，予以奉祀。坐落在北京西城区阜成门内的历代帝王庙就是这样一种祠庙。

明朝初年，太祖朱元璋定都南京后，就设立了历代帝王庙，奉祀前代创业帝王，并让历代开国功臣陪祀。明成祖朱棣迁都北京之后，诸祀并举，唯独没有设立帝王庙。到嘉靖九年（1530）在大臣的倡议下，皇帝下令在阜成门内保安寺旧址上兴建帝王庙，二年后建成，这就是现在阜成门内的历代帝王庙。从此时开始，对入庙祭祀做了规定：凡岁仲春秋，太常寺题请遣大臣一员至庙行祭礼，四员从臣分献祭品。到了清朝顺治、康熙时，由皇帝重新确定享祀帝王，由原来的旧祀帝王二十一人增加到一百六十七人，旧祀功臣三十九人增加到七十九人。历代帝王入祀的范围大大扩充，只有无道被弑之君和亡国之君不被列入其中。

北京历代帝王庙在嘉靖年间建成后，到雍正七年（1729）重修，乾隆二十九年（1764）又进行大修，同时将景德崇圣殿顶的绿琉璃筒瓦换成了黄琉璃筒瓦，提高了祠庙的等级。历代帝王庙在民国由中华教育促进会和幼稚女子师范学院占用，1949年后由北京市第三女子中学（即今 159 中学）一直使用。进入 21 世纪后，历代帝王庙经腾退修复后已向社会开放，恢复了它本来的面目，让人们感受到历代对帝王祭祀的威严与神圣！

整个建筑群坐北朝南，建筑面积约 6000 平方米。20 世纪 50 年代之前，你无论从东往西或是从西往东要进入帝王庙，首先都要穿过

"景德坊"。"景德坊"是矗立在帝王庙外大街上东西两侧的重要建筑，也是北京为数不多的精美的明代牌坊。将要到达庙门时，东西两侧立有下马碑各一通，东侧下马碑用满、汉、蒙三种文字镌刻"官员人等至此下马"，西侧下马碑用回、藏、托忒三种文字镌刻"官员人等至此下马"，用以警示所有官员，从庙前经过必须下马步行，以示对历代帝王庙的尊敬。两侧下马碑原立于清代，1999年复立。

庙门正南是建于明嘉靖九年（1530）的一字大影壁，东西长32.4米，南北厚1.35米，高约5.6米，上覆绿琉璃筒瓦，墙面正中有琉璃团花，四角饰有琉璃岔角。从影壁跨过三座石桥才能进入帝王庙的大门，而在封建时代从庙门至影壁、东西两座牌楼之间是封闭的，平民百姓不能随便穿行，必须要从影壁南面绕行。1954年，由于道路交通的改造，拆除了牌楼和三座石桥。石桥已难见其踪影，而精美的"景德坊"牌楼如今矗立保存在首都博物馆的大厅之内，人们可以在博物馆中一览其芳容。

进入大门，穿过景德门，便是景德崇圣殿。景德崇圣殿寓意"景仰德政，崇尚圣贤"，是全庙的中心所在，矗立在汉白玉石月台之上，面阔九间，进深五间；殿顶为最高等级的重檐庑殿顶，上覆黄琉璃瓦；大殿高二十一米，殿内共有六十根楠木柱子，天花为旋子彩画，外檐用金龙和玺彩画；从内到外无不显示出威严、凝重与华贵。

大殿内上方悬挂着乾隆帝的御笔"报功观德"四个大字，两侧有联相配。殿内供奉三皇五帝和历代帝王的红底金字神位。对于历代帝王的供奉采取"同堂异室"的方式，而对入祀帝王也有基本的准则，明代将上古的三皇五帝三王自然入祀，历代帝王则是要"创业之君"，而陪祀的名臣必须是要"始终全节"。据明代《帝京景物略》记载，"庙五室：中三皇伏羲、神农、黄帝座。左帝少昊、帝颛顼、帝喾、帝尧、帝舜座。右禹王、汤王、武王座。又东汉高祖、光武。又西唐太宗、宋太祖。凡十有五帝。庑从祀臣四坛……凡三十有二臣"。历代功臣名将的神位则按照"文东武西"规制供奉在东西两侧的配殿中。清代帝王庙所供奉的帝王和陪祀名臣大大增加，《钦定大清会典》

中记载如下：

　　景德崇圣殿，中一龛奉太昊伏羲氏、炎帝神农氏、黄帝轩辕氏位；

　　左一龛奉少昊金天氏、颛顼高阳氏、帝喾高辛氏、帝尧陶唐氏、帝舜有虞氏位；

　　右一龛奉夏王禹、启、仲康、少康、杼、槐、芒、泄、不降、扃、厪、孔甲、皋、发，商王汤、太甲、沃丁、太庚、小甲、雍己、太戊、仲丁、外壬、河亶甲、祖乙、祖辛、沃甲、祖丁、南庚、阳甲、盘庚、小辛、小乙、武丁、祖庚、祖甲、廪辛、庚丁、太丁、帝乙位；

　　左二龛奉周武王、成王、康王、昭王、穆王、共王、懿王、孝王、夷王、宣王、平王、桓王、庄王、僖王、惠王、襄王、顷王、匡王、定王、简王、灵王、景王、悼王、敬王、元王、贞定王、考王、威烈王、安王、烈王、显王、慎靓王位；

　　右二龛奉汉高祖、惠帝、文帝、景帝、武帝、昭帝、宣帝、元帝、成帝、哀帝、光武帝、明帝、章帝、和帝、殇帝、安帝、顺帝、冲帝、昭烈帝；晋元帝、明帝、成帝、康帝、穆帝、哀帝、简文帝；魏道武帝、明元帝、太武帝、文成帝、献文帝、孝文帝、宣武帝、孝明帝；宋文帝、孝武帝、明帝；齐武帝；陈文帝、宣帝位；

　　左三龛奉唐高祖、太宗、高宗、睿宗、玄宗、肃宗、代宗、德宗、顺宗、宪宗、穆宗、文宗、武宗、宣宗、懿宗、僖宗；后唐明宗；后周世宗；辽太祖、太宗、景宗、圣宗、兴宗、道宗；宋太祖、太宗、真宗、仁宗、英宗、神宗、哲宗、高宗、孝宗、光宗、宁宗、理宗、度宗、端宗位；

　　右三龛奉金太祖、太宗、世宗、章宗、宣宗、哀宗；元太祖、太宗、定宗、宪宗、世祖、成宗、武宗、仁宗、泰定帝、文宗、宁宗；明太祖、惠帝、成祖、仁宗、宣宗、英宗、景帝、宪宗、孝宗、武宗、世宗、穆宗、愍帝位；均南向。

两庑名臣配飨。

东庑祀风后、仓颉、夔、伯夷、伊尹、傅说、召公奭、毕公高、召穆公虎、仲山甫、张良、曹参、周勃、魏相、邓禹、耿弇、诸葛亮、房玄龄、李靖、宋璟、郭子仪、许远、李晟、裴度、曹彬、李沆、王曾、富弼、文彦博、李纲、韩世忠、文天祥、宗翰、穆呼哩、布呼密、徐达、常遇春、杨士奇、于谦、刘大夏位，均西向。

西庑祀力牧、皋陶、龙、伯益、仲虺、周公旦、太公望、吕侯、方叔、尹吉甫、萧何、陈平、刘章、丙吉、冯异、马援、赵云、杜如晦、狄仁杰、姚崇、张巡、李泌、陆贽、耶律赫噜、吕蒙正、寇准、范仲淹、韩琦、司马光、赵鼎、岳飞、宗望、斡鲁、巴延、托克托、刘基、李文忠、杨荣、李贤位，均东向①。

此处罗列这一长长的名单，是要看看在封建王朝的最后阶段，一个少数民族建立的中央王朝是如何对待历朝的名帝名臣的，于此可见清代帝王庙对所供奉帝王和名臣的神位的方位和名号的详细情况。

虽然明、清两朝对于历代帝王的供奉也很重视，将之作为稳固政权、笼络各族的一种手段，但对于历代帝王的祭祀远远没有像祭天、祭社稷、祭太庙那么看重，并非每一次都由皇帝本人亲祭，而多是遣官代祭。祭祀的仪式与祭天、祭太庙大同小异，其复杂繁缛的程度远远不及前者，但又具有其自身的一些特色（见后附）。

有意思的是，到民国年间，对于历代帝王的祀典被废除，但是正殿仍供有七大神龛。与以往不同的是，孙中山遗像被放在了正中，两

---

① 《清会典》卷三五礼部，北京：中华书局，1991年，第299—300页。

边陪祀三皇五帝及历代帝王，反映了时代精神和时代风貌。

在大殿四周和前院还排列着钟楼、燎炉、神库、神厨、宰牲亭、碑亭、井亭等建筑。

现在我们看到的历代帝王庙是按照清乾隆时期的面貌恢复的。目前这里已经成为了一座历代帝王的博物馆，以"历代帝王庙原状陈列展""历代帝王庙历史沿革展""功在社稷　德协股肱——历代帝王庙从祀名臣展"等各种展览向世人展示着古代帝王的功过得失。

　　附：明代历代帝王庙祭礼①
　　洪武二十六年定遣祭仪
　　斋戒。
　　前一日，太常官宿于本司，次日具本奏致斋二日。传制遣官行礼。
　　传制。
　　略
　　省牲。
　　略
　　陈设。
　　略
　　正祭。
　　典仪唱乐舞生就位，执事官各司其事。赞引引献官至盥洗所，赞搢笏，出笏。引至拜位，赞就位。
　　典仪唱迎神，协律郎举麾奏乐，乐止，赞四拜（陪祭官同）。
　　典仪唱奠帛行初献礼，奏乐，执事官各捧帛爵进于神位前。赞引赞诣三皇神位前，搢笏，执事官以帛进于献官。奠

_____
　　① ［明］李东阳等撰，申时行等重修：《大明会典》卷九十一·礼部四十九·历代帝王，扬州：江苏广陵古籍刻印社，1989年，第1433—1435页。

讫，执事官以爵进于献官，赞献爵（凡三），出笏。诣五帝神位前（仪同前，爵五）。诣三王神位前（爵三）。诣汉高祖、光武、唐太宗皇帝神位前（爵三。今迁唐太宗于西室。爵用二，改称诣汉高祖、光武皇帝神位前）。诣宋太祖、元世祖神位前（爵二。今黜元世祖、而迁唐太宗。爵仍二，改称诣唐太宗、宋太祖皇帝神位前）。出笏。

诣读祝所，跪，读祝。读祝官取祝跪于献官左，读毕，进于神位前。赞俯伏，兴，平身，复位。乐止。

典仪唱行亚献礼，奏乐。执事官各以爵献于神位前，乐止。

典仪唱行终献礼（仪同亚献）。

典仪唱饮福受胙，赞诣饮福位，跪，搢笏。执事官以爵进，饮福酒。执事官以胙进，受胙。出笏，俯伏，兴，平身，复位。赞两拜。

典仪唱撤馔，奏乐。执事官各于神位前撤馔，乐止。

典仪唱送神，奏乐。赞四拜平身，乐止。

典仪唱读祝官捧祝，掌祭官捧帛馔，各诣燎位。乐止，赞礼毕。

祝文。

略

乐章。

略

嘉靖十一年定亲祭仪。

先期太常寺预设牲醴、香帛、乐舞等如仪，锦衣卫设随朝驾。设上拜位于殿中。设御幄于景德门外之左。

是日早免朝，上服常服御奉天门。太常寺卿跪奏，请皇上诣帝王庙祭历代帝王。

上乘舆，由长安右门出，至庙门，由中门入，至幄次，降舆，具祭服出。导引官导上由中门中道至拜位。

典仪唱乐舞生就位，执事官各司其事，内赞奏就位，上就拜位。

典仪唱迎神，乐作，乐止。内赞奏搢圭，奏上香，上三上香讫，奏出圭。复位。内赞奏两拜，兴，平身（传赞陪祀官同）。

典仪唱奠帛行初献礼，乐作。内赞奏诣神位前，执事官各捧帛爵跪进于各神位前。乐暂止，内赞赞读祝，奏跪（传赞陪祀官同）。读祝官取祝读讫，乐作。内赞奏俯伏，兴，平身（传赞陪祀官同），乐止。

典仪唱行亚献礼，乐作（仪同初献，惟不读祝），乐止。

典仪唱行终献礼（仪同亚献），乐止。太常寺卿进立于坛东，西向，唱答福胙。内赞奏诣饮福位，奏搢圭，奏跪，光禄寺卿以福酒跪进于上右。内赞奏饮福酒，上饮讫；光禄寺卿以福胙跪进于上右，内赞奏受胙，上受讫；奏出圭，俯伏，兴，平身。奏复位。内赞奏两拜，兴，平（传赞陪祭官同）。

典仪唱撤馔，乐作。执事官于各神位前撤馔讫，乐止。

典仪唱送神，乐作。内赞奏两拜，兴，平身（传赞陪祭官同），乐止。

典仪唱读祝官捧祝、进帛官捧帛、掌祭官捧馔，各诣燎位，乐作。内赞奏礼毕，乐止。导引官导上入御幄，易祭服，升辇，还宫。

乐章。

略

祝文。

略

第三节　堂子

　　堂子，对现在的北京人来说是一个颇为陌生的称呼。它是东西，还是地方？其实，它是对满洲神庙的称谓。

　　清人在入关之前，满族人的四位祖先在与图伦尼堪外兰族交战时先后阵亡，人们把他们的遗物收藏在木匣里，供奉在庙里。清人建立政权以后，在遇到重大的政治、军事行动时，就来到庙里举行祭祀、誓师仪式，称作"谒庙"。顺治元年（1644）清军入关后，在北京建起了堂子，位置就在长安左门外，御河桥东边，也就是今天台基厂大街北口路西一带。到乾隆皇帝的时候，把这项拜谒活动改叫"谒堂子"。谒堂子的仪式是不允许汉人参加的。

　　堂子几经变迁。光绪二十七年（1901）根据《辛丑条约》的规定，东交民巷成为使馆区，堂子也正好在这一范围内，这样清廷拜谒堂子多有不便。清政府为保留这一祭祀圣地，与外交使团多次交涉，要求免征此地，但外交使团主席奥匈帝国公使答复说，如果大清帝国十分坚持这一点，我们可以照办，但每次皇帝到堂子行礼时，须事先回使馆界请求许可通过外国操场的护照。这对清廷来说太丢面子了，为维护尊严，不得已把堂子搬了家，移建在了南河沿南口路北。现在堂子早已被拆除了，代之以豪华富丽的贵宾楼。

　　旧时的堂子已无处找寻，我们只能凭借有关资料描摹一下它的依稀风貌。

　　堂子与古时国社的地位相仿，所以震钧在《天咫偶闻》中说："堂子，在东长安门外，翰林院之东，即古之国社也，所以祀土谷而诸神祔焉。"堂子所祭拜的神不止一个，而是群神共祀，既拜天、社稷，又拜释迦牟尼、关帝，还拜满族祖先，颇有意思。堂子的主要建筑有享殿、圜殿及上神殿。圜殿在前，坐南朝北，殿前设有供皇帝致祭的神杆石座。石座两旁还有六行小石座，每行六个，皇子、亲王、郡王、贝勒、贝子、公各占一行，与皇帝同时祭拜，因为清廷规定只有以上这些人才能在堂子立杆祭祀。上神殿在东南部，坐北朝南。享殿居于正中，五开间，坐北朝南，黄琉璃瓦覆顶。

堂子供奉的神很多，而祭祀的名目也各有不同。一般可分为两种情况：一种是有关国家大事的，如元旦拜天、出征、凯旋等祭祀，这些重要祭祀，皇帝都要亲自行礼；另一种属一般祭祀，包括月祭、杆祭、浴佛祭、马祭等。平时，各种神仙牌位都安奉在紫禁城内的坤宁宫中，祭祀时，由太监将神位抬到享殿供奉。受祀的神位按规定悬挂有纸帛，每到月底要送到堂子与净纸、神杆一同烧掉，然后再挂上新的纸帛各二十七张。皇帝到堂子亲祭，仪式很简单。皇帝在王公大臣的陪同下，在圜殿由北向南行三跪九叩礼，然后就回宫了。第二天把神位请回坤宁宫即可。

在重大事件前皇帝到堂子亲祭的礼仪看不出多少满洲特色，而诸如月祭、杆祭等则颇有满洲原始巫神的特色，多少带些神秘色彩。

月祭在每年正月上旬举行。摆好祭品后，司香的上好香，内监拿着三弦、琵琶坐在西边，持拍板的坐在东边，接着司香将酒盏授给司祝，由司祝献酒，这时三弦、琵琶开始奏乐，拍板随之鸣响，其余人和着节拍拍掌呼应，同时唱着《鄂啰罗》的赞歌，之后，司祝手举神刀进入叩拜，并唱起祈求保佑的神歌。

立杆大祭与元旦行礼不同，每年春、秋二季月朔或二、四、八、十月上旬举行。祭祀前一个月，由内务府派人前往延庆州，砍取松树一株，长三丈，围径五寸，树梢留有枝叶九层，做成神杆，用黄布包裹，运到堂子。祭祀前一天，将神杆立于圜殿南中间石座上。与此同时，还要把安奉在坤宁宫装有祖先遗物的佛亭、菩萨和关帝像用黄缎神舆由内监一行人等抬着恭送到堂子。佛亭安放在享殿炕上的西首，菩萨和关帝像则是挂在金黄色的神幔上。神幔上有三条黄棉线绳，一端系在北山墙中间所钉的环上，另一端经过神幔前从享殿隔扇顶的孔中穿出去，经过甬道上的红漆木架，穿过圜殿南北隔扇顶部横窗，拴在殿外神杆上，神杆顶部悬挂黄色高丽纸神幡。黄棉线绳在穿过红漆木架时分成三缕从木架上的三个孔中穿过，每条线绳上挂着黄、绿、白三种颜色的高丽纸钱各九挂二十七张，然后再汇成一股进入圜殿。圜殿内有一根杉木短柱，上面也挂着二十七张黄、绿、白三色纸钱。殿内设有供桌，摆放着打糕、搓条饽饽和酒。行礼时与月祭礼基本相同。当皇帝亲自来时，先朝东坐在享殿前面，王公大臣按照职位依次坐在丹陛上下，然后满洲神巫"萨吗"献酒，同时举起神刀做祷告，内监开始弹奏三弦、琵琶，赞礼者一边拍板、拊掌，并唱着满洲神歌《鄂啰罗》；这时皇帝进入享殿行一跪三叩礼，然后再到圜殿如同前边一样行礼。行礼结束后，皇帝升座，赐王公大臣在炕前就座，并一同吃胙糕，喝福酒。

浴佛祭在释迦牟尼佛诞日举行。马祭是专为所乘的马举行的仪式。此外还有月朔祀、其夕祭、背镫祭等。虽然名目各异，但祭祀仪式大抵与上面的相同。

堂子祭拜是满洲人一项特殊而神秘的祭祀活动，向来不允许汉人参加，因而更让人觉得神秘莫测。乾隆十四年（1749），皇帝下诏说："堂子致祭，所祭即天神也。……堂子旧俗相承，凡遇大事，及春、秋季月上旬，必祭天祈报，岁首尤先展礼……"堂子的重要性对于清统治者来说是显而易见的，其地位可与社稷、圜丘之礼相比。这一祭祀礼仪一直持续到宣统逊位时才告结束。

堂子所祭拜的不仅有天神，而且也有满、蒙、汉等民族崇拜的其他神，祭祀仪式保留了萨满教的遗风，同时，由于与汉族文化的交融与调和，堂子祭礼虽然是满族贵族所特有的礼仪活动，但也渐趋接近于汉族的祭祖仪式了。因而可以说，堂子是太庙之外满族贵族又一处独具本民族特色的"祖庙"。

堂子与清代相始终，在北京存在了二百六十余年，是北京祠庙文化中独特的现象。

第四节　醇亲王庙

在北京德胜门箭楼东南方向沿鼓楼西大街有一片大屋顶的古建筑，重檐歇山顶满覆绿琉璃瓦，十分气派醒目，这里就是醇亲王庙，现在的名字叫关岳庙，并不对外开放，目前是西藏自治区政府驻京办事处的所在地。

醇亲王庙建筑面积约三千平方米，前后三进院落，其中中院又有东西跨院，规模大，规格高，这自然与它的主人的身份与地位密不可分。那么这位醇亲王又是何许人呢？醇亲王名叫奕譞（1840—1891），是道光皇帝的第七个儿子，咸丰皇帝的弟弟，光绪皇帝的父亲，又是慈禧太后的妹夫，可谓是皇亲国戚，位高爵显。正因为如此，他才能受到不菲的待遇。他在咸丰元年（1851）时被封为醇郡王，咸丰九年（1859）受命在内廷行走，咸丰十一年（1861）参与了著名的北京政变，得到了慈禧的信任，先后做过都统、御前大臣、领侍卫内大臣等，同治十一年（1872）晋封为醇亲王。同治皇帝死后没有子嗣，无人继承大统，奕譞的儿子载湉被选中做了皇帝，这就是光绪皇帝。这时的醇亲王可以说是春风得意，操纵军机处，又受命总理海军事务衙门，但好景不长，就因为他是皇帝的父亲而受到了慈禧的猜忌，后来病死了。

醇亲王死于光绪十六年十一月（1891年1月），慈禧亲自来祭奠，光绪皇帝把他的牌位配享太庙，用天子的礼仪来祭祀，并给了"皇帝本生考"（即皇帝的亲生父亲）的称号，体现出了显赫的地位。由于其特殊的地位，在死了一个多月后，十二月二十六日光绪皇帝发布上谕，决定给奕譞建庙、立祠和修墓。光绪十七年（1891）开始修建醇亲王庙，直至光绪二十五年（1899）才宣告建成，前后经过了八年多，足见其所受重视之深与陵墓建造之精。

醇亲王庙坐北朝南，红墙碧瓦的建筑群在鼓楼西大街上十分醒目。整个建筑由三进院落组成，而中院又分为左、中、右三层，带有东西跨院，西跨院又分为南北两院，各有南房、北房、西房，东跨院有东房、北房和亭子，可谓是重重院落，紧紧相扣。该庙的建筑仍然采取了传统以中轴线为主线、左右展开的做法，这样更能与祭庙的性质相统一，力求营造出庄重肃穆的氛围。照壁是庙内颇有气势的一组建筑，为琉璃砖砌成，长32米，高约8米，厚达2米，这样大型的照壁在一般建筑中还是不多见的。中门一座三间，外为八字墙，两旁各有一座琉璃门。建筑群的中心是在中院。正殿坐落在长28米、宽13.4米、高16.5米的月台之上，前、左、右有台阶下伸。月台为传统的须弥座式样，周围是白石护栏，栏板间望柱头雕刻精美的龙戏珠、龙戏凤图案，刻工精细，一丝不苟，同样体现了庙主不同一般的身份与地位。大殿面阔七间，重檐歇山式顶，上覆绿琉璃瓦并用黄色琉璃瓦镶边，这叫作绿琉璃瓦黄剪边，显示了庙主亲王的身份。大殿采用大点金旋子彩画龙锦枋心，天花彩画金游龙，颜色鲜丽，笔法细腻，烘托出富丽华贵的气象。殿内明间设有神龛一座，大殿前东西各设有焚帛炉与祭器亭，这些都是为举行祭祀仪式而配置的相关设施。此外还有后寝祠及神厨、神库、宰牲亭、井亭、值班房、官员房、看守兵房等一系列附属建筑，可谓应有尽有，并不比皇帝差多少。

有意思的是，醇亲王庙虽然建筑宏大，装修华丽，但醇亲王死后并没有能享受这块风水宝地，他的牌位一直没有入祀该庙，最终这位"有实无名"的皇帝老子只能静静地躺在西山的墓地中了。这大概是因为清末的动荡局势与内忧外患使得朝廷已无暇再照顾这位"贤王"了，只好由它去吧！

醇亲王虽然没有入祀此庙，却让关羽、岳飞的香火在这里旺盛起来。1914年，北洋政府在后寝祠塑立了关羽和岳飞像，让二人同受祭拜，这样堂堂的一座亲王庙变成了关岳庙。而到了1939年3月，日伪的"华北临时政府"将这里建成武成王庙，简称武庙，大殿也改叫武成殿了。原来的关岳殿改为了武德堂，堂内东、北、西三面墙壁上镶嵌着四十块刻石，上面刻有称颂古代八十位名将的诗文，现在尚存十六块。

"醇亲王庙"这个名字已经没有多少人知道了，"关岳庙"倒是还有不少人晓得，当然，若提"西藏驻京办事处"那知道的人会更多些。高速发展的北京，不时出现的现代化建筑常常把一些著名的古建筑淹没，让人难以找寻。而更多的古建筑被占用，或作为办公的场所，或作为校舍，或作为宿舍，更有甚者被作为厂房、仓库而受到了不应有的破坏。古都北京应该名副其实，古建筑要在利用中获得生命。

第五节　奉先殿

奉先殿是明清皇家在宫内祭祀祖先的家庙。既然已经在宫城东建有太庙，这本也是皇家的祖庙，为什么还要在宫内再建一个家庙呢？明太祖朱元璋给了明确的回答："太祖以太庙时享，未足以展孝思，复建奉先殿于宫门内之东。以太庙象外朝，以奉先殿象内朝。"①很清楚地告诉天下民众，虽然有太庙供奉，但还不足以表达对祖先的孝思，太庙象征外朝，是对全天下的，而奉先殿是对内朝的，由代表皇家的自己来祭拜的。

奉先殿在紫禁城外东路，位于景运门外北侧，明代初建，清朝延续，重建于顺治十四年（1657）。大殿坐落在白色须弥座之上，前为正殿，后为寝殿，平面呈工字形，四周环以高墙。前殿为重檐庑殿顶覆黄色琉璃瓦，面阔九间（明代时面阔五间），进深四间，殿内宽阔，建筑面积达到了一千二百多平方米。殿内摆放着列圣列后龙凤神宝座、笾豆案、香帛案、祝案、尊案等。前殿后檐为穿堂，经过穿堂就是后殿。后殿为单檐庑殿顶覆黄色琉璃瓦，与前殿面阔一样为九间，进深仅有两间，建筑面积也就有前殿的一半。殿内的格局也是不断有所调整和变化的，到道光元年（1821）时，在后殿增修了龛座，中室三龛供奉太祖、太宗、世祖，左一室二龛供奉圣祖、高宗，右一室二龛供奉世宗、仁宗，"余四室分列八龛焉"②。现在所见殿内按"同殿异室"的规制，每间依后檐分为九室，室内供奉着列圣列后的神牌，并有神龛、宝床、宝椅、供案等。前殿后殿都用金砖铺地，屋顶内部为浑金莲花水草纹天花，肃穆而庄严，氛围凝重。

大殿前有月台，月台上与太和殿前一样陈设有日晷、嘉量，须弥座及月台四周有栏板和龙凤纹望柱围护，整座大殿并无配殿、庑房，

---

① 《明史》卷五十二志第二十八礼六，北京：中华书局，1974年，第1331页。
② 《清史稿》卷八十五志六十礼四，北京：中华书局，1976年，第2565页。

神库、神厨位于殿前奉先门外正南的一排群房。

奉先殿与太庙都是供奉祖先的地方，但奉先殿不设祧庙，没有供奉远祖的神位。在每年元旦、冬至、岁除、万寿节以及册封等大典仪式和每月的初一、十五日，皇帝都要在前殿行礼祭祀；而在立春、清明、上元、端午、重阳等寻常节日的常例供献时，则要在后殿行礼。同时这里每月还要举行"荐新"礼，荐新就是每月供献当令食品，让祖先尝到新鲜的菜蔬瓜果鲜肉。我们也来看看当时奉献给祖先都有什么好吃的吧。"荐新"的内容，明、清两代各有不同。

明代奉先殿荐新则按照洪武元年（1368）所确定的规制[1]：

正月，韭、荠、生菜、鸡子、鸭子。

二月，水芹、蒌蒿、薹菜、子鹅。

三月，茶、笋、鲤鱼。

四月，樱桃、梅、杏、王瓜、蟹、雉。

五月，新麦、王瓜、桃、李、茄、来禽、嫩鸡。

六月，西瓜、甜瓜、莲子、冬瓜。

七月，菱、梨、红枣、葡萄。

八月，芡、新米、藕、茭白、姜、鳜鱼。

九月，小红豆、栗、橙、鳊鱼。

十月，山药、柑、橘、兔、雁。

十一月，荞麦、甘蔗、獐、鹿。

十二月，芥菜、菠菜、白鱼、鲫鱼。

清代奉先殿荐新的内容和明代就有很大的区别了[2]：

正月，鲤鱼、青韭、鸭卵。

二月，莴苣、菠菜、小葱、芹菜、鳜鱼。

三月，王瓜、蒌蒿、芸薹、茼蒿、萝卜。

四月，樱桃、茄子、雏鸡。

---

① 《明史》卷五十二志第二十八礼六，北京：中华书局，1974年，第1331页；《明史》卷五十一志第二十七礼五，北京：中华书局，1974年，第1324页。

② 《清史稿》卷八十五志六十礼四，北京：中华书局，1976年，第2567页。

五月，桃、杏、李、桑葚、蕨香、瓜子、鹅。

六月，杜梨、西瓜、葡萄、苹果。

七月，梨、莲子、菱、藕、榛仁、野鸡。

八月，山药、栗实、野鸭。

九月，柿、雁。

十月，松仁、软枣、蘑菇、木耳。

十一月，银鱼、鹿肉。

十二月，蓼芽、绿豆芽、兔、蟫蝗鱼。

此外，还有豌豆、大麦、文官果等鲜品是特别供奉的。

从以上的内容可以看出，明、清两代在奉先殿给祖先的荐新鲜品还是有很大差异的，尤其是清代的荐新多少带有了一些满族的民族特色。但不论具体是哪种物品，都是当令最新鲜的，要把最好的奉先给自己的祖先，这都体现出了古人尊祖敬宗传统观念的具体表现。

第六节　传心殿

　　传心殿是北京传统九坛八庙之一，位于紫禁城东南文华殿的东侧，建于康熙二十四年（1685），这是一处清代皇帝在御经筵前举行"祭告礼"的场所。"经筵"是古代专门为皇帝研经读史开设的课堂，一般是在每年春天的二月至五月和秋季的八月至冬至间举行，每逢单日设讲。虽然是为读书授课而举行祭告礼仪的地方，但供奉的神灵则类似历代帝王庙，殿中设皇师伏羲、神农、轩辕，帝师尧、舜，王师夏禹、商汤、周文王、武王的牌位，东侧设周公牌位，西侧设孔子牌位，"所有祭器，照帝王庙式样成造……每岁御经筵前期，太常寺奏遣大学士一人行祇告礼"[1]。

　　传心殿是一组由长方形院落组成的祭祀性建筑，整个院落南北长一百米，东西宽二十五米。从南向北分别排列有治牲所、景行门、传心殿三座主要建筑，殿后有祝版房、神厨、值房等建筑。传心殿是主体建筑，坐北朝南，面阔五间，进深三间，硬山顶覆黄琉璃瓦，殿后有祝版房、神厨各三间和五间值房。治牲所为坐南朝北，依东西墙而建造，面阔五间，进深三间，也是硬山顶覆黄琉璃瓦。

　　传心殿院内有一口"大庖井"非常有名，井水清甜甘冽，能够与京西玉泉山的泉水媲美，井水至今仍未干涸。

---

　　[1]《清会典事例》卷四百三十八礼部，北京：中华书局，1991年，第五册，第972页。

第七节　寿皇殿

寿皇殿是清代供奉祖先御容的殿所。

从景山的最高处万春亭向北，穿过郁郁葱葱的松柏林，就看到一组红墙黄瓦的建筑群，这就是寿皇殿。寿皇殿是一组建筑，坐北朝南，有垣墙环护。首先看到的是三座牌楼，均为四柱九楼样式，黄琉璃瓦庑殿顶，分列在东、西、南三面。穿过牌楼就是院落的正门，一组沿墙的牌楼式拱券门，庄严而有威势。之后便是寿皇门，面阔五间，进深三间，黄琉璃瓦歇山式顶，四周为汉白玉石栏杆，中间为御路。

寿皇门之后正北便是寿皇殿，面阔九间，进深三间，屋顶为最高等级的重檐庑殿顶，覆黄琉璃瓦顶。殿前有月台，前后有廊，正中为石雕二龙戏珠纹御路，大殿檐下正中悬挂"寿皇殿"木匾额。大殿东西两侧有朵殿衍庆殿和绵禧殿各三间，左右各有一座黄琉璃瓦覆顶的重檐八角攒尖顶的碑亭。此外还有神厨、神库、井亭、燎炉等。

寿皇殿原本在景山的东北，乾隆十三年（1748）迁建到现在景山正中的位置。大殿建好后，乾隆皇帝亲自撰写了碑记，极尽赞颂，曰：

> 唯尧巍巍，唯舜重华，祖考则之。不竞不絿，仁渐义摩，祖考式之。弘仁皇仁，明宪帝宪，小子职之。是继是绳，曰明曰旦，小子忽之。天游云徂，春露秋霜，予心恻恻。考奉祖御，于是寿皇，予仍即之。制广而正，爰经爰营，工勿亟之。陟降依凭，居歆攸室，羹墙得之。佑我后嗣，绵禩于万，匪万亿之。观德于兹，无然畔援，承钦识之。[1]

---

① 《清史稿》卷八十五志六十礼四，北京：中华书局，1976年，第2568页。

238

清代太祖、太宗、世祖及列后圣容原本是供奉在体仁阁，雍正元年（1723），"命御史莽鹄立绘圣祖御容，供奉寿皇殿中殿，遇圣诞、忌辰、元旦、令节，率皇子、近支王公展谒奠献。凡奉安山陵、升祔太庙礼成，皆亲诣致祭。盖月必瞻礼，或至三诣焉"①。可见皇帝对于寿皇殿礼仪的重视。

从乾隆元年（1736）开始，弘历把世宗雍正皇帝的圣容供奉在东边室中后，将列朝的圣容依次供奉在东西室中，并成为定例。乾隆三年（1738）又规定，凡是拜谒祖陵、巡视天下出发以及回銮时都要到寿皇殿祖宗像前行礼祭告。

寿皇殿整体建筑仿照太庙的样式，虽然规模不及太庙，但具体而微，布局严谨，建筑华贵，自成格局。

此外，雍和宫也属于北京传统坛庙建筑中的一座，这里就不多介绍了。

① 《清史稿》卷八十五志六十礼四，北京：中华书局，1976年，第2567页。

第六章

圣贤之名——儒家与忠臣、名人祠庙

圣哲先贤俱是有名望之人，不论儒家名宿、国家忠臣还是文人学士中的杰出者，对于国家秩序和礼制来说都有着重要的象征意义与表率作用。为这些圣哲先贤立庙立祠供奉与祭拜，就体现出了以国家之名而行礼乐教化之实。先贤祠庙以其鲜明的纪念性、教化性、地方性、民间性与游览性成为北京坛庙中数量最多、散布最广、影响最大的一类。

第一节　国子监孔庙

孔丘被历代尊为先师，被人们称为圣人，受到了隆重的祭祀。孔庙可以说遍及全国大小城镇，几乎是无处不在。在全国数不清的孔庙（或称为文庙）中，级别最高的当属北京国子监孔庙，它是元、明、清三代皇家祭孔的场所，在全国孔庙中占有特殊的地位。曲阜孔庙的春秋祭祀与北京国子监孔庙相同，其庙制、祭器、乐器及礼仪都以北京孔庙为准。

北京国子监孔庙位于北京市安定门内成贤街，四座牌坊东西向一字排开，街两旁古槐成行，绿树成荫，环境清幽。这里是北京市现存唯一一条尚保留有原始牌坊的古街。孔庙与国子监一墙为隔，分列东西，正与古代"左庙右学"的礼制相符。这座孔庙始建于元朝，它是蒙古族统治者为加强自己的统治，笼络汉族封建贵族、士大夫和广大儒士而下令建造的。最初，忽必烈曾下令因袭历代旧典，命宣抚王于金代枢密院建立宣圣庙，祭祀孔子。哈剌哈孙因"京师久阙孔子庙，而国学寓他署，乃奏建庙学，选名儒为学官，采近臣子弟入学"[1]。北京孔庙从元大德六年（1302）开始建造，四年后完工。在近七百年的风风雨雨中，孔庙历尽沧桑。元末时荒废，明代永乐九年（1411）重建，修缮了大成殿，宣德四年（1429）整修了大成殿和两庑，嘉靖九年（1530）增建了崇圣祠，专门祭祀孔子五代先祖。清代乾隆二年（1737），乾隆皇帝下令孔庙使用最高贵的黄色琉璃瓦顶，只有崇圣祠仍用绿琉璃瓦顶，清末光绪三十二年（1906）祭孔升为大祀，扩建了大成殿，并进行大规模修缮，清王朝被推翻后，工程仍在继续，直到1916年才告竣工。目前的孔庙保留的建筑风格就是清末民初大修以后形成的。

---

[1] 《元史》卷一百三十六列传第二十三哈剌哈孙传，北京：中华书局，1976年，第3293页。

北京孔庙由三进院落组成，先师门与大成门之间为第一进院落，大成门与大成殿之间为第二进院落，崇圣祠在大成殿之后，是奉祀孔子祖先的一座独立小院，构成了第三进院落。孔庙建筑群以大成殿为中心，南北成一条中轴线，左右建筑对称排列。先师门（棂星门）、大成门、大成殿、崇圣门、崇圣祠构成建筑主线。先师门里东边有碑亭、省牲亭、井亭、神厨，西边有碑亭、致斋所、神库和进士题名碑。大成门内还有碑亭十一座。

大成门以内是中心院落。大成殿坐北朝南，与大成门相对而立。大成殿坐落在以汉白玉石雕云头石柱栏杆的月台上。月台东、西、南三面有阶，南面的石阶中部嵌着一块长七米、宽两米的青石大浮雕。上下各雕传统的二龙戏珠图案，中间为一条正面盘龙，于云水波涛中吞云吐雾，雕刻细致生动，是我国古代石雕艺术的佳作。大成殿是祭孔的正殿，明代永乐年间建成为七间三进，光绪三十二年（1906）扩建为九进五间，重檐庑殿顶，上覆黄琉璃瓦，与皇宫的级别相同。大殿内庄严肃穆，正中神龛内为"至圣先师孔子神位"。关于这个牌位，还有一段小插曲：明嘉靖时，龛内供奉的是孔子泥塑像，但由于全国各地文庙中孔子塑像容貌各异，有辱圣人尊严，因此皇帝下令，只有山东曲阜孔庙内立孔子塑像，其他各地均用画像或牌位。神龛两侧悬挂一副抱对："齐家治国平天下信斯言也布在方策，率性修道致中和得其门者譬之宫墙。"龛前摆放祭案，上面陈设着尊、爵、卣、笾、豆等祭祀器皿，两侧还有编钟、编磬、琴、瑟等祭祀用乐器。和其他地区的孔庙一样，在孔子神位两侧照例供奉四配（复圣颜渊、宗圣曾参、述圣孔伋、亚圣孟轲）和十二哲（闵损、冉雍、端木赐、仲由、卜商、有若、冉耕、宰予、冉求、言偃、颛孙师、朱熹）的牌位。大成殿外两侧东、西庑配祀历代贤哲的牌位，明清时人数各不相同。

最能体现出北京孔庙地位的恐怕要数大成殿所悬的十块大匾了。这十块匾分别由清初的康熙到清末的宣统九位皇帝及民国大总统黎元洪所写。匾的内容为赞颂孔子的伟大与至圣。清代从康熙开始，每一位皇帝即位照例要到国子监辟雍讲学一次，临雍之后要在孔庙大成殿悬匾一方，后来即使不临雍也照样悬匾。现在大殿正中上方悬挂的是黎元洪写的"道洽大同"黑底金字匾，其他九块分别是康熙写的"万世师表"，雍正写的"生民未有"，乾隆写的"与天地参"，嘉庆写的"圣集大成"，道光写的"圣协时中"，咸丰写的"德齐帱载"，同治写的"圣神天纵"，光绪写的"斯文在兹"，宣统写的"中和位育"，均为蓝地金字。为什么把黎元洪写的挂在正中呢？这是因为在1916年教育总长范源濂下令把清朝皇帝所写的匾都取下来，送到当时的历史博物馆保存。但大成殿又不能无匾，因此就请出了当时的民国大总统黎元洪为北京孔庙新写了"道洽大同"匾，后来人们将清帝诸匾再挂上去时，也就没有再调整。了解了这个背景，再来欣赏清朝九位皇帝"书法大赛"般的大匾，更是别有情趣。

孔庙是拜孔、祭孔礼仪举行的地方。明清时期，对孔子的祭拜礼仪有释褐、释菜、释奠等几种。释褐、释菜礼是国子监祭酒和新科进士在国学拜孔子的礼仪，释奠礼是在孔庙举行的祭孔典礼。明代初年规定："每月朔望遣内臣降香，朔日则祭酒行释菜礼。洪武四年，令进士释褐、诣国学行释菜礼。十五年始诏天下儒学通祀孔子、颁释奠仪。"[①]释褐，即是脱去布衣换上官服，是指儒生考中进士后可以入朝授官，往后可以不用再穿平民的衣服了。释菜，是指用芹藻一类的东西向先师孔子行礼，这是古时童子入学时必需的礼仪，释菜对于孔子的拜祭礼来说是属于较轻的礼数。《周礼注疏》中说，"春入学，舍采，合舞"条疏曰，"春始以学士入学宫而学之。合舞，等其进退，使应节奏。郑司农云：'舍采，谓舞者皆持芬香之采。或曰，古者士见于君，以雉为挚。见于师，以菜为挚。菜直谓疏食菜羹之菜。或曰，学者皆人君卿大夫之子，衣服采饰，舍采者，减损解释盛服，以下其师也。《月令》，仲春之月上丁，命乐正习舞，释采，仲丁，又命乐正入学习乐。'玄谓舍即释也，采读为菜。始入学必释菜，礼先师

---

① ［明］李东阳等撰，申时行等重修：《大明会典》卷九十一·礼部四十九·先师孔子，扬州：江苏广陵古籍刻印社，1989年，第1441页。

也。"[①]依据《周礼》，舍采即释菜，童子初入学社要行释菜礼以敬先生，而在孔庙，国家祭祀孔子的孔庙中是由国子监祭酒来向先师行释菜礼的。

释奠是祭祀孔子的大典礼，祭祀孔子并不是简单的一拜而已，它有着十分烦琐的礼仪程序，特别是明、清两代就更为讲究。明代祭孔一般由皇帝降香，派遣官员祭祀，由大臣们分别进行初献、亚献、终献三项礼仪（见后附）。皇帝在祭祀之前，为表示对孔子的尊敬与虔诚都要斋戒，降香时要身穿皮弁服，升御奉天殿，以示隆重。祭祀时，要摆设礼器和祭品，包括笾十（分别盛有形盐、藁鱼、枣、栗、榛、菱、芡、鹿脯、白饼、黑饼）、豆十（分别盛有韭菹、醯醢、菁菹、鹿醢、芹菹、兔醢、笋菹、鱼醢、脾析、豚胉）、簠、簋各二（分盛黍稷、稻粱）、登一（内盛太羹）、铏二（内盛和羹）、酒尊三、爵三以及牺尊、象尊、山罍各一，所用牲为犊、羊、豕各一。

祭祀过程中还要配以不同的乐章。迎神时奏《咸和之曲》，奠帛时奏《宁和之曲》，初献时奏《安和之曲》，亚献、终献时奏《景和之曲》，撤馔、送神时奏《咸和之曲》。同时还要跳祭祀之舞。乐声悠悠，舞步翩翩，香烟袅袅，烛光洞天，又有钟鼓鸣响，一派庄严肃穆，令人肃然起敬。清代祭孔也是如此，每年大祭两次，称为"丁祀"。每到祭祀的日子，午夜过后开始准备，从凌晨三时祭礼开始。钟鼓齐鸣，奏乐、迎神、跳八佾舞、跪拜、送神，直到拂晓才告完成。

大成殿月台右前方有一棵古柏很值得一提。它枝繁叶茂，虬枝盘曲，苍翠挺拔，相传这株古柏是元代国子监祭酒许衡亲手所种，已近七百岁的高龄，它经历了风雨沧桑，被人们称作有灵性的树。传说明代奸相严嵩平时欺上压下、残害忠良，有一次他代替嘉靖皇帝来孔庙祭孔时，在走过这棵树时，忽然刮起一阵狂风，吹得柏树枝干把严嵩

① 李学勤主编：《十三经注疏·周礼注疏》（上、下），北京：北京大学出版社，1999年，第603页。

的帽子打在地上。这样，人们在痛恨奸臣的同时，也认为柏树有灵能够辨别忠奸，所以把这棵树叫作"触奸柏"。

孔庙内保存着许多珍贵的文物。最负盛名的要数元、明、清三代的进士题名碑了。一走进先师门，就可以看到东西两侧整齐地排列着一排排高大的石碑，这就是进士题名碑，一共198方，刻写着51624名元、明、清进士的姓名、籍贯以及名次。题名碑建立于元皇庆二年（1313），目前元代的题名碑仅存3块，十分珍贵。在元、明、清三代进士题名碑中，你如果仔细寻找，就会发现许多熟悉的名字：史可法、严嵩、刘墉、林则徐、李鸿章，还有曾任北京大学校长的蔡元培先生，七君子之一的沈钧儒先生。这些碑记是研究我国科举考试制度珍贵的实物资料。其次要数十三经刻石了。十三经是指十三部儒家经典（《周易》《尚书》《诗经》《周礼》《仪礼》《礼记》《春秋左传》《春秋公羊传》《春秋谷梁传》《论语》《孟子》《尔雅》《孝经》），刻石立于孔庙与国子监之间的夹道内，共有189块，是我国目前仅有的一部最完整的十三经刻石。全部石经是雍正年间江苏金坛贡生蒋衡书写的，前后写了12年，约63万多字，字迹工整，一丝不苟，乾隆五十九年（1794）刻碑完成。十三经刻石保存和发扬了中国古代文化，是北京著名的碑林。此外，大成门上的乾隆石鼓也是颇受人们重视的古代遗物。石鼓共有10个，本是先秦时期的遗物，发现于陕西。鼓上刻有记述游猎的古诗，文字古朴庄重，被称作"石鼓文"。原物现存故宫博物院，这里所陈列的是乾隆年间仿刻的。

而今，每年在孔子诞辰日，北京孔庙会举办隆重的祭孔大典仪式，仪式完全按照古代的程序进行，既是让人们记得这位影响数千年的至圣先师，更是让人们通过一系列的祭拜仪式感受古人对礼仪的重视与实践。人们在孔庙内瞻拜孔夫子的同时，也能领略古老京城的历史文化。这里已经成为了北京孔庙和国子监博物馆的所在，人们在领略古迹的同时，也能从这里举办的有关儒学和科举的各类展览中，通过精美的历史文物让你徜徉在京都渊远的历史文化长河中。

附：明代孔庙祭礼

洪武二十六年释奠仪[1]

斋戒。

略

传制。

略

省牲。

牛一，今二；山羊五，今北羊；豕九，今十四；鹿一，兔五，今一。

陈设。

正坛：犊一，羊一，豕一，登一，铏二，笾豆各十，簠簋各二，帛一（白色，礼神制帛）。共设酒尊三、爵三、篚一于坛东南，西向，祝文案一于坛西。

四配位：每位羊一，豕一，登一（今去），铏二，笾豆各十（今八），簠簋各一（今二），爵三，帛一，篚一。

十哲位：东五坛，豕一（分五），帛一，篚一，爵三，每位铏一，笾豆各四，簠簋各一，酒盏一。西五坛，陈设同。

东庑（五十三位，共十三坛。今四十七位，分十六坛），共豕一（今三），帛一，篚一，爵一。每坛笾豆各四，簠簋各一，酒盏四。

西庑（五十二位，共十三坛。今四十八位，分十六坛），陈设同。

正祭。

典仪唱乐舞生就位，执事官各司其事，分献官陪祀官各就位。赞引引献官至盥洗所，赞诣盥洗位，搢笏，出笏。引

---

① ［明］李东阳等撰，申时行等重修：《大明会典》卷九十一·礼部四十九·历代帝王，扬州：江苏广陵古籍刻印社，1989年，第1442—1444页。

至拜位，赞就位。

典仪唱迎神，奏乐，乐止。赞四拜（通赞陪祭官同）。

典仪唱行初献礼，奏乐。执事官捧帛爵诣各神位前。赞引导遣官赞诣大成至圣文宣王（今称至圣先师孔子）神位前，赞搢笏，参献帛，执事以帛进。奠讫，执事以爵进，赞引赞献爵，出笏。赞诣读祝位，乐暂止。跪（传赞众官皆跪）。赞读祝，读祝官取祝跪于献官左，读讫，赞俯伏，兴，平身。赞诣兖国复圣公（今称复圣颜子）神位前，搢笏，献爵，出笏。诣郕国宗圣公（今称宗圣曾子）神位前、沂国述圣公（今称述圣子思子）神位前、邹国亚圣公（今称亚圣孟子）神位前（仪并同前）。赞复位，乐止。

典仪唱行亚献礼，奏乐。执事以爵献于神位前，乐止。

典仪唱行终献礼，奏乐（仪同亚献），乐止。

典仪唱饮福受胙，赞诣饮福位，跪搢笏，执事以爵进赞饮福酒。执事以胙进，赞受胙。出笏，俯伏，兴，平身。复位。赞两拜（传赞陪祀官同）。

典仪唱撤馔，奏乐。执事各诣神位前撤馔，乐止。

典仪唱送神，奏乐。赞引赞四拜（传赞陪祀官同）。

典仪唱读祝官捧祝，掌祭官捧帛馔，各诣瘗位。

典仪唱望瘗，奏乐。赞引赞诣望瘗位，乐止。

赞礼毕。

祝文。

维洪武年岁次月朔日

皇帝遣具官某致祭于大成至圣文宣王（先师及四配改定今称，并如前注）。惟王（今曰惟师）德配天地，道冠古今，删述六经，垂宪万世。谨以牲帛醴齐粢盛庶品，祇奉旧章，式陈明荐。以兖国复圣公、郕国宗圣公、沂国述圣公、邹国亚圣公配，尚享。

分献官仪注（分献以翰林院修撰等官二员，国子监博士等官二员）。

典仪唱分献官陪祭官各就位，各至拜位。候读祝讫，唱分献官行礼。赞引赞诣盥洗所，赞搢笏，赞出笏，赞升坛。赞诣神位前，赞搢笏。执事以帛进于分献官，奠讫，执事以爵进于分献官，献讫，赞出笏。赞复位（亚献终献同）。至典仪唱望瘗，各诣瘗位。

乐章。

迎神：大哉宣圣（今曰孔圣），道德尊崇。维持王化，斯民是宗。典祀存常，精纯益隆。神其来格，于昭圣容。

奠帛：自生民来，谁底其盛。维王（今曰维师）神明，度越前圣。粢帛具成，礼容斯称。黍稷非馨，惟神之听。

初献：大哉圣王（今曰圣师），实天生德。作乐以崇，时祀无斁。清酤惟馨，嘉牲孔硕。荐修神明，庶几昭格。

亚献终献：百王宗师，生民物轨。瞻之洋洋，神其宁止。酌彼金罍，惟清且旨。登献于三，于嘻成礼。

撤馔：牺象在前，豆笾在列。以享以荐，既芬既洁。礼成乐备，人和神悦。祭则受福，率遵无越。

送神：有严学宫，四方来宗。恪恭祀事，威仪雍雍。歆格惟馨，神驭还复。明禋斯毕，咸膺百福。

月朔释菜仪[1]。

其日清晨，执事者各司其事，分献官各官分列于大成门内，监生排班，俟献官至。

通赞唱排班，献官以下各就位。

通赞唱班齐，鞠躬，拜兴，拜兴，平身。引赞诣献官前

---

① ［明］李东阳等撰，申时行等重修：《大明会典》卷九十一·礼部四十九·历代帝王，扬州：江苏广陵古籍刻印社，1989年，第1447页。

唱诣盥洗所，献官盥手帨手讫，引赞唱诣酒尊所，司尊者举幂酌酒讫。

引赞唱诣至圣先师孔子神位前，跪，献爵，俯伏，兴，平身（执事者行事并同）。引赞唱诣复圣颜子神位前、宗圣曾子神位前、述圣子思子神位前、亚圣孟子神位前（仪并同）。十哲两庑分献官一同行礼毕。引赞同唱复位。引赞导献官、分献官至原拜位立，通赞唱鞠躬，拜兴，拜兴，平身。

礼毕。

第二节　双关帝庙

双关帝庙是北京现存关帝庙中保存较为完好的一座，它坐落在西城区西四北大街。双关帝庙，顾名思义，这里供奉着两位关老爷。这又从何说起呢？原来这两位关老爷一位是指关羽，另一位是指岳飞。关羽为关老爷名正言顺，岳飞又怎么会是关老爷呢？原来，民间传说岳飞是关羽的转世，所以能精忠报国，也是关老爷，这样也就有了"双关帝"之称了。

双关帝庙是元泰定二年（1325）在都城西市旧庙的基础上修建的，清代康熙三十九年（1700）和乾隆三十六年（1771）两次重修。该庙坐西朝东，全部建筑沿中轴线排列，分为前后两个院落。仿木砖雕结构的山门为一开间，石券门上写着"护国双关帝庙"。山门内为钟鼓楼东西并立。正殿三间，歇山顶，殿内供奉泥塑关羽坐像和漆胎岳飞像，但现在早已不存。后院有西房五间，北房三间，南房两间。全部建筑基本保持原来的建筑格局。

庙内尚存有元代李用、吴律二碑，通过这两通碑，我们还可以依稀了解到这座庙的历史。

如今的老北京城正在经历着日新月异的改变。当你有机会漫步在旧城的街巷之中时，或许会发现一两处早已被改作民居的关帝庙，只有那清晰的石门额会让你确信它的存在。

第三节　晏公祠

"空山石祠堂，落穆跨深壑。肖像古圣贤，高下坐渊漠。殿墀列龟龙，如出自河洛。煌煌先儒语，所为忠孝作。……"深山幽壑之中，这座肃穆庄严的祠堂就是晏公祠，它是北京城中除文庙、武庙以外的一座独特的儒家专祀庙。

明代中叶太监都乐于在西山修建佛教寺庙，相沿成风。太监晏宏却于正德七年（1512）在西山修建了这座儒家祠庙，反映出晏公对儒家的情有独钟，表现了宋明理学在当时的影响。儒家道统是历代封建统治者极为倚重的思想教化工具，他们把儒家的祀典列为了国家的重要礼仪之一。晏公祠开始时称作道统庙，后来才以"晏公祠"相呼。

晏公祠坐落在海淀区四季青乡的万安山麓，四周环境清幽，林木葱茏，溪水淙淙。晏公祠依山临涧而建，大门坐西朝东，祠内依山崖石壁凿出一座石殿，称作"停云岩"。石殿坐北朝南，顶呈拱券形，面阔三间，明间与次间之间有石券门相通，殿内供奉有石像。据明代刘侗、于奕正的《帝京景物略》记载：殿内石像有左、中、右三列，中间为三皇、五帝、三王；左边是周公、召公、孔子、孟子；右侧是周敦颐、程颢、程颐、张载、朱熹[1]。所以供奉这些人，是因为该祠原本就叫"道统庙"，它所宣扬的是尧、舜、禹、汤、文、武、周公、孔、孟，直至宋代理学家们相传下来的圣王道统。除石像外，殿内有石龛五座，每一龛上都标着一部经名，里边放有相应的儒家经典。殿外有一座小石亭，亭子四周摆放着钟簴、干戚、钱镈、弁裳一类的东西，以象征五经。大殿左侧为龙马，马毛旋成五十五个结，以象征河图，右侧为洛龟，龟甲纹路为四十五条，以象征洛书。东边的石壁上以图画和文字的形式讲述历代忠臣、孝子的故事。在殿后的石洞内，石壁上特意刻上了古代先儒的格言和咏道诗，所谓"几性理之半，以

---

[1]　［明］刘侗、于奕正：《帝京景物略》，北京：北京出版社，1963年，第249页。

待游者观感省发"。

此外，在停云岩石洞的两侧约一百米的地方，有一座地藏殿，坐北朝南，面阔三间，用暗红色岩石和青石砌筑而成。东、南两面刻有文字，东面还刻有明代正德年间的卖地契约，也是很有价值的社会史料。

晏公祠在北京众多的祠庙建筑中，独具风格。

其一，它是一处由太监建造的祠庙。明代的太监远不像后来清代太监那样受严格约束，往往能有所作为。太监建庙多是建造佛教寺庙，以求积功德，有利来世，但晏宏却单单要建一座儒家庙宇，这在当时也是很少见的，特别是在西山众多的佛教寺庙中，更是卓然独立。

其二，它是一座儒家专祀的庙宇。儒家庙宇以孔庙最具规模，除此以外的儒家祠庙多是儒家代表人物的专人祠庙，并不具备普遍性，而晏公祠并非是儒家某一代表人物的专祠，它是从整体上宣扬儒家道统的庙宇，集中供奉儒家各派的代表人物。

其三，它依山临涧在石壁上凿成。晏公祠主体建筑是在天然山崖上凿刻而成，并非砖木结构的传统建筑。这在同类祠庙中也是很少有的。

其四，它远避尘嚣，建造在远离城市的山林之中，反映出儒家的出世思想。诸如孔庙或其他儒家人物的祠庙多数是建在城镇之中，像北京的国子监孔庙、顾亭林祠就是身处闹市的喧嚣中。而晏公祠与此形成截然相反的情形。在这里，瞻拜者自然会产生超然物外的感觉，能够虔心揖拜，更能体会古人寄情山水的乐趣，也会深刻理解孔子所说的"智者乐水，仁者乐山"的含义了。

第四节　贤良祠

清代对于有功之臣加以褒奖的一个主要举措就是建庙立祀，这对于臣民来说是莫大的荣耀了，主要有昭忠祠、忠义祠、贤良祠以及功臣专祠等名目。昭忠祠是祭祀为国战事而捐躯的将士，忠义祠是祭祀忠心不贰的节烈之士，而贤良祠则是表彰王公大臣中对国家有功之人，这一点雍正皇帝说得明白，"名臣硕辅，先后相望。或勋垂节钺，或节厉冰霜，既树羽仪，宜隆俎豆。俾世世为臣者，观感奋发，知所慕效"[1]，让入祠的名臣成为天下臣子仰慕、效仿的对象，做世人的楷模。

贤良祠位于北京西城区地安门西大街甲 103 号，这是一座属于京师等级的贤良祠，不同于地方贤良祠。这座祠是雍正皇帝下令于雍正八年（1730）开始修建的，三年后建成。整组建筑坐北朝南，有大门、碑亭、仪门、前殿、正殿及东西配房、后殿、宰牲房等，这些建筑沿一条中轴线从南到北排列。雍正皇帝御笔题门额为"崇忠念旧"，也正表达了贤良祠诏建的目的和初衷了。祠内先后奉祀王、公、侯、大学士、尚书、左都御史、都统、将军、总督、巡抚、副都统等一百七十多人，这其中就有我们非常熟悉的图海、福康安、刘墉、于成龙、胡林翼、曾国藩、左宗棠、李鸿章、荣禄、张之洞等。

贤良祠在二十世纪四十年代曾开办女子职业学校，现在由中华女子学院使用并管理，大部分建筑保存基本完好。

---

① 《清史稿》卷八十七志六十二礼六，北京：中华书局，1976年，第2601页。

第五节　文天祥祠

　　"人生自古谁无死，留取丹心照汗青"，这两句诗千古传诵，激励着无数仁人志士，文天祥本人也以实际行动实践了自己的诺言。文天祥历来是坚贞不屈、精忠报国的爱国英雄的典范，受到人民的爱戴，不少地方都建祠纪念。

　　文天祥（1236—1283），字履善，号文山，吉州庐陵（今江西吉安）人。在他的家乡，有文氏祖族祠堂，堂内藏有文天祥画像和历代石刻多块，是研究文天祥生平的珍贵历史文物。宋德祐元年（1275），文天祥听说元军南下以后，在赣州组织了义军开进临安（今浙江杭州）守御，第二年出任右丞相，奉命到元军营中谈判，被元军无理扣留。后来他设法逃出元营，到浙江温州北瓯江江心的一个孤岛上居住了一个多月。他在这儿召集温州、台州、处州三地的志士仁人共商复国大计。这里的人们为纪念这位民族英雄，于明成化十八年（1482）建造文信国公祠。现存祠庙为清代建筑，肃穆清雅。大殿里塑有文天祥像，神态自若，从容不迫。大殿四周有八幅壁画，反映着文天祥一生的活动。此外，还有《正气歌》刻石和历代文人学士咏赞文天祥的诗文碑刻多方，都是较珍贵的历史文物资料。

　　文天祥的纪念性建筑中，要数北京的文天祥祠最为著名了。文天祥从浙江到福建、广东与张世杰、陆秀夫等继续抗元，于端宗景炎三年（1278）在五坡岭（今广东海丰北）被元军俘获，掳至大都（今北京），关在兵马司土牢中。在被囚的四年中，他与元朝统治者进行了不屈的斗争，《正气歌》就是这段时间内写成的。元至元十九年（1282）十二月，文天祥在柴市（今北京东城区府学胡同西口）英勇就义。明太祖朱元璋洪武九年（1376），按察副史刘崧主持在柴市顺天府学右侧建造了文丞相祠。当时把柴市一带也改为教忠坊，"教忠坊"石刻现在就嵌刻在祠堂正殿的西壁上。明永乐六年（1408），朝廷把祭祀文天祥列入祀典，每年春秋两次，由顺天府官员主持祭祀仪式，同时重修了祠庙。到万历年间，祠堂由府学右侧迁到了左侧，规格进一步提高。此后，嘉庆、道光和民国年间都不断对祠堂加以修缮，保存至今日。

文丞相祠坐北朝南，自南向北由大门、过厅、享堂（正殿）三部分组成，现有面积六百多平方米。穿过牌楼式大门就是过厅，正中为文丞相半身像。在建祠的时候，文天祥塑像着儒服，后来才改为宋丞相的官服：头戴高冠，手执笏板，面容安详，双目炯炯有神，直视南方，三绺黑须飘洒胸前，一派儒雅风范。塑像反映出的是正统思想，似有千篇一律之嫌，不足以表现出文丞相的精神力量，不知建祠当初的儒服是什么样子，想来应比现在的塑像更有独特风格吧！过厅现已辟为文天祥生平展览室，从中可以看到文天祥壮烈的一生。雅室虽小，但却洋溢着一种巨大的人格力量。

过厅的后面一座灰筒瓦悬山顶的建筑便是享堂了，这里是举行祭祀仪式的地方，里面保存了历代石刻等珍贵文物，其中最著名的莫过于东壁上嵌刻的唐代大书法家李邕所写的《云麾将军李秀碑》断碑二础石，艺术价值很高。北墙前有明代的《宋文丞相传》石碑、清《重修碑记》及《宋丞相信国公像碑》，都是研究文天祥的宝贵实物资料。

树是祠庙中不可缺少的。文丞相祠内种的并不是郁郁葱葱的松柏，祠内原有三棵树龄达百年的古槐，现存有枣树一棵，位于享堂前东侧，相传是文天祥被囚于兵马司时亲手栽种的。这棵枣树的奇特之处就在于尽管枝干虬曲，但却都自然倾斜向南，与地面成约四十五度角，似乎也在学着主人"臣心一片磁针石，不指南方誓不休"的精神。

文天祥虽然遇难已经七百多年了，但他那正气凛然、坚贞不屈的气概却深为每一个华夏子孙所钦慕。面对着文天祥的塑像，耳旁仿佛又听到他慷慨的吟哦：

　　　　辛苦遭逢起一经，干戈寥落四周星。
　　　　山河破碎风飘絮，身世浮沉雨打萍。
　　　　惶恐滩头说惶恐，零丁洋里叹零丁。
　　　　人生自古谁无死，留取丹心照汗青。

第六节　杨业祠

杨家将的故事在民间广为流传，它的传播多是通过评话、戏曲、小说等文艺形式的渲染来实现的。在人们看来，杨家将已不是一群普普通通的人物，而是转化为了一种人格力量，一种能够激励民族奋进、奋起的精神力量。一提起杨家将，人们就会十分兴奋，就会脱口而出杨老令公、佘太君、杨六郎等一串名字，侃侃而谈中流露出无比的崇敬与自豪。

杨家为世家，是麟州（今陕西神木）地方势力的首领。杨业（？—986），初名重贵，后来被父亲杨弘信送到太原刘崇的北汉政权，做了刘崇之子刘钧的养子，改姓刘，出任建雄军（今山西代县）节度使，守卫北边，英勇善战，号称"无敌"。北汉灭亡后，降宋，恢复杨姓，单名为业，出任知代州兼三交驻泊兵马部署，多次出兵大败契丹军。北宋太宗雍熙三年（986），宋军大举北伐，杨业率军收复了云、应、寰、朔四州，但因东路宋军战败，奉命撤退。由于主帅潘美和监军王先的错误指挥，杨业被敌军困在陈家谷口（今朔县南），中箭受伤被俘，他坚贞不屈，绝食三天而亡。他的儿子杨延昭（即杨家将故事中的杨六郎）、孙子杨文广在与辽、西夏的战斗中英勇善战，屡建功勋。杨家的不朽功绩在民间广泛流传，经过民间艺人的加工，逐渐形成了完整的杨家将故事。

人们崇敬英雄，希望他们来保佑国泰民安，于是，从宋、辽时期起，人们便为杨家将建祠造庙。在北京的古北口就有一座杨业祠。这一座祠庙建于杨业死后不久。当时仍处于宋、辽对峙时期，而古北口地处辽朝境内，并不属于北宋。这就让人很奇怪：杨业战斗生活的地区主要在山西雁门和大同一带，他从未到过古北口地区；他又是抗辽的宋将，而辽国境内却有杨业的祠庙？其实也不怪，英雄人人敬仰。杨业的英勇受到了汉人、契丹人等各族人民的崇仰敬慕，因而冒死也要为英雄建祠造庙。这座杨业祠就是人民出于对英雄的一片敬仰与怀念之情而建造的。况且，古北口地处宋、辽交界之处，也是"山高皇帝远"的偏远地方，即便有这座杨业祠，辽朝统治者也是鞭长莫及无从顾及了。如果是辽朝统治者所建，则有可能是出于激励将士效忠朝廷，借宋将警醒辽将，也未可知。

杨业祠坐落在密云古北口乡河东村的东山坡上，一直受到很好的保护和维修。明朝洪武八年（1375）大将徐达重建杨业祠，成化年间又"敕赐威灵庙"，嘉靖时期加以重修。到了清朝康熙年间，又一次重修杨业祠。民国初年，爱国将领驻军古北口的时候，也出资重修了杨业祠。

杨业祠坐北朝南，共有两进院落，前后两层大殿，占地有六百多平方米，建筑规模并不算很大，但全部建筑布局规整，错落有致，体现出雄壮的气势。从远处一望，首先映入眼帘的就是山门外东西墙壁上的四个大字"威震边关"，每字高约有一米，笔力遒劲，疏朗豪迈，气势磅礴。进入庙门，就来到前殿，殿内供奉杨业坐像，塑像气宇轩昂，塑造生动传神，透露出威武不屈的气概，两侧排列着杨家儿郎。后殿则供奉杨家众女将英豪。看着这些形象逼真、栩栩如生的英雄塑像，殿堂内外充溢着凛凛正气，令人肃然起敬，或许这就是它所要让人感受的吧。

杨业祠从建立开始，就受到了人们的重视，文人学士多有吟咏，其中犹以苏辙的《古北口杨无敌庙》一诗最能道出个中三昧。诗曰：

> 行祠寂寞寄关门，野草犹如碧血痕。
> 一败可怜非战罪，太刚嗟独畏人言。
> 驰驱本为中原用，尝享能令异域尊。
> 我欲比君周子隐，诔形聊是慰忠魂。

这首诗是诗人于宋元祐四年（1089，即辽大安五年）奉命出使辽国经过古北口瞻谒杨业祠后所作。诗中表达了对英雄的崇敬之情，同时也为他的不幸际遇深表惋惜，尤其是"驰驱本为中原用，尝享能令异域尊"一句，不更能表现出杨业事迹流传之广，受到敬仰之深吗？

第七节　于谦祠

千锤万凿出深山，烈火焚烧若等闲。

粉骨碎身浑不怕，要留清白在人间。

　　这首传诵已久的绝句是明代于谦所作。于谦是明代著名的军事家和政治家，在北京发展的历史上是一个重要人物，他自身因忠勇而遭罪的经历渲染出更加悲壮的色彩，受到世人的尊崇敬仰。在杭州有于谦墓祠，在北京有于谦祠。

　　在北京建有于谦祠，不仅因为他本人的忠烈，更由于他为保卫北京城免遭外族侵略做出了贡献。事情还得从"土木之变"说起。明代正统十四年（1449）春天，蒙古瓦剌族人在也先的带领下入侵大明，明英宗率军亲征。由于作战不利，在土木堡（今河北怀来境内）被瓦剌军队包围，明英宗最后做了俘虏。这一消息传入北京，朝野震惊。有的大臣提出迁都南京，以躲避瓦剌军。当时身任兵部侍郎的于谦挺身而出，力斥南迁，坚持固守北京。不久群臣拥戴英宗的弟弟朱祁钰做了皇帝，是为景泰帝。于谦被任命为兵部尚书，他积极备战保卫北京。十月，瓦剌军攻到北京城下。于谦沉着调动指挥，布防兵力，自己镇守德胜门。在严密防守与英勇反击之下，瓦剌军无功而返，北京城得以保存，明英宗也被也先放了回来。这其中于谦功不可没。英宗归来之后，皇室内部出现了斗争。景泰八年（1457）正月，明英宗通过"夺门之变"夺回皇位，而于谦也因曾拥戴景泰帝以"谋逆罪"被杀害。

　　于谦有功而遭冤杀，京郊百姓无不落泪。好在天理昭昭，冤不久沉。成化二年（1466），宪宗皇帝下令为于谦追认复官，并把他的故宅改为祠堂，名忠节祠。又过了二十一年，朝廷赐谥于谦为"忠愍"，到万历十八年（1590）改谥"忠肃"，并在于谦祠中立了于谦像。

　　于谦祠坐落在北京东城区西裱褙胡同，坐北朝南，东边为于谦故宅。正院正房五间为享堂，硬山式瓦顶，于谦塑像就在其中。奎光楼在东侧，这是一座二层小楼。上层为魁星阁，阁内悬挂有"热血千秋"木匾一块，两侧一副长联，联曰："帝念有功群小谗谋冤太惨　公真不朽故居歆记地犹灵。"匾额与对联均为光绪年间的孙诒经书写。于谦受到了上至士大夫下至平民百姓的普遍崇祀。明朝时期，每年春秋两次派太常寺的官员来此做官方祭拜。清末思想家魏源也曾来此祭拜，并为祠内留下了"砥柱中流，独挽朱明残祚　庙容永奂，长嬴史笔芳名"的联语。

　　于谦祠几经兴废。清初顺治年间，祠内塑像被毁，祠庙也随之荒废，直至清末光绪年间才得以重修；义和团运动时期，这里被设作了团民的神坛；1976年魁星阁在地震中震毁；于谦祠虽然很早就已经被作为北京市的重点文物保护单位，但建筑长期为居民混杂的大杂院，现已整修一新。在北京历史文化名城的保护过程中，曾经几乎名存实亡的于谦祠，如今又恢复了原有的模样，让人们可以在这里追怀烈士的忠义与热血，发一点思古之幽情吧。

第八节　杨椒山祠

浩气还太虚，丹心照千古。
平生未了事，留与后人补！

读着这首慷慨激昂、气冲霄汉的诗作，仿佛感受到了作者从容赴死的英勇与无畏。这首诗的作者叫杨继盛，在他死后的四百多年间，许多名人学士纷纷题诗作赋，颂扬杨继盛的品德与风格，不断来到位于西城区的松筠庵祭拜英灵。

杨继盛是何许人，松筠庵又与他有何关系呢？杨继盛（1516—1555），字仲芳，号椒山，后人尊称为椒山先生，保定容城人，明嘉靖时中进士。他在任兵部员外郎时，看到大将军仇鸾作战畏葸不前，欲与外敌互开马市，于是上疏弹劾，但却受到了贬职的处分。后来，仇鸾一事真相大白，杨继盛又被起用为兵部武选员外郎。此时，正是严嵩当国时期。对于严嵩的种种恶行，杨继盛早已心怀愤懑。在做了武选员外郎还不到一个月，杨继盛便写下了历数严嵩五奸十大罪状的《请诛贼臣疏》。严嵩对他怀恨在心，利用职权，把杨继盛投入大狱。在狱中，杨继盛受尽酷刑，被打得皮开骨断，死去活来，但他顽强不屈，坚决不向严嵩的淫威低头。入狱三年后惨遭毒手，死时年仅四十岁。

过了十二年，穆宗隆庆皇帝即位后，为赤心报国而蒙冤含恨的忠臣杨继盛平反昭雪，并赠他为太常寺少卿，谥忠愍。人们为了能进一步纪念追怀这位赤胆忠心的英烈，于是就在乾隆五十二年（1787）将他的故居松筠庵改作祠堂，岁时奉祀。

松筠庵位于西城区达智桥胡同。正门之上有石刻匾额一块，上面写着"杨椒山先生故居"。进入正堂，迎面可以看见杨继盛的塑像，凛凛正气从眉宇间透射出来，很好地表现出了忠臣的英武气概。像两旁悬挂一副对联："不与炎黄同一辈　独留青白永千年"，也颇令人深思。"谏草堂"是人们追怀先烈最适当的地方。这里原本是杨继盛的书房，就是在这里，椒山先生以他的无畏气概，奋笔疾书，写下了正气凛然的《请诛贼臣疏》。虽然未能将严嵩扳倒，反遭其害，即便如此，他这种不畏权奸的刚直精神受到后世的称颂，以至有了张受之累死松筠庵的事发生。这又是怎么回事呢？人们为了宣扬椒山先生，要把他弹劾严嵩的奏疏刻石传世，于是请海盐的镌石名手张受之来刻。张受之一向敬仰椒山先生的刚直正气，所以精摹细刻，尽心竭力。当奏疏刻完，张受之也心力用尽，累死在松筠庵内。现在这些刻石仍旧嵌在谏草堂的墙壁上。我们在观看椒山先生的奏疏之时，不要忘了还有一位可亲可敬的张受之为此付出了生命！在松筠庵的西南角，还有一座"谏草亭"，它是道光年间的僧人心泉建造的，亭内有椒山先生手植榆树一截和石碑一块。人立于亭中，亦可一发思古之幽情。

松筠庵内假山错落，回廊屈曲，环境清幽。这宁静的小院，也曾在北京的近代史上掀起过巨浪狂澜。光绪二十一年（1895），清政府与日本签订了《马关条约》后，激起全国人民的强烈反对。四月初八日以康有为、梁启超为首的一千三百多名在京参加会试的举子在松筠庵内集会，起草了上皇帝书，由此开始了轰轰烈烈的"公车上书"运动。

杨继盛、康梁举子为国为民，秉笔直书，一前一后都发生在杨椒山祠内。杨椒山祠为古都北京谱写了可歌可泣的壮丽篇章。

第九节　袁崇焕祠庙

　　袁崇焕（1584—1630）是明朝末年著名的军事家，曾领兵抗击后金，为保卫山海关、北京城做出了杰出贡献，最后却因功被冤杀。到清代中期，在北京为袁崇焕修了祠庙。

　　袁崇焕之所以能如此受到北京民众的敬仰，这与他英勇保卫京师而被冤杀的曲折经历有很大的关系。袁崇焕，字元素，号自如，广东东莞县人，明朝万历朝中了进士，做过福建邵武知县、兵部尚书兼右副都御史等。天启二年（1622）他单人独骑出关考察形势，回到北京后请求镇守辽地。到任后，他修筑了宁远城（今辽宁兴城），坚守关外二百余里的地方，又命令其他将领修筑了锦州、大小凌河、松山、杏山等城，开拓了疆土，几乎收复了辽河以西的旧地；多次打退了努尔哈赤的进攻，迫使努尔哈赤退回沈阳，为守边立了一大功。崇祯帝即位后，任用袁崇焕为督师。袁崇焕整顿防务，周密布置，修筑城池，以守为主。后金皇太极看见辽西袁崇焕固守城池，难以攻下，于是绕开袁崇焕偷袭北京。后金军队攻破遵化，包围了京师。袁崇焕知道后，急忙带领大军从山海关疾驰入援。皇太极对袁崇焕一向恨之入骨，因而用反间计陷害袁崇焕。皇太极曾经俘虏了两名明朝太监，故意让他们听到说皇太极与袁崇焕有密约，然后又故意让两名太监逃跑。太监回到北京将所听见的报告了崇祯帝，糊涂的皇帝深信不疑，马上把袁崇焕抓进了大狱，并在第二年将其杀害。昏庸的皇帝杀了骁将，自坏长城为明朝灭亡埋下了祸根。

　　袁崇焕死后，弃尸于市，没有人敢去为他收尸，只有一位姓佘的义士，原本是袁崇焕的部下，在深夜无人的时候，偷偷把袁崇焕的尸体运走，悄悄埋葬在了广渠门内的广东义园。袁崇焕虽然入土为安，但却冤沉似海，背着不忠不义的名声被人们误解了一个多世纪，直到乾隆在修撰《太宗实录》时，才详细地讲述了皇太极设计陷害袁崇焕的前后经过。一段千古奇冤最终昭雪，后人为纪念忠勇的袁督师，为他修祠立庙，岁时祭拜。

袁崇焕的祠、墓、庙都在北京。

袁崇焕祠修建于清代中期，祠堂坐北朝南，大门临街。祠堂所在的地方原来叫作佘家馆，大概与那位舍身为袁崇焕下葬的佘义士有一定的联系。直至现在，这里还住着为袁督师守墓的佘家后人。祠堂大门上题写着"明代民族先烈袁崇焕墓"的匾额，看得出后人对袁督师的崇仰之情。祠堂正房五间，前廊两端及室内墙壁上嵌着李济深撰写的《重修明督师袁崇焕祠墓碑》等石刻，外面屋檐下是叶恭绰所题写的"明代粤先烈袁督师墓堂"的匾额。出了祠堂往后走就来到了袁督师墓。原来坟丘很高，约有两米，墓前立着清道光十一年（1831）湖南巡抚吴荣光题写的"有明袁大将军之墓"的石碑及石供桌。墓周遍植松柏，并有砖墙环护。

袁崇焕英名永存，而为保护袁督师遗骸的佘家却也世代相传，为袁督师守墓。直至今日，每逢年节和袁崇焕的忌日，佘家后人都会挂上袁督师的画像，焚香祭祷，并到墓前祭奠。

在风景秀丽的龙潭公园内，还有一座袁崇焕庙。这座纪念建筑是广东人张伯桢于1917年创建的。它坐西朝东，面阔三间，坐落在高约一米的台基之上。殿堂中门上嵌"袁督师庙"石刻横额，门两侧嵌石刻对联一副："其身世系中夏存亡千秋享庙死重泰山当时乃蒙大难 闻鼙鼓思辽东将帅一夫当关隐若敌国何处更得先生。"钦仰与惋惜之情充溢于字里行间，后人读来不免隐隐作痛，深为古人悲。庙中明间正壁上嵌有袁崇焕石刻像，只见督师峨冠博带，头微偏向右侧，双目炯炯有神，凛然傲视前方，儒雅之中透着英气。看着画像，敬仰之情油然而生。两壁嵌有《明袁督师庙记》《袁督师庙碑记》《佘义士墓志铭》等石刻，从中能极好地了解袁崇焕的生平与事迹。

袁崇焕祠墓地处闹市，却能闹中取静，为敬仰袁督师的后人们提供了一处追怀揖拜先烈的地方。虽然并非人人都知道有这样一处地方，也不知道这里还埋葬着一位曾经为保卫北京而冤死的英雄，但毕竟还有像佘家后人这样一些人在记挂着袁督师。而龙潭公园内的袁督师庙则为许多人所知，能有这样一处祀庙，让那些来来往往的人知道了"袁崇焕"三个字，记住了北京历史上这位可歌可泣的烈士。

第十节　祖大寿祠

北京的平安大街直通东西，大路两旁新建了据说是仿明清风格的门面建筑，鳞次栉比。当然，并不是大街两旁全都是"假古董"，当初也曾为保护两旁的古建筑而不断发生波澜，最终还是保留了下来。人们走在大道上，也会在众多的仿古建筑中发现几处真正的古建筑，祖大寿祠就是其中的一处。祖大寿祠坐落在赵登禹路与平安大街交会处的西南角，临街而立。它房屋高大，在周围低矮平房的包围之中，更有一种鹤立鸡群的感觉。

祖大寿何许人也？他的祠堂为什么建在这里呢？祖大寿，字复宇，辽东宁远（今辽宁省兴城市）人。他是行伍出身，开始做过游击，后又升任先锋，继而做到了参将。他勇敢豪爽，能征善战，跟随袁崇焕抗击后金军队，在宁远与宁锦的战斗中，立下了功劳。崇祯即位后，祖大寿被任命为前锋总兵，跟随袁崇焕守边，后由于崇祯皇帝中了后金皇太极的反间计，将袁崇焕逮捕下狱，以至被冤杀。其他辽东将领或死或降，只剩下祖大寿镇守锦州。他在这里坚守十二年，直到崇祯十五年（1642）锦州城内粮食吃尽，出现了人吃人的情况时，他才率众出城投降了清兵。祖大寿是在袁崇焕死后明代辽东最勇猛的一员战将，因而受到了皇太极的重用，被授为总兵。

祖大寿随清军进入北京后，住在了西城的一所大宅院中，这就是今天的祖大寿祠，而宅院所在的胡同也被称作了祖家街，延续了三百多年。祖家街，一个极有历史意味的称呼，如今已改叫富国街了。祖大寿祠就坐落在胡同的东口路北，整个宅院坐北朝南。这里本是祖大寿住的地方，在他死后才改为祠堂的。祖大寿祠是一所三进的四合院，布局严整，错落有致。门前原有一对石狮，威猛雄壮，气势不凡，后遭毁坏。大门三间，门两侧是五间倒座房。往里是第一进院落，其实就是一座穿堂门，两侧各三间瓦房。前院为第二进院落，正房五间，中间是门，两侧有配房各三间、耳房各一间。在正房的中后有一座垂花门，精施彩绘，典雅秀丽。垂花门两侧的一对抱鼓石更是雕刻细腻，造型美观。后院为第三进院落，此处为北房五间，并有配房各三间、耳房各两间。此外，还有西跨院一座。

祖大寿祠是一座典型的清代官员住宅，是北京城内保存较好的四合院之一。这里虽然是祖氏祠堂，但作为祠堂的时间并不算长，在清雍正八年（1730）时，朝廷把正黄旗官学设在了这里，成为官家子弟读书的地方。1912年，这里又成为京师第三中学堂的所在地。一直到现在，它仍然伴随着新时代学子们的学习与生活。

第十一节　顾炎武祠

顾炎武（1613—1682），字宁人，号称亭林先生，是我国明清之际的经学家、思想家。他学识渊博，开创了清代的朴学之风，考据、音韵之学影响了乾嘉以来的考据家和史学家。他十二岁进入乡学，七年后加入"复社"，专心于经世致用之学，关心社会生活。他生于明末，正赶上清军入关，经历了国破家亡的惨痛，先后参加了苏州、昆山的两次武装抗清斗争，斗争失败以后，顾炎武满怀国破家亡的悲痛，奔走于大江南北，长期居住在齐燕之地。这期间，他在北京也留下了足迹。

顾炎武最为普通老百姓所熟知的不是他的学问，而是他经国济世的胸怀，我们熟知的"天下兴亡，匹夫有责"的名言就是来自于顾炎武。《日知录》是他的著作，在"正始"篇中有这样的话："保国者，其君其臣肉食者谋之；保天下者，匹夫之贱与有责焉耳矣。"[1]他告诉人们，国家的存亡在君臣，而天下的兴亡在每一个人，之后逐渐演化为"天下兴亡，匹夫有责"的名言而广为流传。

顾炎武的道德、学问深受时人及后人的敬仰，也正由于他在北京曾经居住过，为了纪念这位思想家，后人将他的住所改为了祭祠，让人瞻拜，寄托幽思。

顾炎武祠坐落在西城区广安门内大街报国寺的西院，一般称作顾亭林祠。顾炎武曾于康熙年间在此居住。该祠始建于清道光二十三年（1843），由当时人何绍基、张穆等人集资修建。整座祠堂十分简朴，与普通民居无二。青砖门楼庄重大方，门额嵌有"顾先生祠"篆书四字；飨堂三间，坐北朝南，屋内正中供奉顾氏的牌位与刻像；正堂之外又有炊羹炉、四柿亭等建筑。每年春秋两季和顾氏的诞辰日都要在

---

① ［清］顾炎武撰，华东师范大学古籍研究所整理：《顾炎武全集·18·日知录（一）》，上海：上海世纪出版股份有限公司上海古籍出版社，2011年，第527页。

此举行祭祀仪式，特别是在诞辰日要进行公祭活动，可见时人对顾氏重视与崇仰之深。1921年由旅居北平的苏绅张一麐、董康等人再次集资重修了顾炎武祠，而且由曾任民国大总统的徐世昌写了祠记。

该祠位于报国寺的西部，与报国寺实为一体，因而说顾炎武祠不能不提一下报国寺。报国寺创建于辽，明初塌毁，成化年间重修，改名叫慈仁寺；乾隆时再次重修，改叫大报国慈仁寺。此寺虽为佛寺，但却颇有文化气息，这文化气息与该寺的书市密切相关。明末清初，报国寺里开有书市，来往的游人特别多，特别是住在宣南地区的文人学士更是喜欢光顾这儿，像王士禛、宋荦、孔尚任、翁方纲、姜宸英等人都有吟咏报国寺的诗词传世。尤其像王士禛，是当时的著名诗人，号称渔洋先生，特别爱买书，当时向他求教的人往往到他家里找不到他，而在报国寺的书摊上却十有八九能找到他，一时传为美谈。而顾炎武在北京时会住到这儿，想必也是与这种文化气氛的感染与吸引大有关系吧！顾氏本人就是名满天下的大学者，住于此处能与当时的诸多学者闻人相聚畅谈，也不失为一大乐事。

顾炎武祠经历了颇多的苦难。民国年间重修以后，该祠被报国寺侵占，后来经过江苏旅平同乡会向官府呈诉才将祠堂收回，之后由傅增湘、邵章等人联合成立了顾祠保管委员会，对祠堂进行管理，加以保护。1929年该祠又被报国寺知行中学占用。顾祠保管委员会向当局据理力争，要求学校退出，经过调停才将建筑收回。新中国成立后，曾被高熔金属材料厂占用。如今，报国寺已经整修一新，并在院内开设了古玩旧货市场，当然，旧书也有不少，似乎又多少有了一些当年的景象，而顾炎武祠仍然寂寞地躲在一旁，并未引起多少人的注意。

第七章

敬天爱人——北京坛庙精神

坛庙是静止的建筑，由于有了"神灵"的供奉和人的活动，坛庙也因而有了"情感"的因素，进而成为一种精神的寄托。北京的诸多坛庙在岁月更迭和人世变迁中逐渐形成了具有北京特色的坛庙精神，体现着礼法、规矩与秩序，浸透着深厚的人文情怀与审美情趣，寄托着以礼乐教化天下、敦睦国家关系的崇高理想。

第一节　坛庙与礼法

坛庙于封建王朝的重要性不言而喻，历代统治者极为重视坛庙的祭祀与礼仪，坛庙不仅仅是中央王朝都城所专享，而是遍布全国的礼仪性建筑，以此让全天下的人们通过坛庙祭祀来感受国家礼法、遵循礼法、实践礼法，以获得国家和天下的大治。

北京作为辽、金、元、明、清的都城，坛庙的建造及祭拜自然是王朝的大事，尤其是至今保存完好的明、清两代皇家坛庙建筑，更是让我们能够近距离地感受当时对于坛庙祭祀的看重，以及在王朝统治和日常生活中的不同一般。

一、北京坛庙体现了礼制

坛庙祭祀对于国家和王朝来说是头等大事，"国之大事，在祀与戎"是先秦典籍，特别是《春秋》《周礼》中常常出现的内容。古人把祭祀与战争看成是国家的大事，而且祭祀还居于战争之先，更看出古人对于"祀"的重视。国家统治需要礼法的维护，坛庙祭祀便承载了这样的功能，发挥了这样的作用。

礼是什么？《礼记》中记述孔子的话说："礼者何也？即事之治也。君子有其事必有其治。治国而无礼，譬犹瞽之无相与，伥伥乎其何之？"[1]礼对于国家的治理何其重要，礼就是要治事，治国没有礼，就和瞎子没有拐杖一样了。而没有礼就有可能天下大乱，"若无礼，则手足无所措，耳目无所加，进退、揖让无所制。是故以之居处，长幼失其别，闺门、三族失其和，朝廷、官爵失其序，田猎、戎事失其策，军旅、武功失其制，宫室失其度，量、鼎失其象，味失其时，乐失其节，车失其式，鬼神失其飨，丧纪失其哀，辨说失其党，官失

---

[1] ［清］孙希旦撰，沈啸寰、王星贤点校：《礼记集解》，北京：中华书局，1989年，第1269页。

其体，政事失其施，加于身而错于前，凡众之动失其宜"①。无礼出现如此严重的后果，对国家无利，对政府无利，对统治者更是无利，因而，对礼的重视则不容忽视，有礼则"四海之内合敬同爱矣"②。

坛庙祭祀礼仪自然属于古礼的范畴，祭祀是古代的五礼之一，属于吉礼。坛庙祭祀之礼更被放在了吉礼的首位。祭祀的目的首先是要通过对先人上天的祭祀来禳灾祈福，以利当下和后人。"夫圣王之制祭祀也，法施于民则祀之，以死勤事则祀之，以劳定国则祀之，能御大灾则祀之，能捍大患则祀之"③，对有益于国家和民众的人要供奉祭祀。对人是如此，而对于自然神灵则更要祭祀，其性质与对先人的祭祀是一样的。这一点，对坛庙祭祀十分看重的明朝嘉靖皇帝说得明白："朕惟王者之政，莫不以祀兴为先，故谓国之大事在祀与戎，而祀尤重焉。夫郊所以事天，庙所以事先，其道一而已矣，未有不相关者也。"④这里，明世宗明确指出了对天的祭祀和对祖先的祭祀一样重要，而且清晰地指出了二者内在的不同，但殊途同归，最后的目的是"其道一而已"。

其次祭祀的目的是要通过祭祀之礼有利于国家统治，规范百姓言行，使之心中有敬畏。国家统治虽然有律法，但并非能够规范和约束到日常生活中每一个人的每一个细节，但自古以来的礼制却能深入人心，规范着人们的语言与行为。"凡治人之道，莫急于礼。礼有五经，莫重于祭。夫祭者，非物自外至者也，自中出生于心也；心怵而奉之

① ［清］孙希旦撰，沈啸寰、王星贤点校：《礼记集解》，北京：中华书局，1989年，第1269页。

② ［清］孙希旦撰，沈啸寰、王星贤点校：《礼记集解》，北京：中华书局，1989年，第988页。

③ ［清］孙希旦撰，沈啸寰、王星贤点校：《礼记集解》，北京：中华书局，1989年，第1204页。

④ 中央研究院历史语言研究所校印：《明世宗实录》卷一九五嘉靖十五年闰十二月癸亥条，第五页，总第4124页。

以礼。是故，唯贤者能尽祭之义。贤者之祭也，必受其福。"①王朝统治者正是看到了礼制的这一作用，通过坛庙祭祀将礼制广而化之，让礼制在人们的祭祀实践活动中逐渐细化，不断加强，进而使之潜移默化成为日常的行为准则。这样孔子便认为："明乎郊社之义、尝禘之礼，治国其如指诸掌而已乎！是故以之居处有礼，故长幼辨也。以之闺门之内有礼，故三族和也。以之朝廷有礼，故官爵序也。以之田猎有礼，故戎事闲也。以之军旅有礼，故武功成也。是故宫室得其度，量、鼎得其象，味得其时，乐得其节，车得其式，鬼神得其飨，丧纪得其哀，辨说得其党，官得其体，政事得其施；加于身而错于前，凡众之动得其宜。"②有了礼制则一切都顺理成章、井然有序了！

坛庙的礼制体现在多个层面，这些不同的层面也映射出封建王朝期望通过礼制对不同阶层的人产生影响，不同的坛庙发生作用于不同的人群，这些层面也是与祭祀的等级划分相关联的。对于礼的遵循不仅仅是对臣民的，对帝王也是一样的。由皇帝主持祭祀的皇家坛庙礼仪，既是皇帝对于神明、先祖诚心供奉的体现，也是皇帝践行礼制，以礼制约束自身表率天下的行为。跟随皇帝参加坛庙祭祀的官员们，或是由皇帝遣官祭祀的坛庙礼仪中，百官臣僚们既是对礼制的学习，更是对礼制的亲身实践。而地方官府负责进行的府州县一级的坛庙祭祀，则是对地方官吏的礼制教化。对于民众来说，宗庙家祠则是礼制教化的学校，尤其是世家大族更是将祠堂礼仪从子孙出生之时便予以强化，并贯穿其一生。民间众多的杂祀淫祠更是将敬畏神明的观念浸透到普通人的心中，让礼制的观念如影随形、潜移默化于世人。

二、北京坛庙体现了规矩

北京的坛庙以皇家坛庙为代表，兼有地方官府坛庙和民间祠庙，

---

① ［清］孙希旦撰，沈啸寰、王星贤点校：《礼记集解》，北京：中华书局，1989年，第1236页。

② ［清］孙希旦撰，沈啸寰、王星贤点校：《礼记集解》，北京：中华书局，1989年，第1268页。

而以皇家坛庙为最成规模，最具体系。虽然数量不是很多，但其礼制规格高，礼仪程序繁，在这些繁复的祭拜过程中，体现出的是规矩。规矩是对行为的约束，是对器用的整齐，更是对观念的统一。

坛庙礼仪所体现的规矩都细化到了祭祀的整个过程中，从与祭祀相关的事务中都可以清楚地看到规矩的存在。不同等级的祭祀要由不同的人来主祭，大祀如圜丘祭天、方泽祭地、社稷、太庙等由皇帝来主祭，皇帝不能亲祭的要遣官代祭；地方坛庙要由地方主责官员主祭，宗祠家庙则要由族长带领拜祭，这些都是规矩。无论哪种祭祀名目，都要按照一定程序和仪式来进行，仪式中要有神灵的牌位、要有不同品类的祭器，祭器中供奉相应的祭品，祭祀中要有乐舞相伴，不同的阶段会使用不同的乐舞，这些也是规矩。祭祀前无论皇帝还是陪祀的官员们都要斋戒，斋戒既要散斋也要致斋，皇帝斋戒要在斋宫，官员们斋戒前期在衙署中，临近祭祀要在坛庙附近，这更是规矩。

规矩不是制度，不会一成不变，规矩可以调整，但不是随意更改。如祭品一项，各类坛庙祭器与祭品的样式与名目源于《周礼》，而历代王朝在具体的制备中，祭器的样式、材质，祭品的种类、内容也都不尽相同，根据本朝的规制和要求做了相应的调整。这一点明、清两代很多具体的做法就体现了出来。明代将祭器材质从金铜改变为瓷，但器物名称样式没有改变，未坏规矩而使之更加适合实际情况。再如祭祀前的斋戒必须遵守，这是规矩，但斋戒的地点却并不严格。圜丘祭天皇帝致斋要到天坛的斋宫进行，但皇帝每天政务缠身，好几天待在远离皇宫的斋宫实在不方便，雍正皇帝便在皇宫内建造了斋宫，祭天大典前先在宫内斋宫致内斋，正式仪式前到天坛斋宫致外斋。对于参加典仪的官员斋戒也是如此。如此这般既没有破坏规矩，又方便了国家政务的处理。

坛庙礼仪的规矩体现在人和物两个方面。人是指参加坛庙祭祀的相关人员，既包括主祭者，也包括陪祀人员，还有为祭祀服务的乐舞生、宰牲人员、祭品制备人员等，各自做事都有各自的规矩和制度；而物则是与祭祀相关所使用的一切物品，这些物品的制备同样由专门的衙署按照一定的规矩来完成，尤其是为祭祀所服务的这些物品都有着严格的规制，这些规制体现出了坛庙祭祀礼仪规矩的严格与繁缛，如前文所说如神牌、祝版的样式和尺寸、祭器的颜色、牲牢的畜养等。

祭祀礼仪的规矩既有延续约定俗成的做法，也有不同朝代根据各自的要求而制定的做法。祭祀礼仪规矩的祖本来自《周礼》，特别是《礼记》中对于祭法、祭统、礼器、祭品牲牢等都做了说明，成为后世礼法的依据，并多以此为基础加以发挥。这一点从后世二十四史中的礼志，尤其是《大明集礼》《大清通礼》中都可以明显地看到。而《周礼》所作的时代毕竟不能够完全囊括后世各个时期的情况，因此，后代王朝都会根据各自的具体情况加以丰富和完善，特别是少数民族所建立的王朝，既要以应用汉法来体现其正统，又不能完全丢下本民族的特色，因此都会在《周礼》的基础上增加本民族的特色内容，成为具有时代特色的礼仪新规矩。

三、北京坛庙体现了秩序

坛庙以建筑的形式存在，而其发挥作用是通过具体的祭祀典仪来完成的，无论是精美、庄严的建筑，还是威重、肃穆的典仪都体现出了一种秩序，这种秩序反映出的是主与次、大与小、上与下、前与后、尊与卑、阴与阳的顺序。《礼记》中说，"礼者，天地之序也"，"序，故群物皆别"[1]。礼反映了天地的秩序，有了秩序则万物而各有区别，这也正是坛庙祭祀礼仪所承载和表现的。北京坛庙所体现的秩序既有物化的外在具体形象，同时也有内化的精神因素。

北京坛庙的分布格局体现出了秩序。从元代开始，坛庙的建造伴随都城的建设遵照《周礼·考工记》的要求来完成。"前朝后市，左祖右社"成为封建时代后期都城建设的规制。明、清两代更是严格遵

---

① ［清］孙希旦撰，沈啸寰、王星贤点校：《礼记集解》，北京：中华书局，1989年，第990页。

行，嘉靖皇帝时改革礼制，采取四郊分祀的做法，确定现在北京坛庙礼制建筑的格局。这样形成了太庙在皇城之东，社稷坛在皇城之西，天坛在南，地坛于北，日坛居东，而月坛位西，再有历代帝王庙、孔庙、先农坛、先蚕坛、天神坛、地祇坛、风云雷雨庙、都城隍庙等环周择地而建，各据其位，各有其序。

北京坛庙的祭祀等级体现出了秩序。关于历代祭祀等级的情况前面已经做了详细交代，无论是大祀、中祀，还是小祀或群祀，这本身就是一种等级的排序，虽然这种排序会根据祭祀对象重要性的变化而不断调整，但这些名目的确定反映出了历代王朝帝王对于祭祀对象重要性的认识，祭祀等级的排序更是祭祀对象重要程度的顺序，也表现这些被祭祀神灵在王朝统治中的地位。坛庙祭祀等级所体现出的秩序也恰恰反映了封建王朝等级制度在礼法中的面貌。

北京坛庙的祭祀礼仪体现出了秩序。坛庙祭祀根据其规模大小、等级高低在祭祀仪式上有繁简的不同，但无论繁简一系列的程序都是要完成的，在完成这一系列程序的过程中，秩序被体现得十分清楚。祭祀前要进行演练习仪，然后一体斋戒。祭祀仪式有祭前仪式、正祭仪式和祭后仪式，而最重要的是正祭仪式。正祭仪式中，恭请神牌、祭器供品到位、皇帝何时到达祭祀地点、陪祀官员如何站位、乐舞生的位置等都有严格的仪轨和程序，不能有丝毫差错。

坛庙祭祀中的陈设诸如神位、祭器、祭品等都是讲究序列和层次的，不同的祭祀种类其安排是不同的。一项祭祀典仪中，神灵的位次各有不同，最核心的是主位，供奉主祭神灵的神牌，同时还有配位和从位的神灵，这种安排是有严格的主次顺序的。正位、配位和从位的陈设都是按照顺序来排列的，在祭祀的神位前要安排祭品，不同的神位所陈设的祭品又是不同的，这种不同是根据神位的主次严格区分的。所有参加祭祀大典的人员都有各自的位置，这些位置都是按照一定的顺序安排的，正对主祭神位的是御拜位，属于主祭者皇帝，太常卿、典仪、奏礼官、导驾官、协律郎、引舞、乐舞、掌燎官、传赞以及陪祀官员等人员在御拜位的两侧和后面按照规定位置站立。

最能体现秩序的还要说祭祀行礼的过程，以祭天而言，迎神、奠玉帛、进俎、行初献礼、行亚献礼、行终献礼、撤馔、送神、望燎九项程序在赞礼官的指挥下有条不紊地进行，每一项内容皇帝要率领文武百官不断跪拜行礼。这一过程中先后顺序鲜明而严格，对于每一行礼过程中祭拜者的位置、动作、行礼的内容等都有细致的规定，不能出现错乱。

北京坛庙的祭祀时间体现出了秩序。坛庙祭祀的时间选择是非常严谨的，这项工作是由钦天监来完成，所有坛庙"皆以其时祭焉"①。"以时祭"反映出了坛庙祭祀时间的时序性非常鲜明，每年春夏秋冬四季不同的月令中都有坛庙祭祀的安排。

春季，正月上辛日祈谷，孟春上旬祭太岁，春二月祭历代帝王，春分祭日，仲春祭社稷，季春祭先农；夏季，孟夏常雩，夏至祭地，季夏下旬祭火神，八月祭孔子；秋季，秋分祭月，秋月祭都城隍，仲秋八月祭社稷，秋八月祭历代帝王，季秋祭炮神；冬季，冬至祭天，岁除前太庙祫祭，冬仲月上旬祭先医。而太庙要在四时孟春、孟夏、孟秋、孟冬朔日行礼，奉先殿更是每月朔望日都要祭拜。黑龙潭龙神祠、玉泉山龙王庙、昆明湖广润灵雨祠、仓神各庙在春秋两季择吉日祭祀。贤良祠、昭忠祠、旌勇祠等在春秋两季的仲月择吉日祭祀。这样，在每个季节、每个月令都有需要祭祀的坛庙神灵，这种将坛庙祭祀时间与自然季节的时序性相结合反映出了北京坛庙祭祀时间的有序。

北京坛庙的建筑样式体现出了秩序。坛庙是中国古代建筑中独具特色的一类，由于其功能的重要性而受到从上到下的重视，因此在建造上更是用心，以建筑之瑰丽呈现出吉礼的至高地位。坛庙建筑所体现的秩序主要表现在建筑的规格、形制和格局上。祭坛或圆或方，祭天的圜丘为圆形，共有三层；祭地的方泽坛为方形，共有两层，下层方十丈六尺（约35米多）；社稷坛方形为两层，下层方五丈三尺（约

① 《清会典》卷三十五礼部，北京：中华书局，1991年，第310页。

17米多）；日坛方形为一层、径五丈（约16米多），月坛方形为一层、径四丈（约13米多），先农坛方形为一层、径四丈七尺（约15米多），先蚕坛方形为一层、径四丈（约13米多）。坛的方圆体现的是规制，更是受祭神灵内涵的表达，而不同的尺寸反映的是祭坛建筑的规模，更是祭坛等级秩序的体现。格局是坛庙建筑的位置与分布情况，有前后、主次、高低的分别。坛庙中的殿堂或庑殿顶，或歇山顶，或硬山顶；或重檐，或单檐；或黄琉璃瓦顶，或绿琉璃瓦顶，或黄琉璃瓦绿剪边顶；或面阔九间，或面阔五间，或面阔三间。不同坛庙建筑中又有正殿、前殿、后殿、庑殿、配殿、碑亭等不同建筑分布在不同的方位，承担不同的功用，由于功用的不同，屋顶样式、规格尺寸各有不同。这些都是等级高低与主次先后秩序的体现。

北京坛庙所体现出的秩序是与其规矩密不可分的，有了规矩必然能够表现出谨严的秩序，秩序的分明一定是规矩详赡的结果。

第二节　坛庙与人文

坛庙不是孤立的存在，从历史上北京上自皇家坛庙、再到官府坛庙、下至民间祠庙来看，坛庙不仅仅是矗立在地上的一座座院落、一组组建筑，更是饱含人文气息、展现人间大美的情感寄托之所。北京坛庙历经千年沧桑，俯仰沉浮，虽经历代更迭变化，建筑屡经损毁重建，而其传承的礼乐人文一以贯之，未曾改变。

坛庙有物，有人，有事，有美，更有情。

一、北京坛庙与人

坛庙是一座座建筑，但不是冷冰冰的建筑，它们是为神灵、为祖先、为贤人建造的，现世的人们按时按节来此上香行礼祭拜，因为有了人坛庙便有了温度。坛庙的存在离不开人的因素。即便是高高在上的神灵与祖先，也便是因为现世的人才有了他们的位置，是人创造了神。不同的神有着不同的谱系来源，各具神通，掌管着天下一方。人们祭拜神灵，为他们找到安居的场所，为他们建造体现各自神性的建筑空间，把他们安置在各自的坛庙建筑中。人管理着神，更重要的是供奉和祭拜神。人对自己所创造的各种神灵寄予美好愿望，虔诚祭拜。而同时人也有希冀，人也有机会成为"神"。坛庙中奉祀的神灵，特别是忠臣、文人、节孝祠庙中的神灵成为了世间人们的榜样，激励着人们按照榜样去为人行事，这样死后也有可能进入某一祠庙受人祭拜。坛庙的建造和礼拜既是为神灵的、为故人的，更是为活人的。

坛庙与人之间的关系反映出了人与自然和社会的对立、统一关系。人与自然、社会的对立中，人处于被动地位，是自然和社会的压迫者，而自然和社会等客观世界处于主动地位，是压迫者。"人在与之抗争中，深感力不从心，便将其神化，通过祭祀来达到某些目的，来缓和矛盾，或是创造出能助自己一臂之力的神。人的本意是控制自然、把握社会。这种愿望先是化为神，将人的能力理想化，又把这种理想现实化。"①对立是现实存在的，人的目的是要达到人与自然、社会的统一，使之有利于人，人通过对神灵的敬祀与祭拜完成了人与自然、社会的统一，通过对神的敬祀与祭拜，人将自己原本处于被动的地位转换到了主动地位。坛庙是人解决其与自然、社会矛盾的主要途径之一。

二、北京坛庙与情

坛庙是礼的建筑，礼体现在祭祀与礼拜，这是人的行为，有人的参与过程，这一过程表达出的是"情"——是敬畏之情、祈愿之情、感恩之情。

"故人者，其天地之德，阴阳之交，鬼神之会，五行之秀气也"②，虽然人创造了神，但古人认为神是灵魂，人是肉体，神支配着人，人对神是依附和敬仰的，神天然具有了某些神力，对人造成了威慑，使得人必须要敬畏。北京坛庙所供奉祭祀的神灵涵盖很广，既有无所不能的皇天上帝，有关乎国家命运的社稷，也有涉及普通人生活的文昌帝君、城隍土地，更有维系家族和谐与传承的祖宗神灵。他们都掌握着每一个人生活、事业、命运的某一部分，都可以对普通人造成伤害。因此，作为世间的普通人必须要常存敬畏之心，永怀敬畏之情。

虽然对神灵敬畏有加，但人们更多的是想要获得神灵的庇护和保佑。人为之建造房舍，供奉神位，奉献牺牲，让神灵知道自己对他们恭敬；用最虔诚的典礼仪式表达自己对神灵的崇拜，给神灵最好的祭品，让他们品尝人间美味，让他们听动人的音乐，让他们看曼妙的舞蹈，以此种种的"讨好"，祈愿他们降福于人，保佑世间的平安、顺利与福祉。"礼制神庙性质的建筑，从来是凝结情感与情感宣泄的复

---

① 程民生：《神人同居的世界——中国人与中国祠神文化》，郑州：河南人民出版社，1993年3月，第276页。

② ［清］孙希旦撰，沈啸寰、王星贤点校：《礼记集解》，北京：中华书局，1989年，第608页。

合物，一方面，人们愿意通过对神灵奉祀来表达自身的希望，政府出面建庙体现出对该城居民的关爱，同时，用神灵来警示人们的安全忧患意识；另一方面，这是一种人类的自我估价和时代心态，在不可抗拒的城市灾害面前，束手无策之际，仍然满怀能够随时获得解救驱除灾难的希望，因而在无可奈何的境地中自然想到神灵的眷属。"[1]在众多北京的坛庙中，皇帝要祭天、祭地、祭社稷等，老百姓更是会祭祖先、祭土地、祭火神等，各自从个人的角度出发，选择对自己有利的神灵供奉祭祀，祈福求愿，把对神灵的祈愿表达得至诚至深。

人要敬神，对于神灵的赐予更是感恩戴德，人们在祈愿得到满足和应验时，自然会对神灵表示诚心感谢。北京的坛庙既是人们祈愿求福的场所，也是鸣谢神灵、表达感恩之情的所在。当然，不同阶层人们对于神灵的鸣谢方式自是千差万别。朝廷、官府必然要依照礼法，中规中矩、有条不紊地用具有强烈仪式感的祭拜仪式予以表达，行礼谒谢。普通百姓则没有那么多讲究，给神灵多烧香、多供献、多磕头，以最原始、最直接也是最热烈的方式表达感激与感恩之情。

三、北京坛庙与美

进入坛庙，给人的感觉是肃穆、庄严、凝重，或许还会有很多压抑的感觉，这应该是坛庙最重要和核心功能所导致的结果，尤其是皇家坛庙表现得更强烈些，而民间坛庙在此之外还具有轻松欢快的一面，以各种方式让神愉悦的同时也让自己高兴。因此，我们不能不看到坛庙带给我们愉悦和享受的另一面，这便是坛庙所体现出的"美"。

北京坛庙有建筑之美。坛庙建筑是中国古建筑中非常重要和众多的一类，北京的坛庙建筑种类多，规格高，代表性鲜明，体现出了中国建筑之美。建筑样式众多，有坛有屋，有亭有台，或照壁，或山门，或碑亭，或环廊；丹陛高台，殿堂巍峨，陈设华美；庑殿顶线条

---

① 李宝臣：《北京城市发展史》（明代卷），北京：北京燕山出版社，2008年，第98页。

柔缓而流畅，歇山顶兼具圆缓与曲折，攒尖顶回环往复而简洁明快；琉璃瓦顶黄、绿、蓝、黑色彩分明，油漆彩画纹饰精美而绚丽；牌匾高悬，书法讲究，语意深远。坛庙建筑分布疏朗，华美而不失庄重，环境清幽，松柏广植，气氛幽雅而凝重，呈现出煌煌之美。

北京坛庙有器物之美。坛庙典仪，用器繁多而制备精良。仪仗卤簿华贵而美艳，桌案凳椅彩饰瑰丽而凝重。祭器遵循三代规制，簠、簋、尊、爵、登、罍、笾、豆制作精美，装饰典雅。器物用色考究，祭天用青色，祭地用黄色，祭日为红色，祭月为白色，色泽纯粹而凝重。瓷器之祭蓝、祭红、娇黄、甜白与金、铜之色相映成趣，美美与共。奉献神灵的食物有米有肉，有菜有鱼，有汤有酱，色泽青黄白黑，相映成趣。

北京坛庙有仪式之美。坛庙祭祀程序繁复，赞礼官赞唱浑厚悠扬，于寂静中极具穿透力，是祭祀典仪的导引和指挥。祭祀有雅乐相伴，《中和之曲》《肃和之曲》《凝和之曲》《寿和之曲》等伴随祭祀节奏相继而起，金、石、竹、木击节有度，雅韵悠扬。乐声之中，舞蹈相随，文舞士舞文德之舞，武舞士舞武功之舞，横竖排列整齐划一，动作一致，随着雅乐舞动干戚和羽籥。祭祀者随着乐舞时而跪，时而起，或搢圭，或奠爵，节奏分明，起伏有度。或于空旷的祭坛上，或于宽敞的月台上，乐声悠扬而旷远，祭舞有节动作齐整，何其庄严，何其虔敬，仪式之美于心有感焉！

北京坛庙有整齐之美。神位排列各具其位，主位、配位次序分明，排列有序。祭品陈于神位前，以神位为中心线左右对称排列，数量对等，从神位以下依次顺序排列笾豆之实、玉帛、牲牢、五供等，每层数量或多或少，排列有序而不拘谨，整齐而具有节奏感。乐舞生手执干戚、羽籥，横成行、竖成列，动作整齐一致，虽缓而颇具威仪。整齐体现出规矩，整齐便有力量，坛庙祭祀体现出了非常鲜明的整齐之美。

北京坛庙有静谧之美。坛庙建筑为礼制建筑的一种，礼制的体现需要仪式的表达，仪式需要环境的营造，而坛庙祭祀正是在静谧的环境中进行。坛庙祭祀各有其时，无论是晨曦初起之时，还是黄昏将至的时候，抑或是天光大亮之时，祭祀典仪举行之时，坛庙之内无闲杂人等，鸦雀无声，只有赞礼官的高声唱和和乐舞之声，尤其是在凌晨举行的祭祀典仪更是天光俱寂，万籁无声，赞礼官的高声唱和更衬托出静谧与深沉。威严与肃穆的坛庙祭祀典仪于幽寂的环境中体现出了静谧之美。

第三节　坛庙与道统

北京坛庙的存在不仅仅是我们从表面上所看到的礼法、规矩、人文而已，其更现实的意义还在于坛庙所承载的功能和其所发挥的作用。这些功能和作用的核心就是维护道统，以利于国家统治而长治久安，成为王朝和帝王们对坛庙之事乐此不疲的驱动力，也是坛庙能够屡被重视、长久存在的重要原因。

坛庙服务于道统可以从以下几个方面看出来。

一、坛庙传播礼乐文化，以礼乐教化天下

坛庙祭祀需要礼乐规矩，历朝历代对于国家礼法都有明确的规定和制度，而坛庙则是这些礼法的实践场所、展示场所，不论是祭祀自然神灵的坛庙、祭祀祖先的宗庙和宗祠，还是忠臣、名人祠庙，在祭祀礼拜的过程中，都强烈地表现出了王朝和帝王们所寄托的教化目的和功能。从这个角度来看，坛庙是全民道德与礼法的教馆和讲习所，可以说是封建时代儒家道统延续的学堂，更是弘扬忠、孝、节、义、贤、德等封建时代核心价值观的场所与途径。

皇家坛庙，举凡圜丘祀天、方泽祭地、太庙祭祖、历代帝王庙之祭等帝王亲自主持的祭祀礼仪，由贵为天子的皇帝亲自主祭，带领百官祭拜，让朝廷百官从祭前斋戒到全程参加祭祀过程，亲身感受礼法威仪，从内心产生对神灵的敬畏。由官员主持的坛庙祭祀，则由更多的低级官吏参与仪式过程，体会礼法的威仪；而各府州县主持的坛庙祭祀，则让各地乡绅百姓参与其中，以他们的亲身参与将礼法更普遍地带到王朝帝国的各个角落；而宗祠家庙的祖先祭拜让家族的每一个人都能感受到礼法的无处不在，让祖宗的威严约束每一个族人、家人都能知礼守法、以礼约己；不同的坛庙祭祀让每一个参与者通过亲身的参与感受礼法的威严与力量，进而以礼约束自身行为，这样坛庙成为了全民礼法的教馆，礼乐教化从此出，观乎人文，化成天下。

二、坛庙维系着上下内外的关系，调节着王朝统治的矛盾

日常生活中，人与人之间常常存在着各种矛盾，难免发生龃龉不快，何况一个王朝、一个国家，各种矛盾和不协调、不和谐的声音随时、随处都有可能发生和存在，这就需要一定的机能调节这些矛盾，维系上下内外的各种关系。坛庙便是诸多维系调节机制中的一环。

"天神调节、维系着帝王与全国臣民的关系；城隍调节、维系着一城百姓以及与官吏的关系；宗祠调节、维系着家族内部的关系。共同的信仰使统治与被统治矛盾、乡党矛盾、家庭矛盾得到一定程度的统一。"①这种关系的维系、矛盾的调节和最后的统一都是基于信仰在一定程度上的一致，则这种一致正是通过对坛庙神灵的信仰、在对坛庙神灵的祭祀过程中逐步达成的。这就与坛庙所体现出的规矩密切相关，礼成为人们和王朝日常生活中大家共同遵守的规矩，那么当人与人、人与官府、臣子与帝王产生矛盾，遇到不和谐时，便会向大家都能接受的行为规范靠近，这个行为规范就是坛庙所承载的礼法，虽然不同类型坛庙的礼法各不相同，但其核心本质是一样的，正是这一样的本质让人们有了趋同的可能。

三、坛庙代表了国家权力的正统地位，维护着统治秩序

坛庙祭祀权反映了国家权力的正统地位，北京坛庙是封建王朝时期皇家坛庙最为集中、最为完整的遗存，而皇家坛庙体现了国家的最高礼制，而能够施行这一最高礼制的执行者必须是掌握国家最高权力的统治者。古代只有天子、皇帝才拥有对天、地、宗庙等坛庙的祭祀权，从汉代武帝、昭帝以后，废除了郡国的宗庙只保留京师的宗庙，郡国不再允许设立宗庙，诸侯王都要到京师参加在宗庙的祭祀。天子为主祭，诸侯王为助祭，这种明确的划分使得君臣尊卑等级更加分

---

① 程民生：《神人同居的世界——中国人与中国祠神文化》，郑州：河南人民出版社，1993年3月，第279页。

明，而中央集权的国家统治地位则进一步加强了。这一点在明清时期规定得也很明确，"王国及有司俱有祀典，而王国祀典具在仪司。洪武初，天下郡县皆祭三皇，后罢，止令有司各立坛庙，祭社稷、风云雷雨、山川、城隍、孔子、旗纛及厉，庶人祭里社、乡厉及祖父母、父母，并得祀灶，余俱禁止"①。王国及地方可以祭祀坛庙中等级较低的，而天地、宗庙等则不见地方祭祀的名目，足见中央王朝对于这些涉及国家根本的祭祀典仪控制十分严格，要将这些祭祀权牢牢掌握在自己手中，而不容旁落或僭越。北京的坛庙也很好地体现出了这一点，太庙、圜丘、方泽、历代帝王等的祭祀，集中于都城，必要的皇帝亲祭，王侯及百官要跟随陪祀，不能有一点僭越，既显示了皇帝天下一人的尊严，更昭示了国家权力的至高无上；这样坛庙维护以皇权为核心的国家统治的重要作用体现无疑。

坛庙祭祀在维护统治秩序方面发挥了重要的作用。北京坛庙体现出了一种秩序，这种秩序同样是一种规矩，无论秩序还是规矩都是在人们遵守的基础上才能够达到和实现的；这种秩序与规矩对于国家统治秩序的维护发挥了很好的作用。当气候出现异常、社会出现动荡时，统治者往往会利用各种坛庙祭祀来安抚人心，让人们从祭祀中看到希望，以此取得上天神灵的庇佑，进而稳定社会秩序，维护自己的统治地位。通过坛庙祭祀礼仪，王朝统治者将国家提倡的某种理念或某种价值观假借神灵的形式传达到每一个人心中，"借鬼神之威以声其教，所由来者远矣"②。这种传达过程或是自愿接受，或是由于神灵之威而接受，但其结果都是一样的，达到了朱元璋所谓"人有所畏，则不敢妄为"③的目的，"不敢妄为"就达到了维护统治秩序的终极目

① ［明］李东阳等撰，申时行等重修：《大明会典》卷八十一·祭祀通例，扬州：江苏广陵古籍刻印社，1989年，第1265页。

② 何宁：《淮南子集释·氾论训》（新编诸子集成），北京：中华书局，1998年，第984页。

③ 中央研究院历史语言研究所校印：《明太祖实录》卷八十，第一页，总第1447页，洪武六年三月癸卯。

标。这里也体现出了明太祖朱元璋非常重视坛庙祭祀的目的，"敬奉神主安于庙庭，使神有所依，民有所瞻，奉神其享之"①，要让百姓有所瞻仰，有所信奉；就以城隍而言，"朕立城隍神，使人知畏"②，人有所畏则不敢妄为。其他坛庙也是如此，对天地要敬畏、对风雨雷云要敬畏、对祖先要敬畏，正所谓老百姓所说的"举头三尺有神明"，就连朱元璋自己也说他"上畏天，下畏地，中畏人，自朝达暮，恒兢惕自持"③，他充分认识到了"人"的知畏，因此运用坛庙祭祀礼仪的力量让人有所畏也是一种方法。人若能时刻保持一种敬畏，就能够遵守秩序，遵守规矩，不越法度，人人如此，则天下太平。

四、坛庙强化着民族团结，推动着国家认同

坛庙祭祀中有受祀的神灵，有祭拜的子民；受祀的神灵中，也有着民族的差异，参加祭拜的子民中更是多族共存。受祀神灵的民族差异在历代帝王庙的祭祀中表现最为明显。明代开始建造历代帝王庙，在入祀帝王的选择上朱元璋有明确的要求，"以祀三皇、五帝、三王及汉、唐、宋创业之君"④，选择的受祀帝王均是汉族的有为帝王；但朱元璋并没有忘记，虽然明朝灭掉了元朝，元朝的残余势力仍然对明朝构成威胁，这样不论是出于羁縻元代旧臣也好还是表示新朝心胸宽广也好，在京师的历代帝王庙中给了元代帝王一席之地。"又西一室唐太宗、宋太祖、元世祖"，在西室设立元世祖忽必烈的神位，与唐太宗、宋太祖并列，足见明王朝对于元代有为帝王的态度，同时将元代名臣从祀，"元祀木华黎、罢安童，祀伯颜、罢阿术"。朱元璋的

---

① 中央研究院历史语言研究所校印：《明太祖实录》卷八十，第一页，总第1447页，洪武六年三月癸卯。

② 中央研究院历史语言研究所校印：《明太祖实录》卷八十，第一页，总第1447页，洪武六年三月癸卯。

③ 中央研究院历史语言研究所校印：《明太祖实录》卷八十，第一页，总第1447页，洪武六年三月癸卯。

④ ［明］李东阳等撰，申时行等重修：《大明会典》卷九十一·群祀一·历代帝王，扬州：江苏广陵古籍刻印社，1989年，第1433页。

大明王朝对元世祖的态度，可以看出他在对大明王朝与蒙古族关系上的宽容态度，但更多的还是出于现实的需要，要让元朝残余力量看到明王朝对元代帝王的态度而缓和相互的关系，同时更是表明明朝取代元朝是历代中央王朝正统性的延续，让不同民族的臣民认同这一正统王朝。

清代这一点则表现更为鲜明。清王朝为满族建立的封建王朝，作为一个少数民族入主中原的帝国，如何统治一个以汉族为最大多数的国家，必然要处理好民族问题。在历代帝王庙的祭祀中，清王朝在选择奉祀帝王的原则仍然延续明朝的做法，而入祀的帝王范围则更加广泛，尤其是少数民族建立王朝的帝王增加不少。契丹建立的辽代王朝则有辽太祖、太宗、景宗、圣宗、兴宗、道宗；女真建立的金代王朝则有金太祖、太宗、世宗、章宗、宣宗、哀宗；蒙古族建立的元代王朝则有元太祖、太宗、定宗、宪宗、世祖、成宗、武宗、仁宗、泰定帝、文宗、宁宗[1]；对于明朝帝王更是敬奉有加。

由此可以看出，在明、清历代帝王庙中受祀帝王中仍然是以汉族为最大多数，其他民族建立王朝的帝王予以奉祀，不论动机为何，但结果是增强了民族团结，缓和了民族矛盾，维护了王朝和国家的大一统。

坛庙祭祀典仪的参加者中，以皇帝为核心，百官、臣民都要参与，在百官臣民中除汉族外，同样有其他少数民族的臣民，即便是纯粹汉族王朝进行的坛庙祭祀典仪中也少不了少数民族官吏臣民的参与。无论汉族还是他族在进行坛庙祭祀的过程中，都认同所奉祀的神明，同心一向；认同中央王朝所设立的神明，也就表示认同了中央王朝，认同了国家的大统。从受祀对象民族范围的不断扩大和参加祭拜人员民族范围较广的实际情况的存在，都彰显出了北京坛庙在强化民族团结、促进国家大一统、推动国家认同上发挥出显著的作用。

---

① 《清会典》卷三十五礼部，北京：中华书局，1991年，第300页。

第四节　从天人合一到敬天爱人

坛庙既是一种建筑形式的代表，又是一种礼仪文化的符号，它体现着古人对以"天"为代表的一切神灵与"人"的关系，反映出古人对"天"的认识。坛庙以建筑的外在形象承载了古人对天人关系的认识理念，是将古代"天人合一"思想具象化的一种现象存在。

"天人合一"是中国思想史和中国文化史发展过程中的重要问题之一，为儒家探讨的重要内容，历代大儒多有论述，这些思想也影响着历代坛庙祭祀中对天的认识。中国传统文化中关于"天"的认识多有不同，后代学者归纳出不同的分类，或主宰之天，或义理之天，或自然之天，或命运之天，或物质之天，或人格之天，无论是哪一种天的概念，都是以自然之天为根本而衍伸出来的。坛庙所代表的"天"是以自然之天为根本而能囊括一切的最广泛意义上的"天"的概念，而且是以"天"为代表的、扩展为各种神灵包括祖先在内的一切神灵的代表。坛庙所代表的"天"在指向和范围上具有不确定性，不同的时期、不同的王朝、不同的地区或不同的人群所指代的概念和范围也是有所区别的。

古人通过坛庙一类礼制建筑举行祭祀仪式，表达对上天的崇拜和敬意，反映了古人对天的敬畏。在先秦的典籍中，古人对于"天"总是保持一种敬畏、崇拜的态度，"天"代表着神灵的意志，一提到"天"必然是肃然起敬、顶礼膜拜、诚惶诚恐。对天的敬畏，最初源于人相对于"天"的弱小与无助，"天"给人们带来各种灾祸与困惑，人才要通过祭祀、供献来讨好上天，祈求福报。随着人类应对大自然能力的提高，人对天认识也不断清晰，认为"天"虽然能够给人带来不便，同时也对人们的日常生活有利，"敬天"的同时也能够"保民"，周代敬天保民的思想就是代表。"敬天保民"是说人与天可以和平相处，人敬天则天保民，人要顺应自然，不是纯粹地害怕"天"，不能将人与自然对立起来。因此认为人与天是可以和谐相处的，"天人合一"的观念也就应运而生，天同样可以造福于人。

汉代董仲舒就提出，"天地者，万物之本、先祖之所出也"①、"天者，万物之祖，万物非天不生"②、"为人者，天也，人之人本于天，天亦人之曾祖父也，此人之所以乃上类天也"③。这里，将天与人视为一体，人来自天，天是人的先祖，所以人与天是相似的，很好地阐释了"天人合一"的理念。既然天与人是一体的，那么人敬天，天也应降福人间，天更应爱人。

天的保民、天的爱人并不是由"天"直接作用于人的，而是通过中间的统治者"君"、"天子"或"皇帝"来实现的。古人敬天，最重要的还是统治者对天的崇敬和祭拜，人既然来自于"天"，而"君"的统治权同样来自于"天"，即所谓"君权天授"。孔子认为，"唯天子受命于天，士受命于君"④，天子是"天"的子民，君王的统治权是上天授予的，那就要听命于"天"，因此不能不敬天。而"天"授命于君不是仅仅为了"君"，而是要为民，正所谓"天之生民，非为君也；天之立君，以为民也"⑤。天生民不是为了君王，而天立君王确是为了民，这一点在后世帝王中无论是出于自愿还是为了装样子也竭力要做到这一点，尤其是明清两代的帝王表现明显。明代开国皇帝朱元璋出身穷苦，对这一点认识深刻，他曾说："帝王之于天下，体天道，顺人心，以为治则国家基业自然久安。朕每思前代乱亡之故，未有不由于违天道、逆人心之所致也。天之爱民，故立之

---

① 赖炎元译注：《春秋繁露今注今译》，观德第三十三，台北：台湾商务印书馆股份有限公司，1984年，第245页。

② 赖炎元译注：《春秋繁露今注今译》，顺命第七十，台北：台湾商务印书馆股份有限公司，1984年，第384页。

③ 赖炎元译注：《春秋繁露今注今译》，为人者天第四十一，台北：台湾商务印书馆股份有限公司，1984年，第282页。

④ ［清］孙希旦撰，沈啸寰、王星贤点校：《礼记集解》，北京：中华书局，1989年，第1316页。

⑤ ［清］王先谦撰，沈啸寰、王星贤点校：《荀子集解》，北京：中华书局，1988年，第504页。

君以治之。君能妥安生民，则可以保兹天眷。"①皇帝受命于天，就要
上顺天道，下应人心；天授命君王是要代天治理天下，以体现出对人
之爱，而君王如能够让百姓安居乐业，这样才能长治久安，以体现出
天对人的眷顾与怜爱。基于这样的认识，朱元璋在尚未建立大明王朝
前，就要建圜丘方泽敬天祀地，至正二十六年（1366）十二月，"太祖
以国之所重，莫先宗庙社稷，遂定议以明年为吴元年，命有司建圜丘
于钟山之阳，以冬至祀昊天上帝，建方丘于钟山之阴，以夏至祀皇土
地祇，及建庙社，立宫室"②。足见他对于坛庙于祭祀天地的看重，既
是对王朝正统性的彰显，更是对敬天爱人思想的表达。

无论是敬天保民还是敬天爱人，其结果都是要福及后人，这一点
不论是封建帝王还是臣民百姓的认识都是一致的；敬天爱人，所敬的
天是泛指一切神灵，包括坛庙中供奉的由人而为神者，他们能给人间
带来福祉，由敬天而福及于人。坛庙这一类建筑是古人实现从天人合
一到敬天爱人理念实践过程的载体，更是人们实现对天表达崇敬之意
所借助和应用的工具。

天人合一、敬天爱人的观念虽然产生于封建时代，但在当下飞速
发展的社会进程中，这一理念也具有十分积极和现实的意义，从中我
们同样可以看到其对当今现实社会和谐发展的促进作用，也就找到了
古代坛庙在当今社会存在的意义。

从北京历史上的坛庙以及现存的坛庙中，我们通过一系列的祭祀
典仪，可以很明确地感受到坛庙所表现出的人与天即人与自然之间谋
求和谐自适的关系，祈求人与自然和谐发展的愿望。同时，坛庙是一
种从古至今延续不断的文化现象，这种文化现象延续着中华文化传统，
彰显着礼仪之邦的传统，告诉人们"礼"于人和社会的重要。"坛庙建
筑及其相关的祭祀文化传承，对于弘扬中华传统文化具有独特的作用。
中国封建时期，'礼'和'法'是维系社会稳定的两大支柱，而坛庙及

---

① 　中央研究院历史语言研究所校印：《明太祖实录》卷二三二，第6—7页，总第
3396—3397页，洪武二十七年夏四月癸未。

② 　[清]谷应泰：《明史纪事本末》，北京：中华书局，1977年，第190页。

其相关的祭祀则是传布礼仪的重要途径。设坛立台、建祠修庙，定期定点进行隆重的祭祀，教化民众尊长敬祖、崇贤法能，对维护国家的安定、维系华夏一统、促进民族团结，具有独特的作用和意义。"①

时至今日，我们每年仍然可以听到孔庙中传来祭孔乐舞的悠扬之声，看到黄帝庙、神农祠隆重庄严的祭祀典仪，天坛圜丘的祭天乐舞更成为了非物质文化遗产的重要内容，传统的坛庙文化为当下现代文明社会的发展增添了厚重的内容。

北京的坛庙建筑是中国古代建筑中规格高、形态多、样式美的典范，也是古代坛庙建筑最为集中的遗存，这对于北京古都文化的弘扬具有重要的意义。虽然祠庙祭拜之风南方盛于北方，南方的祠庙数量众多，但规格比较低，北方以北京为代表则恰恰相反。这主要是由于历代京师多设在北方，祭祀活动也因朝廷的关系而显得极为隆重。北京常年作为帝都，且又延续到了封建社会的末端，重要的坛庙祭祀遗迹留存较多，但长期以来处于默默无闻的境地。

从留存建筑遗迹的情况看，北京的坛庙种类较多，规格较高。凡此种种，代表着北京坛庙文化的主流，浸透在上至帝王将相下至平民百姓的生活之中。北京坛庙体现出更多的是儒家文化的底蕴，是与国家统治息息相关的。随着北京古都风貌保护工作的不断深入，北京的各种坛庙（图23②）都得到了较好的保护和利用，或成为人民的公园让市民近距离感受坛庙的建筑与空间，或成为博物馆传播着古代文明与历史文化，或原貌修复原状开放让世人感受古代的祭祀与礼法。而今，它们的境况与往昔虽不可同日而语，也与当下佛、道诸寺庙的香火旺盛难以抗衡；但北京坛庙所体现出的文化内涵、历史价值却是独特而有积极意义的，依然是北京古代文化中不可或缺的组成部分，更成为古都北京迈向现代化国际大都市进程中体现出厚重底蕴浓墨重彩的一笔！

---

① 郗志群：《明代北京的皇家坛庙》，《北京观察》2016年第5期，第75页。
② 据《北京文物地图集》中"北京重要坛庙寺观图"改绘，北京市文物局编：《北京文物地图集》（上下册），北京：科学出版社，2009年。

北京城重要坛庙图 (以 ▢ 标注)

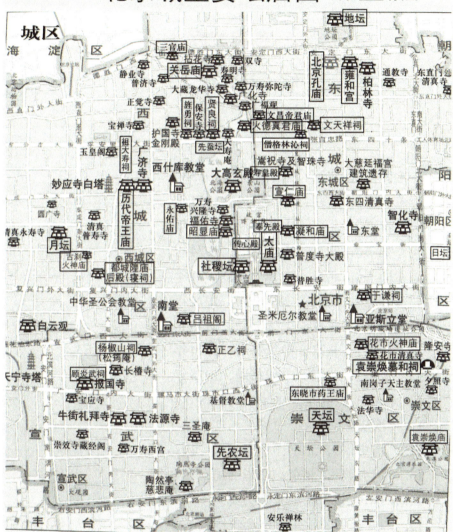

图23 北京城重要坛庙图

参考文献

1. 《史记》，北京：中华书局，1963年。

2. 《汉书》，北京：中华书局，1964年。

3. 《晋书》，北京：中华书局，1974年。

4. 《魏书》，北京：中华书局，1974年。

5. 《周书》，北京：中华书局，1971年。

6. 《北史》，北京：中华书局，1974年。

7. 《隋书》，北京：中华书局，1973年。

8. 《辽史》，北京：中华书局，1974年。

9. 《金史》，北京：中华书局，1975年。

10. 《元史》，北京：中华书局，1975年。

11. 《明史》，北京：中华书局，1974年。

12. 《清史稿》，北京：中华书局，1976年。

13. 《清会典》，北京：中华书局，1991年。

14. 四库全书《钦定大清会典》。

15. 四库全书《钦定大清会典则例》。

16. 《清会典事例》，北京：中华书局，1991年。

17. 近代中国史料丛刊三编第七十一辑，《钦定大清会典图》（嘉庆朝），台北：文海出版社有限公司印行，1992年。

18. 故宫博物院编：故宫珍本丛刊第297册清代则例《钦定工部则例三种》，海口：海南出版社，2000年。

19. （明）李东阳等撰，申时行等重修：《大明会典》，扬州：江苏广陵古籍刻印社，1989年。

20．（明）李东阳等奉敕撰，申时行等奉敕重修：《大明会典》，明万历十五年内府刊本，哈佛大学汉和图书馆藏本。

21．《大明集礼》嘉靖九年，哈佛大学哈佛燕京图书馆藏。

22．中央研究院历史语言研究所校印：《明太祖实录》。

23．中央研究院历史语言研究所校印：《明太宗实录》。

24．中央研究院历史语言研究所校印：《明孝宗实录》。

25．中央研究院历史语言研究所校印：《明世宗实录》。

26．（元）熊梦祥：《析津志辑佚》，北京：北京古籍出版社，1983年。

27．乾隆庚寅年重修《邱公家礼仪节》，宝敕楼版。

28．（清）《坛庙祭祀节次》，（日本）东洋文库藏。

29．（清）孙承泽：《天府广记》，北京：北京古籍出版社，1982年。

30．（清）富察敦崇：《燕京岁时记》，北京：北京古籍出版社，1981年。

31．（明）刘侗、于奕正：《帝京景物略》，北京：北京出版社，1963年。

32．（清）于敏忠等编撰：《日下旧闻考》，北京：北京古籍出版社，1981年。

33．《北平市坛庙调查报告》，1934年，首都图书馆藏本。

34．吴廷燮等纂：《北京市志稿》，北京：北京燕山出版社，1997年。

35．《中国地方志集成·北京府县志辑5》，上海书店、巴蜀书店、江苏古籍出版社，2002年。

36．《中国地方志集成·北京府县志辑6》，上海书店、巴蜀书店、江苏古籍出版社，2002年。

37．《中国地方志集成·北京府县志辑7》，上海书店、巴蜀书店、江苏古籍出版社，2002年。

38．（明）沈应文、谭希思：《顺天府志》，万历二十一年刻本，国家图书馆藏。

39．《房山县志》，民国十七年重修铅印本，国家图书馆藏。

40．《良乡县志》，清光绪十五年（1889）刻本，国家图书馆藏。

41．（清）孙希旦撰，沈啸寰、王星贤点校：《礼记集解》，北京：中华书局，1989年。

42．（汉）刘向撰，向宗鲁校正：《说苑校正》，北京：中华书局，1987年。

43．（清）陈立撰，吴则虞点校：《白虎通疏证》（新编诸子集成　第一辑），北京：中华书局，1994年。

44．何宁撰：《淮南子集释》（新编诸子集成），北京：中华书局，1998年。

45．黄晖撰：《论衡校释》（新编诸子集成　第一辑），北京：中华书局，1990年。

46．李学勤主编：《十三经注疏·周礼注疏》（上、下），北京：北京大学出版社，1999年。

47．李学勤主编：《十三经注疏·尔雅注疏》，北京：北京大学出版社，1999年。

48．赖炎元译注：《春秋繁露今注今译》，台北：台湾商务印书馆股份有限公司，1984年。

49．（清）王先谦撰，沈啸寰、王星贤点校：《荀子集解》，北京：中华书局，1988年。

50．（清）谷应泰撰：《明史纪事本末》，北京：中华书局，1977年。

51．沈起炜编：《中国历史大事年表》（古代），上海：上海辞书出版社，1983年。

52．吴海林、李延沛：《中国历史人物辞典》，黑龙江人民出版社，1983年。

53．《中国大百科全书·考古学》，北京：中国大百科全书出版社，

1986年。

　　54.《中国大百科全书·文物博物馆》，北京：中国大百科全书出版社，1993年。

　　55.《中国大百科全书·建筑园林城市规划》，北京：中国大百科全书出版社，1988年。

　　56．袁珂编：《中国神话传说辞典》，上海：上海辞书出版社，1985年。

　　57．栾保群编：《中国神怪大辞典》，北京：人民出版社，2009年。

　　58．蔡美彪主编：《中国历史大辞典·辽夏金元史》，上海：上海辞书出版社，1986年。

　　59．文化部文化局等：《中国历史文化名城词典》，上海：上海辞书出版社，1985年。

　　60．文化部文物局主编：《中国名胜词典》（第二版），上海：上海辞书出版社，1986年。

　　61．戴逸总主编：《二十六史大辞典·典章制度卷》，长春：吉林人民出版社，1993年。

　　62．彭卿云、刘炜等：《全国重点文物大全》，北京：中国旅游出版社，1989年。

　　63．齐心主编：《图说北京史》，北京：北京燕山出版社，1999年。

　　64．北京百科全书编辑委员会：《北京百科全书》，北京：奥林匹克出版社，1991年。

　　65．北京市文物事业管理局编：《北京名胜古迹辞典》，北京：北京燕山出版社，1989年。

　　66．侯仁之主编：《北京历史地图集》，北京：北京出版社，1988年。

　　67．徐苹芳编：《明清北京城图》，北京：地图出版社，1986年。

　　68．北京市文物局编：《北京文物地图集》（上下册），北京：科学出版社，2009年。

　　69．北京市地方志编纂委员会：《北京志·文物卷·文物志》，北京：北京出版社，2006年。

70．中国美术全集编辑委员会：《中国美术全集·建筑艺术编6　坛庙建筑》，北京：中国建筑工业出版社，1988年。

71．曹子西主编：《北京通史》，北京：中国书店，1994年。

72．本社编：《北京十大名胜》，北京：中国青年出版社，1989年。

73．齐心编：《北京孔庙》，北京：文物出版社，1983年。

74．胡乃光等主编：《北京风物散记》，北京：科学普及出版社，1985年。

75．北京市园林局史志办公室编：《京华园林丛话》，北京：北京科学技术出版社，1996年。

76．北京市园林局史志办公室编：《京华园林丛考》，北京：北京科学技术出版社，1995年。

77．于德源：《北京历代城坊、宫殿、苑囿》，北京：首都师范大学出版社，1997年。

78．北京市档案馆编：《北京寺庙历史资料》，北京：中国档案出版社，1997年。

79．北京市档案馆编：《北京会馆档案史料》，北京：北京出版社，1997年。

80．刘祚臣：《北京的坛庙文化》，北京：北京出版社，2000年。

81．马芷庠：《老北京旅行指南》，北京：北京燕山出版社，1997年。

82．北京市社会科学研究所《北京史苑》编辑部编：《北京史苑》（第一辑），北京：北京出版社，1983年。

83．陈文良主编：《北京传统文化便览》，北京：北京燕山出版社，1992年。

84．胡玉远主编：《燕都说故》，北京：北京燕山出版社，1996年。

85．阴法鲁、许树安主编：《中国古代文化史》，北京：北京大学出版社，1991年。

86．钱玄：《三礼通论》，南京：南京师范大学出版社，1996年。

87．刘晔原、郑惠坚：《中国古代的祭祀》，北京：商务印书馆国际有限公司，1996年。

88．庞朴主编：《中国儒学》（一），上海：东方出版中心，1997年。

89．夏曾佑：《中国古代史》（二十世纪中国史学名著），石家庄：河北教育出版社，2000年。

90．柳诒徵：《中国文化史》，上海：上海古籍出版社，2001年。

91．刘敦桢主编：《中国古代建筑史》（第二版），北京：中国建筑工业出版社，1984年。

92．张开济：《建筑一家言》，北京：中国建筑工业出版社，1996年。

93．单士元、于倬云主编：《中国紫禁城学会论文集》（第一辑），北京：紫禁城出版社，1997年。

94．李学文、魏开肇、陈文良：《紫禁城漫录》，郑州：河南人民出版社，1986年。

95．王树卿：《紫禁城通览》，北京：紫禁城出版社，1997年。

96．于倬云主编：《紫禁城宫殿》，香港：商务印书馆香港分馆，1982年。

97．周苏琴：《建筑紫禁城》，北京：故宫出版社，2014年。

98．万依、杨辛：《故宫——东方建筑的瑰宝》，北京：北京大学出版社，1991年。

99．万依主编：《故宫辞典》（增订本），北京：故宫出版社，2016年。

100．王伟杰、任家生等：《北京环境史话》，北京：地质出版社，1989年。

101．侯仁之：《侯仁之文集》，北京：北京大学出版社，1998年。

102．北京市西城区文物保护研究所：《文物古迹览胜·西城区各级文物保护单位名录》，北京：北京联合出版公司，2016年。

103．金梁：《天坛志略》，油印本，1953年1月，首都图书馆藏。

104．北京市地方志编纂委员会：《北京志·世界文化遗产卷·天坛志》，北京：北京出版社，2006年。

105．北京市档案馆编：《北京寺庙历史资料》，北京：中国档案出版社，1997年。

106．瞿同祖：《中国法律与中国社会》，北京：中华书局，1981年。

107．姚汉荣：《中国古代文化制度简史》，上海：学林出版社，1992年。

108．刘清河、李锐：《先秦礼乐》，北京：北京师范大学出版社，1993年。

109．高寿仙：《中国宗教礼俗——传统中国人的信仰系统及其实态》，天津：天津人民出版社，1992年。

110．刘筱红：《神秘的五行——五行说研究》，南宁：广西人民出版社，1994年。

111．卢昌德：《俎豆管弦——中国宫廷祭祀庆典》，昆明：云南人民出版社，1992年。

112．葛晓音：《中国名胜与历史文化》，北京：北京大学出版社，1989年。

113．马书田：《华夏诸神》，北京：北京燕山出版社，1990年。

114．余英时：《士与中国文化》，上海：上海人民出版社，1987年。

115．陈宝良：《明代士大夫的精神世界》，北京：北京师范大学出版社，2017年。

116．刘黎明：《祠堂·灵牌·家庙——中国传统血缘亲族习俗》，成都：四川人民出版社，1993年。

117．程民生：《神人同居的世界——中国人与中国祠神文化》，郑州：河南人民出版社，1993年3月。

118．李向平：《祖宗的神灵》，南宁：广西人民出版社，1989年。

119．何星亮：《中国自然神与自然崇拜》，上海：三联书店上海分店，1992年。

120．王景琳：《鬼神的魔力——汉民族鬼神信仰》，北京：生活·读书·新知三联书店，1992年。

121．任宝根、黄成军编：《中国文化名人名胜》，成都：西南交通大学出版社，1990年。

122．董绍鹏等：《北京先农坛》，北京：学苑出版社，2013年。

123．玉德源、富丽：《北京城市发展史》（先秦—辽金卷），北京：北京燕山出版社，2008年。

124．王岗：《北京城市发展史》（元代卷），北京：北京燕山出版社，2008年。

125．李宝臣：《北京城市发展史》（明代卷），北京：北京燕山出版社，2008年。

126．吴建雍：《北京城市发展史》（清代卷），北京：北京燕山出版社，2008年。

127．龙霄飞、刘曙光：《神灵与苍生的感应场——古代坛庙》，大连：辽宁师范大学出版社，1996年。

128．肖飞、龙霄飞编：《北京的宫殿坛庙与胡同》，北京：光明日报出版社，2004年。

后 记

我能受邀参加"北京文化书系·古都文化丛书"中《坛庙》一册的写作，感到十分荣幸和高兴。

在写作的过程中，每每提笔，不禁会想起自己开始坛庙研究的点点滴滴。我之所以能够踏足坛庙文化的相关研究要感谢业师朱耀廷（1944—2010，元史专家、北京文化史专家）先生和刘曙光（考古、文化遗产专家，曾任中国文化遗产研究院院长、国家文物局副局长）先生。

1994年朱耀廷先生和刘曙光先生主编"中华文物古迹旅游"丛书，其中有《古代坛庙》一册，二位先生有意让我来承担。当时我刚大学毕业，虽然上学期间跟随先生们参加过一些书稿的撰写，但自知水平和能力不足，恐难胜任，后在刘曙光师的鼓励下，以"初生牛犊不怕虎"的心态接了下来，在刘师的指导下与他共同完成这本书的写作。当年由于条件所限，手头既无可以借鉴的书籍，更无网络资源利用，好在当年住处离国家图书馆（当时还是北京图书馆）较近，每周末都会扎到图书馆中查阅、抄写资料，平时晚上一个字一个字地爬格子，用了一年多的时间几易其稿，终于完成并出版。2003年，耀廷师主编"北京文物古迹旅游"丛书的撰写，再次要我参加"北京坛庙"部分的写作，正是在这一次的写作过程中我把北京主要的坛庙做了有针对性的实地考察，积累了资料。

有了这两次的写作经历，我对于坛庙文化，特别是北京的坛庙有了较为具体的了解，并熟悉了相关的文献，因此在2018年接到撰写此书的任务时也就欣然接受了。

这次撰写虽然与前两次主题都集中在"坛庙"上，但之前都是侧重从旅游的角度介绍坛庙建筑，兼及坛庙历史与文化，而此次"北京文化书系·古都文化丛书"中的北京坛庙则更多的是要挖掘北京文化的内涵，通过坛庙介绍北京祭祀礼制文化，重点突出敬天爱人、追求天人合一的人文精神。因此在写作中不能简单地介绍坛庙的建筑，而要深入挖掘坛庙的文化内涵与精神实质，对于坛庙实体的介绍只是书中的一部分内容，而更多的是分析坛庙的渊源、北京坛庙的发展演变、北京坛庙的种类，以及北京坛庙文化所涉及的礼法、规制等。

写作过程中更多地注重对于原始文献的使用，引用务必使用第一手资料，并注明详细出处以便核对。在参考自己以往的书稿和其他的著作时，对于书中所引用的文献也都一一找到原始文献并详加核对，这其中便发现了一些错误和不准确的地方，一一更正。对于一些重要的原始文献则作为附录放在相关内容的后面以供延伸阅读和研究。

本书在写作过程中得到了北京出版集团、北京市社科院历史所诸位专家、老师们的关心和帮助，同时在与丛书其他作者老师的交流讨论中获益匪浅，在此深表谢意。特别要感谢北京史专家、老友王炜在写作过程中提供了诸多重要的文献资料与线索，使我在写作过程中获事半功倍之效。感谢首都图书馆地方文献部原主任李诚先生对初稿的审阅。感谢军事科学院研究员包国俊先生对书稿的审读及修改意见。这一丛书的编撰与出版队伍阵容强大，实力雄厚，我能参与其中，幸甚至哉！自知水平有限，所思所写不能尽如人意，不当之处，敬请方家指正。

龙霄飞

2019 年 7 月 17 日

于通州梨园微柳堂北窗